机床结构认识与拆装

主　编　邵　娟

北京理工大学出版社
BEIJING INSTITUTE OF TECHNOLOGY PRESS

内 容 简 介

本书根据目前数控技术发展和教学需要撰写而成，主要内容包括数控机床的基本概念及其结构特点、数控车床的分类及其结构特点、数控铣床的分类及其结构特点、数控加工中心的分类及其结构特点、数控电加工机床的分类及其结构特点等。

本书既可作为高等院校机械类相关专业的教材和参考书，也可作为企业数控加工职业技能的培训教程，还可作为广大数控专业技术人员和技工的自学教材和参考用书。

图书在版编目（CIP）数据

机床结构认识与拆装/邵娟主编．—北京：北京理工大学出版社，2016.10

ISBN 978-7-5682-3046-9

Ⅰ．①机…　Ⅱ．①邵…　Ⅲ．①数控机床－结构　Ⅳ．①TG659

中国版本图书馆 CIP 数据核字（2016）第 209247 号

出版发行 / 北京理工大学出版社有限责任公司
社　　址 / 北京市海淀区中关村南大街 5 号
邮　　编 / 100081
电　　话 / （010）68914775（总编室）
　　　　　（010）82562903（教材售后服务热线）
　　　　　（010）68948351（其他图书服务热线）
网　　址 / http://www.bitpress.com.cn
经　　销 / 全国各地新华书店
印　　刷 / 三河市天利华印刷装订有限公司
开　　本 / 787 毫米×1092 毫米　1/16
印　　张 / 14
字　　数 / 330 千字
版　　次 / 2016 年 10 月第 1 版　2016 年 10 月第 1 次印刷
定　　价 / 45.00 元

责任编辑 / 张旭莉
文案编辑 / 张旭莉
责任校对 / 周瑞红
责任印制 / 马振武

前 言

Qianyan

近年来，机床数控技术的迅速发展带动了机械加工技术的飞速发展，使传统的制造工艺发生了显著的变化，许多企业逐步用数控机床替代了普通机床。这就要求工程技术人员具有自动控制、计算机等方面的知识，要求编程人员熟悉数控机床的机械结构和维护，熟悉数控机床的加工工艺和加工软件等基础知识，同时也要求机械加工技术人员熟悉数控机床的编程知识。这种形势对机械类高校学生在数控机床方面的知识与技能也提出了新的要求，即要求学生具备一定的数控技术理论知识及应用方面的知识和技能。

本书的编写指导思想是通过学习数控机床的基本理论知识，使读者熟悉数控机床的机械结构和控制知识，熟悉数控机床的保养和维修，并能把学到的知识应用到生产实践中。在编写本书的过程中既体现了传统内容，又适当反映了机床行业的新发展，同时力求文字简明、易懂。

本书由邵娟编写，由于编者水平有限，书中不妥和疏漏之处在所难免，恳请广大读者提出批评指正。

编　者

目 录

目 录

Contents 目录

目 录

Contents 目 录

第一章　初识数控机床

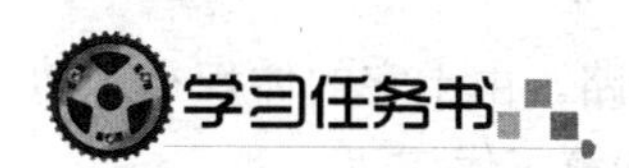

学习任务书见表 1-1。

表 1-1　学习任务书

项目	说明
学习目标	1．熟悉数控机床的分类，描述数控机床特点与应用范围； 2．能够描述数控机床的工作过程及组成部件
学习内容	1．数控机床的产生与发展； 2．数控机床的分类、特点与应用范围
重点、难点	数控机床的分类、特点与应用范围
教学场所	多媒体教室、实训车间
教学资源	教科书、课程标准、电子课件、数控机床

随着科学技术的日新月异，要求加工设备具有更高的精度和生产率，特别是在航空航天、尖端军事、精密器械等方面，传统的加工技术已经很难满足其要求。为了有效地提高产品质量、生产效率，降低生产成本，改善工人的劳动条件，一种新型的数字程序控制机床（简称数控机床）应运而生。数控机床综合应用了自动控制、计算机、微电子精密测量和机床结构等方面的最新成果解决了单件、中小批量精密复杂零件的加工问题。

第一节　数控机床的产生和发展

一、数字控制技术的产生和发展

采用数字控制技术进行机械加工的思想是在 20 世纪 40 年代提出的。1948 年，美国北密歇根的一个小型飞机工业承包商帕森斯公司（Parsons Corporation）在制造飞机框架及直升机叶片轮廓用样板时，利用全数字电子计算机对叶片轮廓的加工路径进行了数据处理，并考虑了刀具半径对加工路径的影响，使加工精度达到 ± 0.0381mm。

第一代数控机床产生于 1952 年，美国麻省理工学院研制出一套试验性数字控制系统，并把它装在一台立式铣床上，成功地实现了同时控制三轴的运动。这台数控机床被称为世界上第一台数控机床。但是这台机床仅是一台试验性的机床，到了 1954 年 11 月，在帕尔森斯专利的基础上，第一台工业用的数控机床由美国本迪克斯公司（Bendix Cooperation）生产出来。

第二代数控机床产生于 1959 年，电子行业研制出了晶体管元器件，因而数控系统中广泛采用晶体管和印制电路板，使数控机床跨入了第二代。1959 年 3 月，由美国克耐·杜列克公司（Keaney & Trecker Corporation）发明了带有自动换刀装置的数控机床，称为加工中心。现在加工中心已成为数控机床中一种非常重要的品种，在工业发达的国家中约占数控机床总量的 1/4。

第三代数控机床产生于 1960 年，此时研制出了小规模集成电路。由于它的体积小，功率损耗低，使数控系统的可靠性得以进一步提高，数控系统发展到第三代。

以上三代数控机床，都采用专用控制-硬件逻辑数控系统（NC）。

1967 年，英国首先把几台数控机床连接成具有柔性的加工系统，这就是最初的柔性制造系统（Flexible Manufacturing System，FMS）。之后，美国、欧洲各国、日本等也相继进行了 FMS 的开发和应用。

第四代数控机床产生于 1970 年前后，随着计算机技术的发展，小型计算机的价格急剧下降，并且开始取代专用控制的硬件逻辑数控系统，数控的许多功能由软件程序实现。以计算机作为控制单元的数控系统，即计算机数控（Computer Numerical Control，CNC）系统，称为第四代数控系统。1970 年，在美国芝加哥国际展览会上，首次展出了这种系统。

第五代数控机床产生于 1974 年，美国、日本等国研制出以微处理器为数控系统核心的数控机床。30 多年来，以微处理器为数控系统核心的数控机床得到飞速发展和广泛应用，这就是第五代数控，即微型计算机数控（Microcomputer Numerical Control，MNC）。后来，人们将 MNC 统称为 CNC。

20 世纪 80 年代初，国际上出现了柔性制造单元（Flexible Manufacturing Cell，FMC）。这种单元投资少、见效快，既可单独长时间少人看管运行，也可集成到 FMS 或更高级的集成制造系统中使用，所以近几十年来，得到了快速发展和广泛应用。

FMC 和 FMS 被认为是实现计算机集成制造系统（Computer Integrated Manufacturing System，CIMS）的必经阶段和基础。

二、我国数控机床的发展情况

我国从 1958 年开始研究数控技术到 20 世纪 60 年代中期处于研制、开发时期。1965 年，国内开始研制晶体管数控系统。20 世纪 60 年代末至 70 年代初，我国研制成功了 X53K-1G 立式数控铣床、CJK-18 数控系统和数控非圆齿轮插齿机。从 20 世纪 70 年代开始，数控技术在车、铣、钻、镗、磨、齿轮加工、电加工等领域全面展开，数控加工中心在上海、北京研制成功；但是由于数控系统的可靠性、稳定性问题未得到解决，因此未能广泛推广。在这一时期，数控线切割机床由于结构简单、使用方便、价格低廉，在模具加工中得到了应用和推广。20 世纪 80 年代，我国从日本 FANUC 公司引进了部分系列的数控系统和直流伺服电动机、直流主轴电动机技术，从美国、欧洲等引进了一些新技术，并进行了国产商品化生产。这些系统可靠性高、功能齐全，推动了我国数控机床的发展，使我国的数控机床在性能和质量上产生了一个质的飞跃。

1995 年以后，我国数控机床的品种有了新的发展。数控机床品种不断增多，规格齐全。许多技术复杂的大型数控机床、重型数控机床都相继研制出来。为了跟上国外数控技术的发展步伐，北京机床研究所研制出了 JCS-FMS-1・2 型的柔性制造系统。这个时期，我国在引进、消化国外技术的基础上，进行了大量开发工作，一些较高档次的数控系统，如五轴联动机床、分辨率为 0.002μm 的高精度数控系统、数字仿形数控系统、为柔性单元配套的数控系统都开发成功，并制造出了样机，开始专业化生产和使用。

目前，我国已经建立了以中、低档数控机床为主的产业体系。我国高档数控机床的研发和生产开始于 20 世纪 90 年代，一些高档数控攻关项目通过国家鉴定并陆续在工程上得到应用。航天 I 型、华中 I 型、华中-2000 型等高性能数控系统，实现了高速、高精度和高效经济的加工效果，能完成高复杂度的五坐标曲面实时插补控制，加工出高复杂度的整体叶轮及复杂刀具。21 世纪为我国各种数控机床的开发、生产和应用，开辟了更加广阔的前景。

三、数控机床的发展趋势

1. 数控机床的发展趋势

数控机床综合了当今世界上许多领域的最新技术成果，主要包括精密机械、自动控制和伺服驱动、计算机及信息处理、网络通信、精密检测及传感技术。随着科学技术的发展，特别是微电子技术、计算机控制技术、通信技术的不断发展，世界先进制造技术的兴起和不断成熟，数控设备性能日趋完善，应用领域不断扩大，成为新一代设备发展的主流。

随着产品的多样化需求及其相关技术的进步，数控机床总的发展趋势是工序集中、高速、高效、高精度、高柔性化、小型化、高智能、高可靠性。

1）工序集中

数控机床使零件加工过程中的所有工序集中在一台机床上完成，实现全部加工之后，将零件直接送到装配工段，而不需要再转到其他机床上加工，减少了由于工序分散、工件多次装夹引起的定位误差，提高了加工精度，同时也减少了机床的台数与占地面积，压缩了工序间的辅助时间，有效地提高了数控机床的生产率和数控加工的经济效益。因此，实现工序高度集中是数控机床当今的发展趋势，也是数控机床工业飞速发展，深入普及的根由。

2）高速、高效、高精度

高速、高效、高精度三个方面是机械加工的目标，数控机床因其价格昂贵，因此在这三个方面的发展也更为突出。

（1）高速。提高切削速度可以减少机动时间。目前，数控机床的主轴转速已普遍达到 6000r/min 以上，有的高达 40000r/min；切削速度达到 2000m/min。传统的砂轮线速度为 30～60m/s，目前数控磨床的砂轮线速度已达到 140～150m/s，有的甚至高达 500m/s，磨削送给线速度可达 5～10m/min。

（2）高效。为了减少机床辅助时间，提高机床效率，采取了一系列措施，如缩短换刀时间。现在数控机床换刀时间最短仅为 0.25s；采用新的刀库和换刀机械手，使选刀动作与机动时间重合，且快速可靠；采用各种形式的交换工作台，使装卸工件的时间与机动时间重合，同时缩短工作台交换时间；广泛采用脱机编程、图形模拟等技术，实现后台输入、修改编辑程序，前台加工，缩短新的加工程序在机调试时间；采用快换夹具、刀具装置以及实现对工件原点快速确定等措施，缩短机床及刀具的调整时间。

（3）高精度。工件的加工精度主要取决于机床精度、编程精度、插补精度和伺服精度。目前新型数控机床具有很高的分辨率，达 0.1μm，有的甚至达到 0.001μm。为了提高机床精度，采用了各种措施和技术来提高机床的动态、静态刚度；减少热变形，提高其热稳定性；克服爬行，提高传动精度。例如，采用新材料丙烯酸树脂“混凝土”代替铸铁来制造机床床身、用陶瓷材料和人造花岗岩制造机床的支承副等。

3）高柔性化

柔性是指机床适用加工对象变化的能力，即当加工对象变化时，只需要通过修改而无须更换或只做极少量快速调整即可满足加工要求的能力。数控机床对于满足加工对象的变换有很强的适应能力。

4）小型化

急速发展的机电液一体化技术对数控机床提出了小型化的要求，以便使机电液装置更好的结合。

5）高智能、高可靠性

高智能性、高可靠性也是目前数控机床的一个发展趋势。

（1）高智能。数控机床的智能化包括加工效率和加工质量方面的智能化，简化编程、简化操作方面的智能化，智能化的自动编程、智能化的人机界面，以及智能诊断、智能监控等方面的内容，方便系统的诊断与维护。

（2）高可靠性。

为了得到可靠性高的数控机床，生产厂家应注意把可靠性贯穿于整个设计、生产、调试、包装出厂等全过程。目前，数控系统平均无故障时间已达 70000～100000h。

2. 数控系统的发展趋势

就数控系统的微型计算机来说，有采用专用微型计算机和通用微型计算机两种发展趋势。

1）采用专用微型计算机

采用专用微型计算机是指生产厂家采用自行开发的专用微型计算机、专用芯片，其基础技术为厂家所专有，这些技术经多年的积累和发展，别的厂家很难掌握和超越。这是生产厂家为保持其数控技术的优势所采取的策略。在国际上有影响的系统有德国的西门子系统（SIEMENS）、日本的法纳克系统（FANUC）、美国的（A-B）系统。

2）采用通用微型计算机技术开发数控系统

这是生产厂家中后起之秀所采用的策略，用通用微型计算机开发数控系统可以得到强有力的硬件和软件支持，这些硬件、软件技术是通用的、公开的。这样可以避开专有技术的制约，在短时间内达到较高水平，这是一条发展数控技术的捷径。目前，国内很多中小数控机床生产厂商借助这一捷径，大力开发数控技术，生产适销对路的数控机床。

数控系统的微型计算机字长在不断提高，由最早的 8 位机，经 16 位机，到目前被广泛采用的 32 位机，现在，又有向 64 位机发展的趋势。微型计算机的中央处理器（Central Processing Unit，CPU）也由单个向多个发展。目前，高性能的 CNC 数控系统可以同时控制几个轴，甚至几十个轴（坐标轴、主轴与辅助轴），并且前台的加工控制和后台的程序辅助可同时进行。另外，数控系统的各厂家纷纷采用 RS-232 和 RS-422 串行通信接口、DNC 和 MAP 接口及 MAP 工业控制网络，为数控系统进入 FMS 及 CIMS 创造了先行条件。

3. 伺服系统的发展趋势

最早的数控机床伺服系统执行机构采用液压转矩放大器。功率步进电动机问世后，开始直接用它来驱动机床的送给运动。20 世纪 60 年代中期，不少新设计制造的数控机床普遍采用了小惯量直流伺服电动机。20 世纪 70 年代，美国首先研制了大惯量直流伺服电动机。20 世纪 80 年代初期，美国通用电气公司成功研制了交流伺服系统。近年来，微处理器已开始应用于伺服系统的驱动装置中。当前伺服系统的发展趋势是直流伺服系统将被交流数字伺服系统所取代。伺服系统的速度环、位置环及电流环都已实现了数字化，并采用了新的控制理论，实现了不受机械负荷变动影响的高速响应系统。其技术发展如下：

1）前馈控制技术

过去的伺服系统将指令位置和实际位置的偏差乘以位置环增益作为速度指令，去控制电动机的转速。这种方式总是存在位置跟踪滞后误差，使得在加工拐角及圆弧时加工情况恶化。所谓前馈控制，就是在原来的控制系统上加上速度指令的控制，使跟踪滞后误差大大减小。

2）机械静、动摩擦的非线性控制技术

机床的动、静摩擦的非线性会导致爬行现象。除了采取措施降低静摩擦外，新型的数控伺服系统还具有自动补偿机械系统静、动摩擦非线性的控制功能。

3）伺服系统的速度环和位置环均采用软件控制

采用软件控制，更具有柔性，能适应不同类型的机床，并能实现复杂的算法，以适应高性能的要求。

4）采用高分辨率的位置测量装置

采用高分辨率的脉冲编码器，内装微处理组成的细分电路，使分辨率大大提高。

5）补偿技术得到发展和广泛应用

现代数控机床利用 CNC 数控系统的补偿功能，对伺服系统进行了多种补偿，如轴向运动误差补偿、丝杠螺距误差补偿、齿轮间隙补偿、热补偿和空间误差补偿等。

4. 自适应控制的应用

数控机床增加更完善的自适应控制功能也是数控技术发展的一个重要方向。自 20 世纪 60 年代以来，简单的自适应控制机床已进入了实用阶段，而复杂的自适应控制机床如以最低加工成本和最好的加工质量作为评价指标的机床，由于状态参数连接检测传感器尚未达到实用化的程度，因此至今仍停留在实验阶段。

四、经济型数控机床

经济型数控机床是相对于中、高档全功能数控机床而言的。在不同的国家和不同的时期其含义也不尽相同。目前，我国把单板机或单片机与步进电动机组成的功能较简单、价格较低的系统配置的机床称为经济型数控机床。

中、高档全功能数控机床的功能齐全、功率较大、动作较多、运动较复杂、定位精度较高，但配置这样系统的数控机床价格昂贵，难以在发展中国家普及。近年来，我国成功应用经济型数控系统配置普通车床、铣床、线切割机床、冲床及其改造等，并在投入使用后成倍地提高了生产率，降低了废品率，取得了显著的技术经济效益。经济型数控机床在我国得到了日益广泛的应用，其潜在的市场前景十分的广阔。

1. 经济型数控机床存在的缺陷

（1）经济型数控机床的系统大部分采用 8 位单微处理系统，处理器运算速度低，步进电动机的运行频率不高，进给速度一般比较低。

（2）经济型数控机床多采用 LED 显示。这种显示方式能显示的数据量较少，而且不够直观，工件程序、机床参数等数据的输入操作不够方便，不能实时、完整地显示机床的当前状态。

（3）经济型数控机床一般没有通信接口，不能与编程机或计算机相连，以实现自动编程，更不能联网。

经济型数控机床要保持其生命力，在机械行业中发挥更大的作用，必须在保证经济性的前提下，不断改善性能，把中、高档数控机床中的一些先进技术用到经济型数控系统中，以实现经济型数控机床系统的升级换代。

2. 提高经济型数控系统性能的途径

1）采用较高档次的微型计算机进行配置，是一种使经济型数控机床性能提高很大而价格却上升较少的较为经济的方法。较高档次的微型计算机运行速度快、存储能力强、功能强大，可以实现阴极射线显像管（Cathode Ray Tube，CRT）显示，使数据输入操作方便、直观，做到实时、完整地显示机床当前状态，便于操作者对加工过程进行监视。采用较高档次的微型计算机，有可能实现中、高档数控系统中的软件、硬件相结合的插补方法以及各种补偿功能和联机、联网等。

（2）采用反馈补偿。为了提高经济型数控机床的加工精度，防止步进电动机丢步，可在经济型数控机床的滚珠丝杠端都装上回转编码器进行反馈补偿。由于经济型数控机床具有结构简单、运行稳定、调试方便、价格低廉的优点，必将随着其性能不断改善而得到更快的发展和更广泛的应用。

五、五轴联动数控机床

数控机床加工某些零件时，除需要有沿 *X*、*Y*、*Z* 三个坐标轴的直线进给运动之外，还需要有绕 *X*、*Y*、*Z* 三个坐标轴的圆周进给运动，分别称为 *A*、*B*、*C* 轴。五轴加工是指在一台机床上至少有五个坐标轴（三个直线坐标和两个旋转坐标），而且可在 CNC 系统的控制下同时协调运动进行加工，如图 1-1 所示。五轴联动数控机床是一种科技含量高、精密度高，专门用于加工复杂曲面的机床，这种机床系统对于一个国家的航空航天、军事、科研、精密器械制造、高精医疗设备制造等行业有着举足轻重的影响力。 目前，五轴联动数控机床系统是解决叶轮、叶片、船用螺旋桨、重型发电机转子、汽轮机转子、大型柴油机曲轴等加工的唯一手段。

图 1-1　五轴联动机床加工

五轴联动数控机床具有以下加工特点：

（1）五轴联动数控机床可有效避免刀具干涉，加工普通三坐标机床难以加工的复杂零件，加工适应性广，如图 1-2（a）所示。

（2）对于直纹面类零件，五轴联动数控机床可采用侧铣方式一刀成形，加工质量好、效率高，如图 1-2（b）所示。

（3）对于一般立体型面特别是较为平坦的大型表面，五轴联动数控机床可用大直径端铣刀端面贴近表面进行加工，走刀次数少，残余高度小，可大大提高加工效率与表面质量，如图 1-2（c）所示。

（4）工序集中加工可通过一次装夹对工件上的多个空间表面进行多面、多工序加工，加工效率高并有利于提高各表面相互的位置精度，如图 1-2（d）所示。

（5）五轴加工时，刀具相对于工件表面可处于最有效的切削状态。例如，使用球头刀时可避免球头底部切削，如图 1-2（e）所示，有利于提高加工效率。同时，由于切削状态可保持不变，刀具受力情况、变形一致，可使整个零件表面上的误差分布比较均匀，这对于保证某些高速回转零件的平衡性能具有重要作用。

（6）在某些加工场合，五轴联动数控可采用较大尺寸的刀具避开干涉进行加工，刀具刚性好，有利于提高加工效率与精度，如图 1-2（f）所示。

国外五轴联动数控机床是为适应多面体和曲面零件加工而出现的。随着机床复合化技术的新发展，在数控车床的基础上,又很快生产出了能进行铣削加工的车铣中心。五轴联动数控机床的加工效率相当于两台三轴机床，有时甚至可以完全省去某些大型自动化生产线的投资,大大节约了占地空间和工作在不同制造单元之间的周转运输时间及费用。市场的需求推动了我国五轴联动数控机床的发展，第六届中国国际机床展览会（CIMT'99）上国产五轴联动数控机床第一次登上机床市场的舞台。自江苏多棱数控机床股份有限公司展出第一台五轴联动龙门加工中心以来，北京机电研究院、北京第一机床厂、桂林机床股份有限公司、济南二机床集团有限公司等企业也相继研发出五轴联动数控机床。

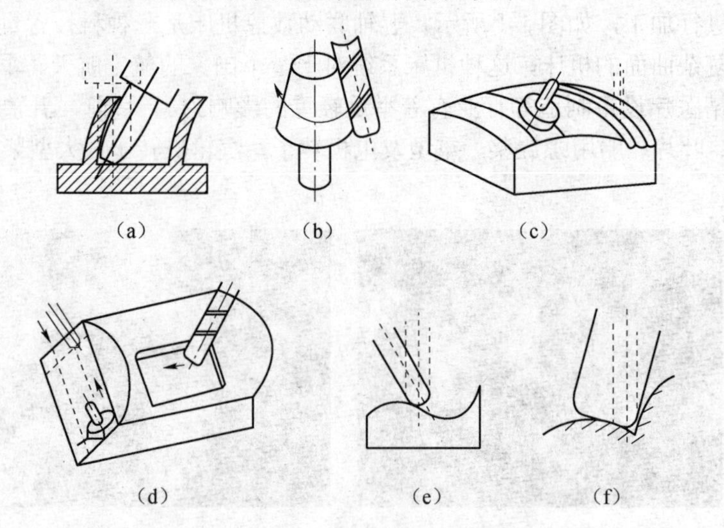

图 1-2　五轴联动数控机床的加工特点

(a) 避免刀具、工件干涉；(b) 一刀成型；(c) 大直径铣刀铣削；
(d) 工序集中；(e) 球头铣刀铣剐；(f) 大尺寸刀具避干涉加工

当前，国产五轴联动数控机床在品种上已经拥有立式、卧式、龙门式和落地式的加工中心，适应不同大小尺寸的杂零件加工，加上五轴联动铣床和大型镗铣床以及车铣中心等的研发，基本涵盖了国内市场的需求。在精度上，北京机床研究所的高精度加工中心、宁江机床集团股份有限公司的 NJ25HMC40 卧式加工中心和交大昆机科技股份有限公司的 TH61160 卧式镗铣加工中心都具有较高的精度，可与发达国家的产品相媲美。在产品市场销售上，江苏多棱数控机床股份有限公司、济南二机床集团有限公司、北京机电研究院、宁江机床集团股份有限公司、桂林机床股份有限公司、北京一机床厂等企业的产品已获得国内市场的认同。

2013 年 7 月 31 日，由大连科德制造的高精度五轴立式机床，启运出口德国。中华人民共和国工业和信息化部装备司副司长王卫明表示："这一高档数控机床销往西方发达国家，是中国机床制造行业的重要里程碑。"

第二节　数控机床的特点和应用范围

一、数控机床的特点

具有 CNC 装置的数控机床，在机械行业中得到了日益广泛的应用，因为它具有如下的特点。

1）适应性强

适应性即所谓的柔性，是指数控机床随生产对象变化而变化的适应能力。在数控机床上进行产品加工，当产品（生产对象）改变时，仅仅需要改变数控设备的输入程序（即工作程序，又称用户软件）就能适应新产品的生产需要，而不需改变机械部分和控制部分的硬件，而且生产过程是自动完成的。这一点不仅满足了当前产品更新、更快的市场竞争需要，而且较好地解决了单件、小批量、多变产品的自动化生产问题。适应性强是数控机床最突出的优点，也是数控机床得以产生和迅速发展的主要原因。

2）能实现复杂的运动

普通机床难以实现或根本无法实现轨迹为三次以上的曲线或曲面的运动，如螺旋桨、汽轮机叶片之类的空间曲面；而数控机床则可以实现几乎是任意轨迹运动和任何形状的空间曲面，适用于复杂异形零件的加工。

3）加工精度高、产品质量稳定

数控机床是按照预定程序自动工作的，一般情况下工作过程不需要人工干预，消除了操作者人为产生的误差。在设计制造设备主机时，通常采取了许多措施，使数控设备的机械部分达到较高的精度。数控装置的脉冲当量目前可达 0.00002～0.01mm，同时，可以通过实时检测反馈修正误差或补偿来获得更高的精度。因此，数控机床可以获得比机床本身精度更高的加工精度，提高了同批零件生产的一致性，使产品质量获得稳定的控制。

4）生产效率高

数控机床比普通机床的生产效率高出许多倍。尤其对某些复杂零件的加工，生产效率可提高十几倍甚至几十倍。其原因如下：

(1) 数控机床具有较高的刚性，可采用较大的切削用量，有效地减少了加工中的切削时间。

(2) 具有自动变速、自动换刀和其他操作自动化等功能，而且无须工序间的检验与测量，使辅助时间大为缩短。

(3) 工序集中、一机多用的数控加工中心，在一次装夹工件后几乎可以完成零件的全部加工，这样不仅可减少装夹误差，还可减少半成品的周转时间，生产效率的提高更为明显。

5）减轻劳动强度，改善劳动条件

数控机床的工作是按预先编制好的加工程序自动连续完成的，操作者除输入加工程序及相关的操作之外，不需进行繁重的重复手工操作，劳动条件和劳动强度大为改善。

6）有利于科学的生产管理

采用数控机床能准确地计算产品生产的工时，并有效地简化检验、工具、夹具和半成品的管理工作。数控机床采用标准的信息代码输入，有利于与计算机连接，构成由计算机控制和管理的生产系统，实现了制造和生产管理的自动化。

二、数控机床的应用范围

数控机床与普通机床相比具有许多优点，其应用范围正在不断扩大，但目前它并不能完全替代普通机床，也还不能以最经济的方式解决机械加工中的所有问题。在实际选用时。一定要充分考虑其技术经济效益。数控机床最适合加工具有以下特点的零件：

(1) 多品种、小批量生产的零件或新产品试制中的零件。

(2) 形状结构比较复杂、精度要求较高的零件。

(3) 工艺设计需要频繁改型的零件。

（4）价格昂贵，不允许报废的关键零件。

（5）需要最短周期制作的急需零件。

（6）需要昂贵工具（刀具、夹具和模具）制造的零件。

（7）大批量生产精度要求较高的零件。

由于数控机床的自动化程度、生产效率都很高，可最大限度地减少操作工人，因此，大批量生产的零件采用数控机床加工，在经济上也是可行的。广泛推广和使用数控机床的最大障碍是设备的初始投资费用大。由于系统本身的复杂性，又增加了维修的技术难度和维修费用，考虑上述种种原因，在决定选用数控机床加工零件时，需要进行科学的技术经济分析，使数控机床能发挥它的最好经济效益，做到物有所用、用有所值。

第三节　数控机床的分类

一、按运动方式划分

（一）点位控制系统

点位控制系统是指数控系统只控制刀具或机床工作台，从一点准确地移动到另一点，而点与点之间运动的轨迹不需要严格控制的系统。为了减小移动部件的运动与定位时间，一般先以高速移动到终点附近位置，然后以低速准确移动到终点定位位置，保证良好的定位精度。移动过程中刀具不进行切削。使用这类控制系统的主要有数控坐标镗床、数控钻床、数控冲床、数控弯管机等。数控钻床加工示意图如图 1-3 所示。

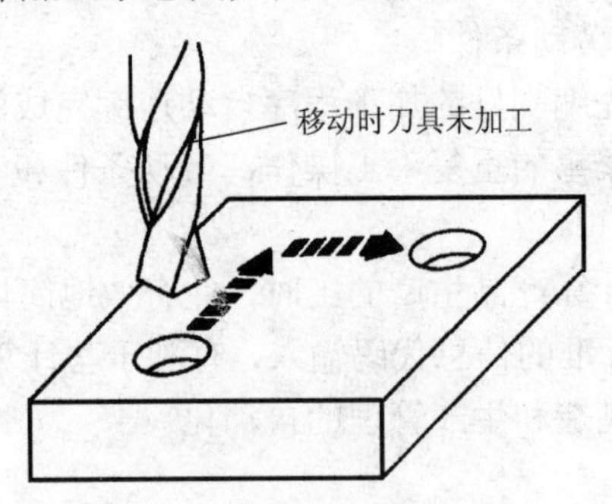

图 1-3　数控钻床加工示意图

（二）点位直线控制系统

点位直线控制系统是指数控系统不仅控制刀具或机床工作台从一个点准确地移动到另一个点，而且保证在两点之间的运动轨迹是一条直线的控制系统。移动部件在移动过程中进行切削。应用这类控制系统的有数控车床和数控铣床等。数控铣床加工示意图如图 1-4 所示。

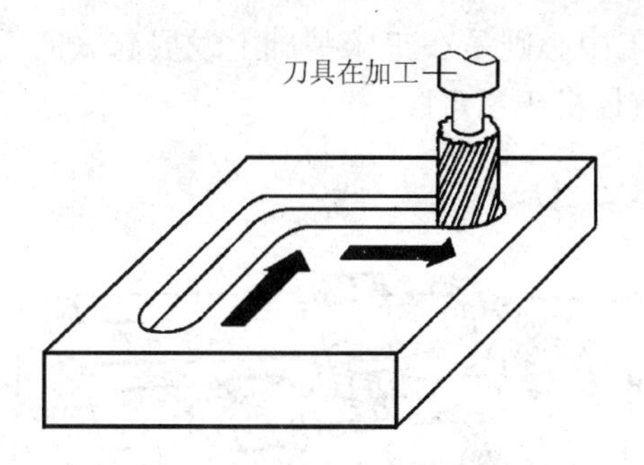

图 1-4　数控铣床加工示意图

（三）轮廓控制系统

轮廓控制系统也称连续控制系统，是指数控系统能够对两个或两个以上的坐标轴同时进行严格连续控制的系统。它不仅能控制移动部件从一点准确地移动到另一个点，而且能控制整个加工过程每一点的速度与位移量，将零件加工成一定的轮廓形状。应用这类控制系统的有数控车床、数控铣床、数控齿轮加工机床和数控加工中心等。轮廓控制系统加工示意图如图 1-5 所示。

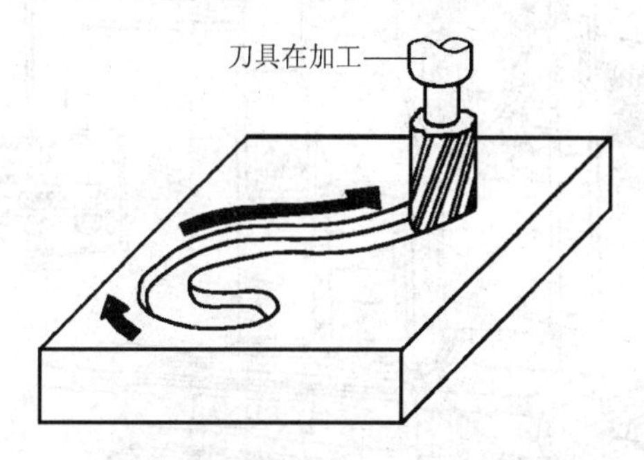

图 1-5　轮廓控制系统加工示意图

二、按工艺用途划分

（一）金属切削类数控机床

这类机床又可分为普通类数控机床和数控加工中心。

1）普通类数控机床

普通类数控机床一般指在加工工艺过程中的一个工序上实现数字控制的自动化机床，如数控车床、数控铣床、数控钻床、数控磨床与数控齿轮加工机床等。普通数控机床在自动化程度上还不够完善，刀具的更换与零件的装卸有的仍需人工来完成。

2）数控加工中心

机床装有刀库和自动换刀机械手，在一次装夹工件后，可以进行多种工序加工的数控机床，称为数控加工中心。加工中心的类型也很多，一般可分为立式加工中心、卧式加工中心和万能加工中心等。立式加工中心与卧式加工中心是在数控铣床基础上发展起来的，又称为

铣削加工中心；而车削加工中心则是在车床基础上发展起来的高效、高速的多功能机床。图 1-6 所示为金属切削类数控机床示意图。

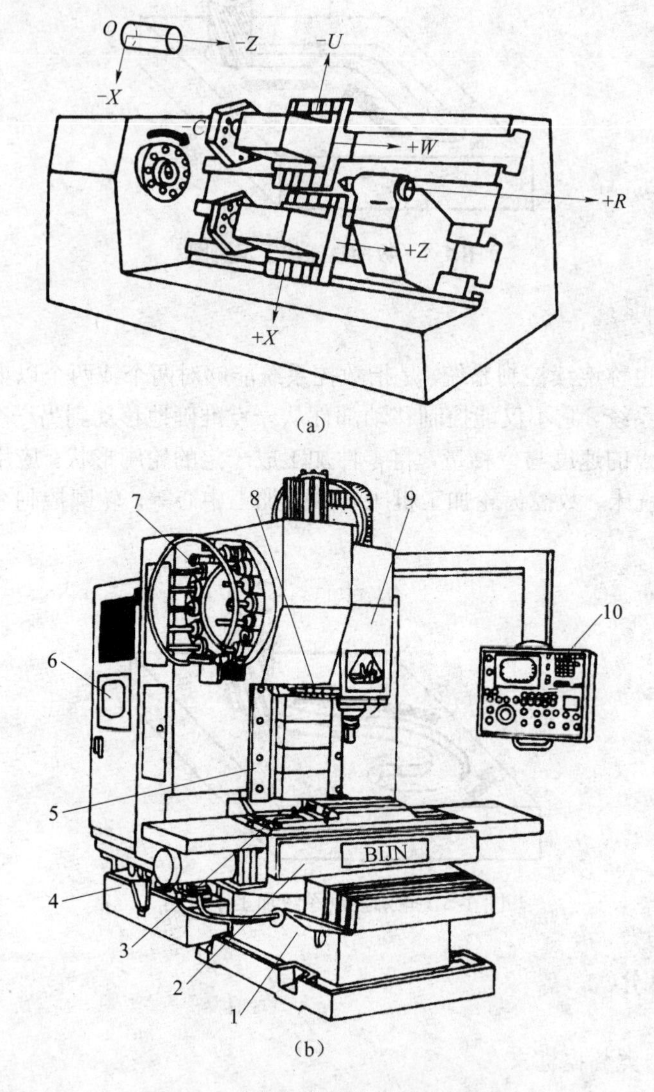

图 1-6　金属切削类数控机床示意图

（a）数控车床；（b）数控铣床

1—床身；2—滑座；3—工作台；4—润滑油箱；5—立柱；6—数控柜；7—刀库

8—机械手；9—主轴箱；10—操纵面板

（二）金属成形类数控机床

金属成形类数控机床如数控折弯机、数控弯管机、数控转头压力机等。

（三）特种加工及其他类型数控机床

特种加工及其他类型数控机床如数控电火花线切割机床（图 1-7）、数控电火花加工机床

（图 1-8）、数控三坐标测量机（图 1-9）、数控激光切割机床等。

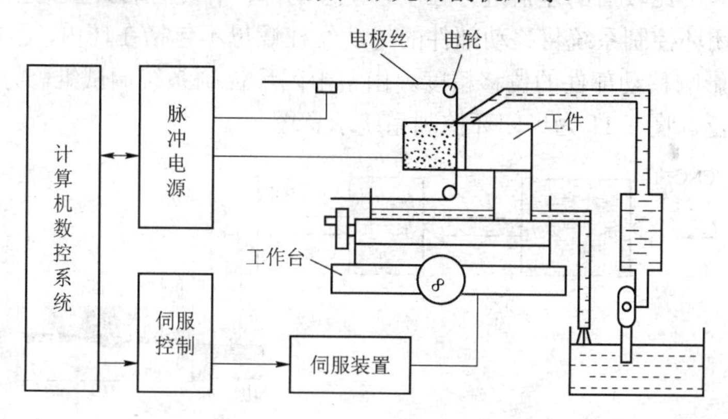

图 1-7　数控线切割机床示意图

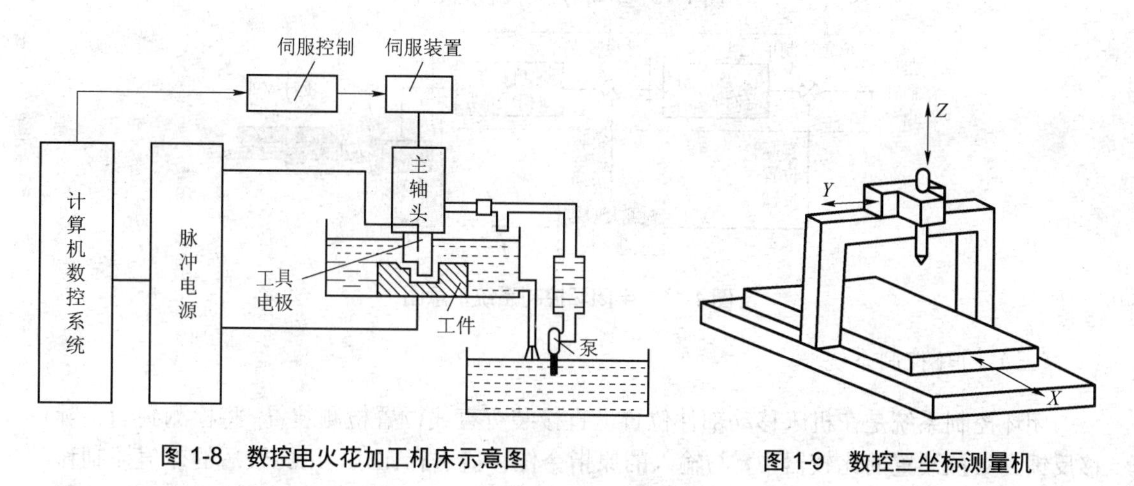

图 1-8　数控电火花加工机床示意图

图 1-9　数控三坐标测量机

三、按控制方式划分

（一）开环控制系统

开环控制系统是指不具有反馈装置的控制系统。它是根据数控程序指令，经过控制运算发出脉冲信号，输送到伺服驱动装置（步进电动机），使伺服驱动装置转过相应的角度，然后经过减速齿轮和丝杠螺母机构，转换为移动部件的位移。由于开环控制系统没有反馈装置，因此对移动部件实际位移量的测量及反馈与原指令值不进行检测，也不能进行误差校正，其系统精度较低。开环控制系统具有工作稳定、调试方便、维修简单等优点。在精度和速度要求不高、驱动力矩不大的场合得到广泛了应用。在我国，经济型数控机床一般都采用开环数控系统。图 1-10 为开环控制系统示意图。

（二）半闭环控制系统

半闭环控制系统是在开环控制系统的伺服机构中装有角位移检测装置，通过检测伺服机构的滚珠丝杠转角，间接检测移动部件的位移，反馈到数控装置的比较器中，与输入原指令位移值进行比较，用比较后的差值进行控制，使移动部件补充位移，直到差值消除为止的控制系统。由于半闭环控制系统将移动部件的传动丝杠螺母不包括在环内，因此传动丝杠螺母机构的误差仍会影响移动部件的位移精度。由于半闭环控制系统调试维修方便、稳定性好，目前应用比较广泛。图 1-11 为半闭环控制系统示意图。

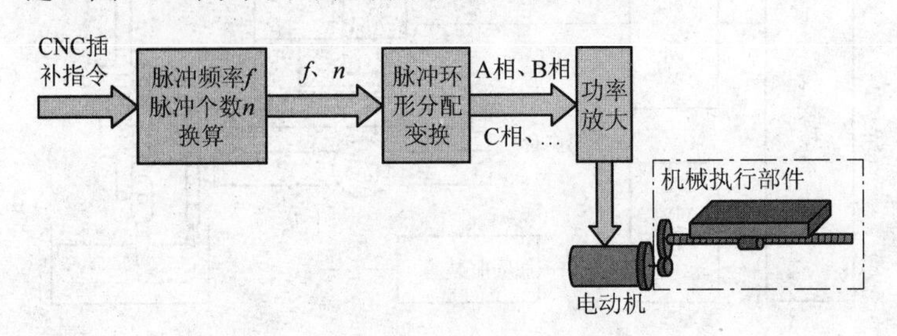

图 1-10　开环控制系统示意图

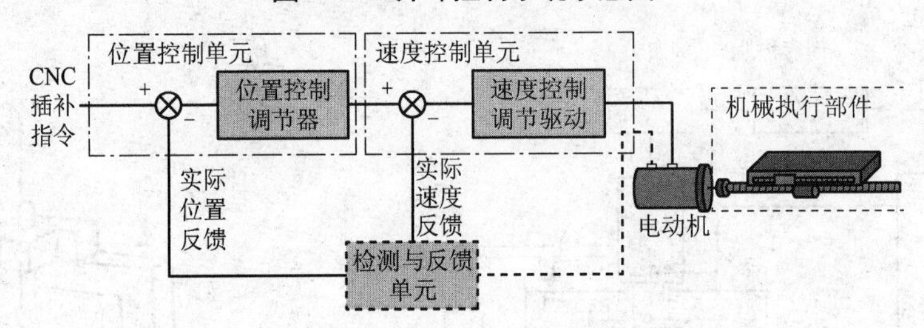

图 1-11　半闭环控制系统示意图

（三）闭环控制系统

闭环控制系统是在机床移动部件位置上直接装有直线位置检测装置。将检测到的实际位移反馈到数控装置的比较器中，与输入的原指令位移值进行比较，用比较后的差值控制移动部件作补充位移，直到差值完全消除为止，达到精度定位的控制系统。由于闭环控制系统定位精度很高（一般可达±0.001mm，最高可达±0.0002mm），一般应用在高精度数控机床上。这种系统虽然精度很高，但结构比较复杂、调试维修也比较困难，相对价格也较昂贵。图 1-12 为闭环控制系统示意图。

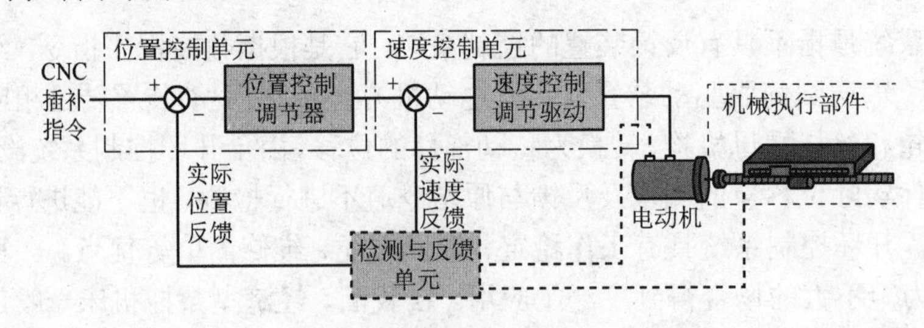

图 1-12　闭环控制系统示意图

四、按功能水平划分

按照数控系统的功能水平通常可把数控机床划分为低、中、高档三类。这种划分方式的界限也是相对的，不同时期其划分标准会有所不同。就目前的发展水平来看，可根据表 1-2 中的一些功能及指标，将各类数控机床分为低、中、高三大类。其中，高、中档一般称为全功能数控机床或标准型数控机床。低档数控机床属于经济型数控机床，是由单板机、单片机和步进电动机组成的数控系统。其功能简单、价格低廉、使用维修方便。经济型数控系统主要用于车床、线切割机床及旧机床改造等。

表 1-2　不同档次数控功能及指标

功能	低档	中档	高档
系统分辨率/μm	10	1	0.1
进给速度/（$m \cdot min^{-1}$）	8～15	15～24	24～100
伺服进给类型	开环及步进电动机系统	半闭环及直流、交流伺服	闭环及直流、交流伺服
联动轴数	2～3 轴	2～4 轴	5 轴或 5 轴以上
通信功能	无	RS-232C 或 DNC	RS-232、DNC、MAP
显示功能	数码管显示	CRT：图形、人机对话	CRT：三维图形、自诊断
内装 PLC	无	有	强功能内装 PLC
主 CPU	8 位 CPU	16 位、32 位 CPU	32 位、64 位 CPU

第二章　数控机床的典型装置

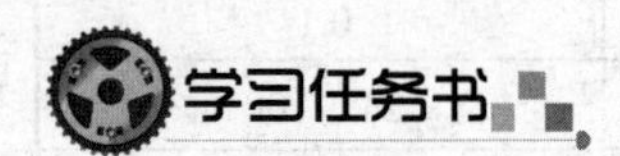

学习任务书见表 2-1。

表 2-1　学习任务书

项目	说明
学习目标	1．知道数控机床的结构特点与结构设计要求； 2．能够叙述数控机床各部分典型结构的组成和工作原理； 3．了解数控机床的辅助装置
学习内容	1．数控机床伺服进给系统要求、主轴部件与主轴调速方法； 2．数控机床伺服系统要求、分类、结构与工作原理； 3．数控机床导轨、自动排屑装置的类型与结构； 4．数控机床检测装置的要求、分类与典型结构； 5．PLC 结构及工作原理
重点、难点	数控机床的结构设计要求、数控机床各部分结构要求与典型结构
教学场所	多媒体教室、实训车间
教学资源	教科书、课程标准、电子课件、数控机床

第一节　数控机床主传动系统

主传动系统是用来实现机床主运动的传动系统，应具有一定的转速（速度）和一定的变速范围，以便采用不同材料的刀具，加工不同材料、不同尺寸、不同要求的工件，并能方便地实现运动的开停、变速、换向和制动等。

数控机床主传动系统主要包括电动机、传动系统和主轴部件。与普通机床的主传动系统相比，数控机床主传动系统在结构上比较简单，这是因为变速功能全部或大部分由主轴电动机的无级调速来承担，省去了复杂的齿轮变速机构，有些只有二级或三级齿轮变速机构用以扩大电动机无级调速的范围。

一、主传动系统的结构特点

与普通机床比较，数控机床主传动系统具有下列特点：

（1）转速高、功率大。

（2）变速范围宽，可实现无级变速。

（3）具有较高的精度和刚度，传动平稳。

（4）具有特有的刀具安装结构。

数控机床的主传动系统一般采用直流或交流主轴电动机，通过带传动和主轴箱的变速齿轮带动主轴旋转，由于这种电动机调速范围广，又可无级调速，使得主轴箱的结构大为简化，保证了加工时能选用合理的切削用量。主轴电动机在额定转速时输出全部功率和最大转矩，随着转速的变化，功率和转矩将发生变化。从额定转速调到最低转速时为恒转矩，功率随转速成比例下降。从额定转速调到最高转速为恒功率，转矩随转速升高成比例下降。在调速范围内（从额定转速调到最高转速）为恒功率，转矩与转速升高成反比例变化。这种变化规律是符合正常加工要求的，即低速切削所需转矩大，高速切削消耗功率大。同时也可以看出电动机的有效转速范围并不一定能完全满足主轴的工作需要，所以主轴箱一般仍需要设置几挡变速（2～4 挡）。机械变速一般采用液压缸推动滑移齿轮实现，这种方法结构简单，性能可靠，一次变速只需 1s。有些小型或者调速范围不需太大的数控机床，常采用由电动机直接带动主轴或利用带传动的方式使主轴旋转。

二、主传动系统的变速方式

为了适应不同的加工要求，目前主传动系统主要有三种变速方式，如图 2-1 所示。

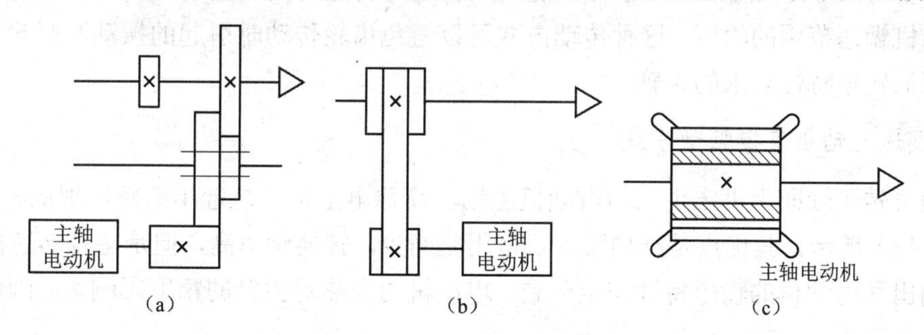

图 2-1　数控机床变速方式

（a）利用滑移齿轮实现二级变速的主传动系统；（b）带传动装置；（c）调速电动机直接驱动

1. 二级以上齿轮变速系统

变速装置多采用齿轮变速结构。此种方式多用于大中型数控机床。图 2-1（a）所示是使用滑移齿轮实现二级变速的主传动系统，滑移齿轮的移位大都采用液压驱动。因为数控机床使用可调无级变速交流、直流电动机，所以经齿轮变速后，可实现分段无级变速，调速范围增加。其优点是能够满足各种切削运动的转矩输出，且具有大范围调节速度的能力。由于其结构复杂，需要增加润滑及温度控制装置，成本较高；此外，制造和维修也比较困难。图 2-2 所示是一种典型的二级齿轮变速主轴结构。

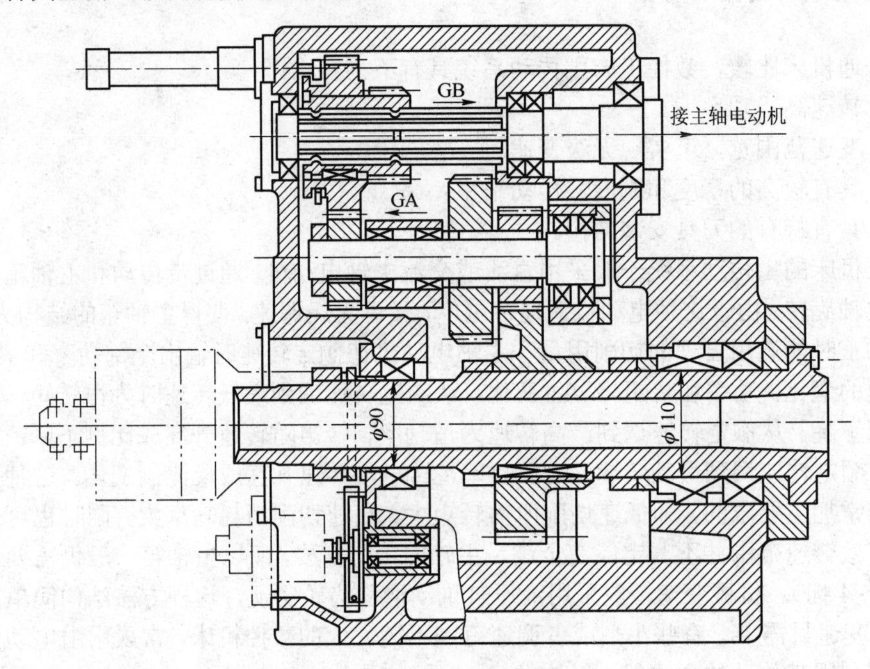

图 2-2　二级齿轮变速主轴结构

2. 一级带传动变速方式

目前主传动系统多采用带（同步齿形带）传动装置，如图 2-1（b）所示。其优点是结构简单，安装调试方便，且在一定条件下能满足转速与转矩的输出要求；缺点是系统的调速范围受电动机调速范围的约束。这种传动方式可以避免齿轮传动时引起的振动与噪声，但是只适用于有低转矩特性要求的主轴。

3. 调速电动机直接驱动方式

电动机转子轴即为机床主轴的电动机主轴，简称电主轴，是近年来新出现的一种结构，如图 2-1（c）所示，其优点是结构紧凑，占用空间少，转换频率高，但是主轴转速的变化及转矩的输出和电动机的输出特性完全一致，电动机的发热对主轴的精度影响大，因而使用受到限制。

三、主轴的支承

数控机床主传动系统的机械结构主要是主轴部件的结构。主轴部件既要满足精加工时精度较高的要求，又要具备粗加工时高效切削的能力。因此在旋转精度、刚度、抗振性和热变形等方面，都有很高的要求。

目前数控机床主轴轴承配置的主要形式有三种，如图 2-3 所示。

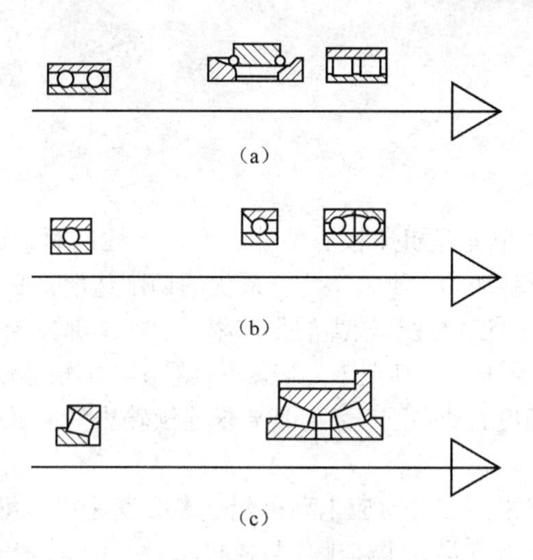

图 2-3　主轴的支承

（a）前、后支承采用轴承；（b）前支承采用多个高精度向心推力球轴承；
（c）前、后支承分别采用双列圆锥滚子轴承和圆锥滚子轴承

1. 前、后支承采用不同轴承（高刚度型）

图 2-3（a）所示数控机床前支承采用双列短圆柱滚子轴承和 60° 角接触双列向心推力球轴承，后支承采用成对向心推力球轴承。此种结构普遍应用于各种数控机床，其综合刚度高，可以满足强力切削要求。

2. 前支承采用多个高精度向心推力球轴承（高速轻载型）

图 2-3（b）所示前支承采用多个高精度向心推力球轴承，这种配置具有良好的高速性能，但它的承载能力较小，适用于高速轻载和精密数控机床。

3. 前、后支承分别采用双列圆锥滚子轴承和圆锥滚子轴承（低速重载型）

图 2-3（c）所示前支承采用双列圆锥滚子轴承，后支承为圆锥滚子轴承，其径向和轴向刚度很高，能承受重载荷。这种结构限制了主轴的最高转速，因此适用于中等精度、低速、重载的数控机床。

另外对精密、超精密机床主轴、数控磨床主轴，可采用液体静压轴承和动压轴承，对于要求更高转速的主轴，可以采用空气静压轴承，这种轴承的转速可达每分钟几万转，并有非常高的回转精度。

为提高主轴组件的刚度，数控机床经常采用三支承主轴组件。采用三支承可以有效减少主轴弯曲变形，辅助支承通常采用深沟球轴承，安装后在径向要保留适当的游隙，避免由于主轴安装轴承处轴径和箱体安装轴承处孔的制造误差（主要是同轴度误差）造成干涉。

对于主轴夹持刀具回转的数控机床，如数控铣床和镗床及以镗铣为主的加工中心等，为了实现刀具的快速或自动装卸，主轴上往往装有刀具自动装卸、主轴准停和主轴孔内切削自动清除等装置。对于主轴装夹工件回转的数控机床如数控车床、车削加工中心等，主轴上常常安装动力卡盘等自动夹紧工件的装置。

四、主轴的驱动与控制

1. 主轴驱动的基本要求

数控机床的主轴驱动单元是机床核心部件之一，其性能对机床的整体水平是至关重要的。在加工过程中，主轴驱动为了维持恒定、最优的切削速度，必须相应于切削半径的变化连续的调速，以确保加工的稳定性和较高的生产率。当加工部件的切削内的外半径相差很大时，主轴速度的变化将达到几倍，甚至十几倍。不难看出，主轴驱动和进给驱动有很大差别，它不但要求较高的速度精度、动态刚度，而且要求连续输出的高转矩能力和非常宽的恒功率运行范围。

早期的数控机床一般采用三向感应电动机配上多级变速箱即可。随着数控技术的不断发展，传统的主轴驱动已不能满足要求，现代数控机床对主传动提出了更高的要求。

（1）主传动要有较宽的调速范围，以保证加工时选用合理的切削用量，从而获得最佳的生产效率、加工精度和表面质量。特别是多道工序自动换刀的数控机床，为适应各种刀具、工序和各种材料的要求，对主轴的调速范围要求更高。目前主轴驱动装置的调速范围已达1∶100，这对于中小型数控机床已经够用了。对于中型以上的数控机床，如需要更大的调速范围，则需通过齿轮换挡的方法解决。

（2）为改善主轴的动态性能，需要主传动有较大的无级调速范围，如能在1∶1000～1∶10的范围内进行恒转矩调速和1∶10的恒功率调速。要求在主轴的正反两个转向中的任何方向均可进行自动加减速控制，即要求有四象限驱动能力，并且加减速时间短。

（3）需要主轴在整个速度范围内均能提供切削所需功率，并尽可能在全速度范围内提供主轴电动机的最大功率，即恒功率范围要宽。由于主轴电动机与驱动的限制，其在低速段均为恒转矩输出。为满足数控机床低速强力切削的需要，常采用分挡无级变速的方法，即在低速段采用机械变速机构，以提高输出转矩。

（4）为满足数控车床的螺纹车削功能，要求主轴能与进给驱动实行同步控制；在车削中心上，还要求主轴具有旋转进给轴（*C* 轴）和高精度的角度分度控制能力。

2. 主轴的控制方式

过去数控机床多采用晶闸管直流主轴驱动系统，即通过调整晶闸管可控整流器向电枢供电的电压，实际恒转矩调速；通过调整励磁电流以实现恒功率调速。无论转速或是励磁均采用闭环控制，获得了良好的动态和静态特性。但由于直流电动机受机械换向的影响，其使用和维护都比较麻烦，并且恒功率调整范围小。随着微电子技术、交流调速理论和大功率半导体技术的发展，交流调速技术进入使用阶段。目前，交流驱动的性能已达到直流驱动的水平，而且，笼型交流电动机不像直流电动机那样有机械换向带来的麻烦，在高速、大功率方面不受限制，并且具有体积小、质量轻、采用全封闭的罩壳对灰尘和油有较好防护等优点。因此，现代数控机床主轴大多数采用了诸如矢量控制系统的 SPWM（正弦脉宽调制技术）交流变频调速系统。本节主要介绍的是交流主轴驱动。

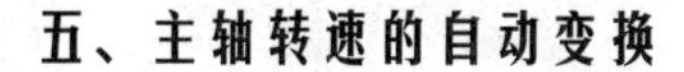

五、主轴转速的自动变换

1. 主轴转速的自动变换过程

在采用调速电动机的主传动无级变速系统中，主轴的正、反起动与停止制动是通过直接控制电动机来实现的，主轴转速的变换则由电动机转速的变换与分挡变速机构的变换相配合来实现。由于主轴转速的二位S代码最多只有99种，即使是使用四位S代码直接指定主轴转速，也只能按分级递增，而且分级越多指令信号的个数越多，越难以实现。因此，实际上将主轴转速按等比数列分成若干级，根据主轴转速S代码发出相应的有级级数与电动机的调速信号来实现主轴的主动换速。电动机的驱动信号由电动机的驱动电路根据转速指令信号来转换。齿轮的有级变速则采用液压拨叉或电磁离合器实现。

2. 变速机构的自动换挡装置

变速机构常用的自动换挡装置有通过液压拨叉换挡和用电磁离合器换挡两种形式。

（1）液压拨叉换挡。液压拨叉是一种用一只或几只液压缸带动齿轮移动的变速机构。最简单的二位液压缸可实现双联齿轮变速。对于三联或三联以上的齿轮换挡则需使用差动液压缸。图2-4所示为三位液压拨叉的工作原理图，三位液压拨叉由液压缸1与5、活塞2、拨叉3和套筒4组成，通过电磁阀改变不同的通油方式可获得三个位置。

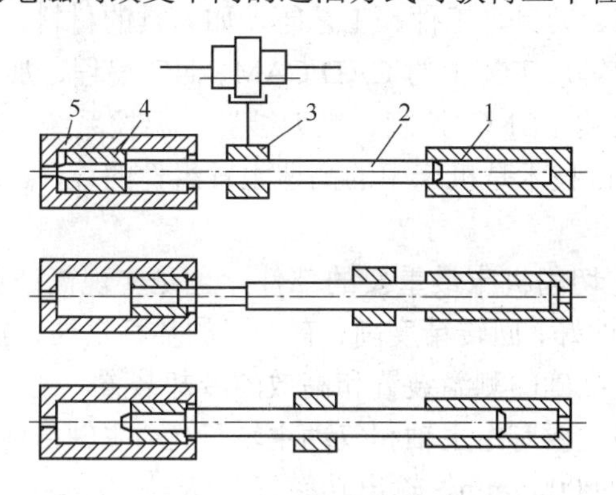

图2-4 三位液压拨叉的工作原理图

1、5—液压缸；2—活塞；3—拨叉；4—套筒

（2）电磁离合器换挡。电磁离合器是应用电磁效应接通、切断运行的元器件。它便于实现自动化操作，缺点是体积大，磁通易使机械零件磁化。在数控车机主传动中，使用电磁离合器能够简化变速机构，通过安装在各传动轴上离合器的吸合与分离，形成不同的运动组合传动路线实现主轴变速。

在数控机床中常使用无滑环摩擦片式电磁离合器和牙嵌式电磁离合器。由于摩擦片式离合器采用摩擦片传递转矩，因此允许不停车变速。如果速度过高，会由于滑差运动产生大量的摩擦热。牙嵌式电磁离合器由于在摩擦面上做成一定的齿形，提高了传递转矩的效率，减小了离合器的径向轴向尺寸，使主轴结构更加紧凑，摩擦热减小。牙嵌式电磁离合器必须在低速时（每分钟转速）变速。

六、高速主轴单元

机床的高速化是机床的发展趋势。目前的高速机床和虚拟轴机床均为机床突破性的变革，进入 20 世纪 90 年代以来，高速加工技术已开始进入工业应用阶段，并已取得了显著的技术、经济效益。

1. 超高速加工的优点

（1）随着切削速度的提高，切削力下降，切除单位材料的能耗低，加工时间大幅度缩短，切削效率高。

（2）加工表面质量好，精度高，可作为机械加工的最终工序。

（3）零件变形小，切削产生的切削热绝大部分被切屑带走，基本不产生热量，减小温升。

（4）刀具寿命长，刀具磨损的增长速度低于切削效率提高速度。

（5）在高速加工范围内，机床的激振频率范围远离工艺系统的固有频率范围，振动小，避免了共振。

（6）由于直接传动，省去了电动机至主轴间的传动链，因此消除了传动误差。

高速、超高速加工的关键技术及其相关技术的研究，已成为国内外重要的研究领域之一。其相关技术主要包括机床、刀具、工件、工艺等，如刀具的材料、结构、切削刃形状，工件的材料、定位夹紧、装卸等，工艺中的 CAD/CAM、NC 编程、加工参数等，机床的基本结构、高速主轴、刀杆与安装、CNC 控制、换刀装置，温控系统、润滑与冷却系统和安全防护。在各相关技术中，关键技术是机床中的高速主轴组件的设计。本节主要讨论高速主轴组件设计的要点。

高速主轴单元是高速切削机床最重要的部件，也是实现高速和超高速加工的最关键技术，要求动平衡性高、刚性好、回转精度高、有良好的热稳定性、能传递足够的力矩和功率、能承受高的离心力、带有准确的测温装置和高效的冷却装置。

高速主轴单元的类型主要有电主轴和气动主轴。气动主轴目前主要应用于精密加工，功率较小，其最高转速为 150000r/min，输出功率仅 30W 左右。

2. 高速电主轴的结构

高速电主轴在结构上几乎全部是交流伺服电动机直接驱动的集成化结构，取消了齿轮变速机构，并配备有强力的冷却和润滑系统。集成电动机主轴的特点是振动小，噪声低，体积紧凑。集成主轴有两种构成方式：一种是通过联轴器把电动机与主轴直接连接；另一种则是把电动机转子与主轴做成一体，即将无壳电动机的空心转子用压配合的形式直接装在机床主轴上，带有冷却套的定子安装在主轴单元的壳体中，形成内装式电主轴。这种电动机与机床主轴“合二为一”的传动结构形式，把机床主传动链的长度缩短为零，实现了机床的“零传动”，具有结构紧凑、易于平衡、传动效率高等特点，其主轴转速已可以达到每分钟几万转到几十万转，正在逐渐向高速、大功率方向发展。

图 2-5 所示为用于立式加工中心的高速电主轴的组成。

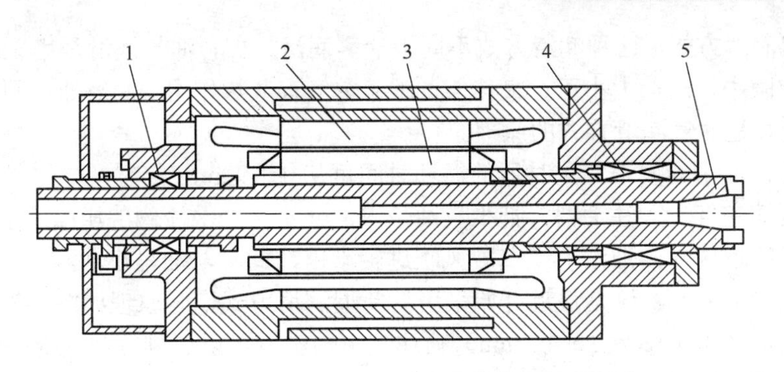

图 2-5　用于立式加工中心的高速电主轴的组成

1—前轴承；2—电动机定子；3—电动机转子；4—后轴承；5—主轴

电主轴的基本参数和主要规格包括套筒直径、最高转速、输出功率、转矩和刀具接口等，其中，套筒直径为电主轴的主要参数。目前，国内外专业的电主轴制造厂已可供应几百种规格的电主轴。其套筒直径范围为 32～320mm，转速范围为 10000～150000r/min，功率范围为 0.5～80kW，转矩从 0.1～300N・m。

国外高速主轴单元的发展较快，中等规格加工中心的主轴转速已普遍达到 10000r/min，甚至更高。美国福特汽车公司推出的 HVM800 卧式加工中心主轴单元采用液体动、静压轴承最高转速为 15000r/min，德国 GMN 公司的磁浮轴承主轴单元的转速可达 100000r/min 以上，瑞士 Mikron 公司采用的电主轴具有先进的矢量式闭环控制、动平衡，较好的主轴结构、油雾润滑的混合陶瓷轴承，可以随室温调整的温度控制系统，以确保主轴在全部工作时间内温度恒定。现在国内 10000～15000r/min 的立式加工中心和 18000r/min 的卧式加工中心已开发成功并投放市场，生产的高速数字化仿形机床最高转速达到了 40000r/min。

3. 高性能的 CNC 控制系统

用于高速加工的 CNC 控制系统必须具有很高的运算速度和运算精度，以及快速响应的伺服控制，以满足高速及复杂型腔的加工要求。为此，许多高速切削机床的 CNC 控制系统采用多个 32bit CPU 甚至 64bit CPU，同时配置功能强大的计算处理软件，如几何补偿软件已被应用于高速 CNC 控制系统。当前的 CNC 控制系统具有加速预插补、前馈控制、钟形加减速、精确矢量补偿和最佳拐角减速控制等功能，使工件加工质量在高速切削时得到明显改善。相应地，伺服系统则发展为数字化、智能化和软件化，使伺服系统与 CNC 控制系统在模/数（A/D）和数/模（D/A）转换中不会出现丢失或延迟现象。全数字交流伺服电动机和控制技术已得到广泛应用，该控制技术的主要特点为具有优异的动力学特征、无漂移、极高的轮廓精度，保证了高进给速度加工的要求。

4. 冷却润滑技术

过去加工中心机床主轴轴承大都采用油脂润滑方式，为了适应主轴转速向更高速化发展的需要，新的润滑冷却方式相继开发出来，下面介绍为减小轴承温升、减小轴承内外圈的温差，以及为解决高速主轴轴承滚道处进油困难所开发的几种润滑冷却方式。

（1）油气润滑方式。这种润滑方式不同于油雾润滑方式，油气润滑是用压缩空气把小油滴送进轴承空隙中，油量大小可达最佳值，压缩空气有散热作用，润滑油可回收，不污染周围空气。图 2-6 是油气润滑方式的原理。

根据轴承供油量的要求，定时器的循环时间可从 1～99min 定时，二位二通气阀每定时开通一次，压缩空气进入注油器，把少量油带入混合室，经节流阀的压缩空气，经混合室，把油带进塑料管道内，油液沿管道壁被风吹进轴承内，此时，油呈小油滴状。

（2）喷注润滑方式。这是最近开始采用的新型润滑方式，其原理如图 2-7 所示。它用较大流量的恒温油（每个轴承 3～4L/min）喷注到主轴轴承，以达到冷却润滑的目的。回油不是自然回流，而是用两台排油液压泵强制排油。

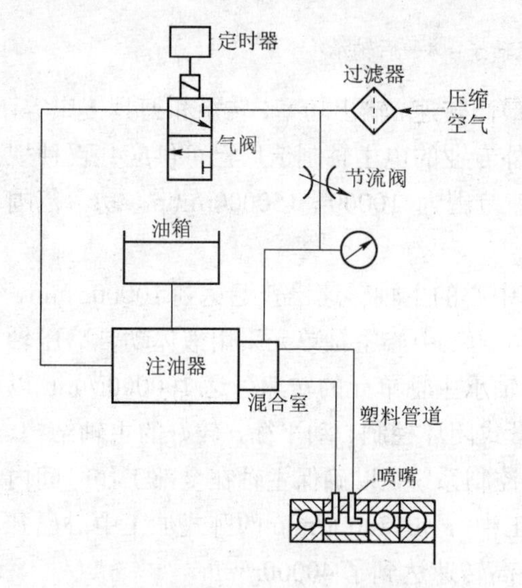

图 2-6　油气润滑方式的原理

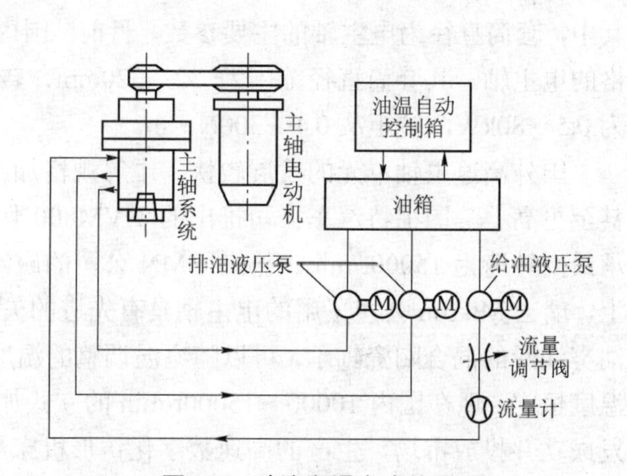

图 2-7　喷注润滑方式的原理

5. 高速精密轴承

高速精密轴承是支承主轴转速高速化的关键技术，其性能的好坏将直接影响主轴单元的工作性能。随着主轴转度的提高，轴承的温度升高、振动和噪声增大、寿命减少，因此，提高主轴转速的前提是需要性能优异的高速主轴轴承。

目前，高速主轴支承用的高速轴承有接触式轴承和非接触式轴承两大类。接触式轴承由于存在金属摩擦，因此摩擦因数大，允许最高转速低。保持接触式轴承长期高速运转的技术措施是预加载荷的自动补偿和良好润滑。目前，实施预加载荷自动补偿的方法之一是采用液压补偿系统，通过检测高速主轴运动特性的变化可确定预加载荷的大小，并通过后轴承的轴向移动保持预加载荷的最佳值。目前用于支承高速主轴的接触式轴承有精密角接触球轴承。非接触式的流体轴承，其摩擦仅与流体本身的摩擦因数有关。由于流体摩擦因数很小，因而可达到最高的允许转速。目前，用于支承高速主轴的非接触式轴承有磁悬浮轴承、液体动、静压轴承、空气轴承。

磁悬浮轴承高速性能好、精度高，易实现实时诊断和在线监控，转速可达 45000r/min，功率达 20kW，可进行电子控制，回转精度高达 0.2μm，是超高速电主轴的理想支承元件。

但由于其价格较高，控制系统复杂，制造成本高，发热问题难以解决，因此还无法在高速主轴单元上推广应用。

液体动、静压轴承采用流体动、静力相结合的办法，使主轴在油膜支承中旋转，具有径向和轴向跳动小、刚性好、阻尼特性好、寿命长的优点，功率达 37.5kW，转速可达 20000r/min，主要用在低速重载场合。其无通用性、维护保养较困难。

空气轴承径向刚度低并有冲击，但高速性能好，一般用于超高速、轻载、精密主轴。空气轴承主轴已经能够在 18.8kW 的功率下达到 10000～22000r/min 的转速，在 9.1kW 的功率下达到 30000～55000r/min 的转速。

6. 轴上零件的连接

在超高速电主轴上，由于转速的提高，因此对轴上零件的动平衡要求非常高。轴承的定位元件与主轴不宜采用螺纹连接，电动机转子与主轴也不宜采用键连接，普遍采用可拆的阶梯过盈连接。一般轴上零件用热套法进行安装，用注入压力油的方法进行拆卸。

第二节　数控机床的伺服进给系统

数控机床的伺服进给系统是数控装置与机床本体的传动环节，其作用是接收数控装置发出的进给速度和位移指令信号，由伺服驱动电路转换和放大后，经伺服驱动装置（直流伺服电动机、交流伺服电动机、功率步进电动机、电液脉冲电动机等）和机械传动机构，驱动机床的工作台、主轴头等执行部件实现工作进给和快速运动。它能根据指令信号精确地控制执行部件的运动速度与位移，以及几个执行部件按一定规律运动所合成的运动轨迹。

一、伺服进给系统的组成及分类

数控机床伺服进给系统由伺服驱动电路、伺服驱动装置、机械传动机构及执行部件组成。图 2-8 所示是一个双闭环系统，内环是速度环，外环是位置环。速度环中用作速度反馈的检测装置为测速发电机、脉冲编码器等。速度控制单元是一个独立的单元部件，由速度调节器、电流调节器及功率驱动放大器等部分组成。位置环由 CNC 装置中的位置控制模块、速度控制单元、位置检测及反馈控制等部分组成。位置控制主要对机床运动坐标进行控制，轴控制是要求最高的位置控制。

伺服系统按使用的驱动装置分类可分为电液伺服系统和电气伺服系统，按使用直流伺服电动机或交流伺服电动机分类可分为直流伺服系统和交流伺服系统，按反馈比较控制方式分类可分为脉冲数字比较伺服系统、相位比较伺服系统、幅值比较伺服系统及全数字伺服系统，按有无位置检测和反馈进行分类可分为开环伺服系统、闭环伺服系统和半闭环伺服系统。

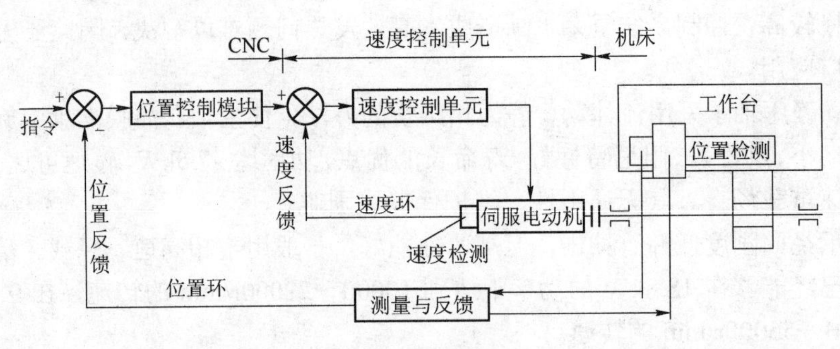

图 2-8　双闭环系统

二、伺服进给系统的基本要求

如何选用伺服进给系统，在实际中必须根据机床的要求来确定，大致可概括为以下几个方面。

1. 精度要求

伺服系统必须保证机床的定位精度和加工精度。对于低档型数控系统，驱动控制精度一般为 0.01mm；对于高性能数控系统，驱动控制精度为 1μm，甚至为 0.1μm。

2. 响应速度

为了保证轮廓切削形状精度和较小的表面粗糙度，除了要求有较高的定位精度外，还要有良好的快速响应特性，即要求跟踪指令信号的响应要快。

3. 调速范围

调速范围 *R*n 是指生产机械要求电动机能提供的最高转速 n_{max} 和最低转速 n_{min} 之比。在各种数控机床中，由于加工用刀具、被加工工件材质及零件加工要求的不同，为保证在任何情况下都能得到最佳切削条件，就要求进给驱动系统必须具有足够宽的调速范围。

4. 低速、大转矩

根据机床的加工特点，经常在低速下进行重切削，即在低速下进给驱动系统必须有大的转矩输出。

三、伺服进给系统的特点

数控机床的进给运动是数字控制的直接对象，不论是点位控制还是轮廓控制，工件的最后坐标精度和轮廓精度都受进给运动的传动精度、灵敏度和稳定性的影响。为此，数控机床的进给系统一般具有以下特点。

1. 摩擦阻力小

为了提高数控机床进给系统的快速响应性能和运动精度，必须减小运动件间的摩擦阻力

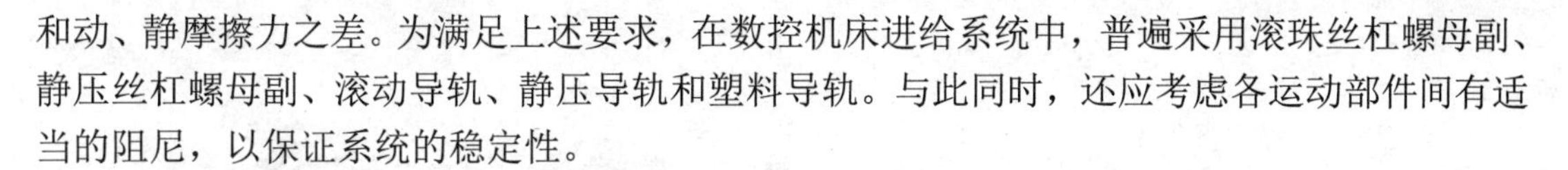

和动、静摩擦力之差。为满足上述要求，在数控机床进给系统中，普遍采用滚珠丝杠螺母副、静压丝杠螺母副、滚动导轨、静压导轨和塑料导轨。与此同时，还应考虑各运动部件间有适当的阻尼，以保证系统的稳定性。

2. 传动精度和刚度高

从机械结构方面考虑，进给传动系统的传动精度和刚度主要取决于传动间隙和丝杠螺母副、蜗轮蜗杆副及其支承结构的精度和刚度。传动间隙主要来自传动齿轮副、蜗杆副、丝杠螺母副及其支承部件之间，因此进给传动系统广泛采取施加预紧力或其他消除间隙的措施。另外，缩短传动链和在传动链中设置减速齿轮，也可提高传动精度。加大丝杠直径，以及对丝杠螺母副、支承部件、丝杠本身施加预紧力是提高传动刚度的有效措施。

3. 快速响应，无超调

为了提高生产率和保证加工质量，在起动、制动时，要求加速度足够大，以缩短伺服系统的过渡过程时间，减小轮廓过渡误差。一般电动机的速度从零变到最高转速，或从最高转速降至零的时间小于 200ms。这就要求伺服系统快速响应，但又不能超调，否则将形成过切，影响加工质量。同时，当负载突变时，要求速度的恢复时间要短，且不能有振荡，这样才能得到光滑的加工表面。

4. 调速范围宽

在数控机床中，由于所用刀具、被加工材料、主轴转速及进给速度等加工工艺要求各不相同，因此为保证在任何情况下都能得到最佳切削条件，要求进给驱动系统必须具有足够宽的无级调速范围（通常要大于 1∶10000）。尤其在低速（如小于 0.1 r/min）时，要仍能平滑运动而无爬行现象。

5. 运动部件惯量小

运动部件的惯量对伺服机构的起动和制动特性都有影响，尤其是处于高速运转的零部件。因此，在满足部件强度和刚度的前提下，尽可能减小运动部件的质量、减小旋转零件的直径和质量，以降低其惯量。

四、滚珠丝杠螺母副

作为伺服进给系统中的机械传动部分，滚珠丝杠螺母副是回转运动与直线运动相互转换的一种新型传动装置，在数控机床上得到了广泛的应用。它的结构特点是在具有螺旋槽的丝杠螺母间装有滚珠，使丝杠与螺母之间的运动成为滚动，以减少摩擦。

1. 滚珠丝杠螺母副的工作原理

滚珠丝杠螺母副的工作原理如图 2-9 所示。图中丝杠和螺母上都加工有圆弧形的螺旋槽，它们对合起来就形成了螺旋滚道。在滚道内装有滚珠，当丝杠与螺母相对运动时，滚珠沿螺旋槽向前滚动，在丝杠上滚过数圈以后通过回程引导装置，又逐个滚回到丝杠与螺母之间，构成一个闭合的回路。

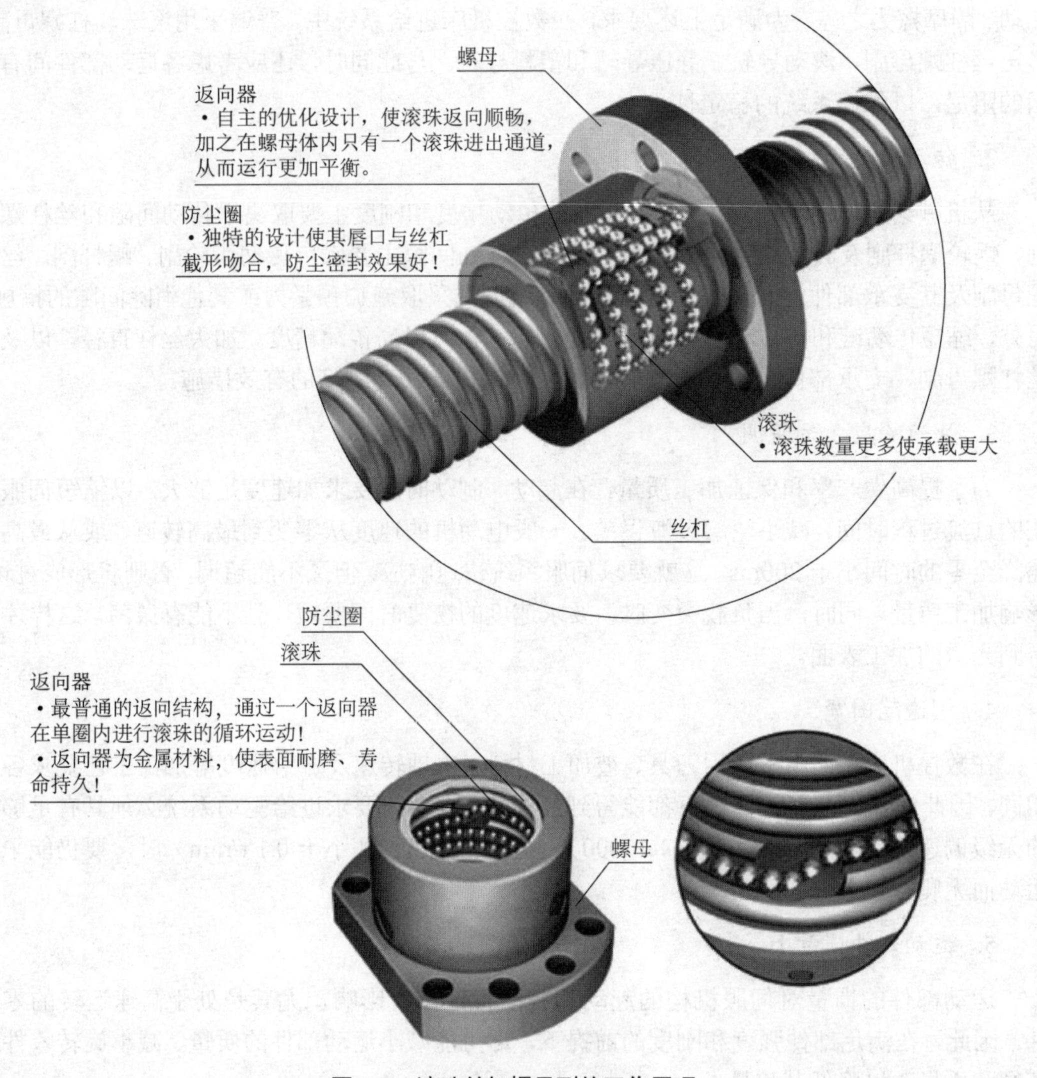

图 2-9　滚珠丝杠螺母副的工作原理

2. 滚珠的循环方式

滚珠循环方式分为外循环和内循环两种。

（1）外循环滚珠在循环过程结束后，通过螺母外表面上的螺旋槽或插管返回丝杠间重新进入循环。图 2-10（a）所示为插管式，它用弯管作为返回管道，这种形式结构工艺性好，但由于管道突出于螺母体外，径向尺寸较大。图 2-10（b）所示为螺旋槽式，它是在螺母外圆上铣出螺旋槽，槽的两端钻出通孔并与螺纹滚道相切，形成返回通道，这种形式的结构比插管式结构径向尺寸小，但制造工艺较复杂。

（2）内循环。这种循环依靠螺母上安装的返向器接通相邻滚道，循环过程中滚珠始终与丝杠保持接触，如图 2-11 所示，滚珠从螺纹滚道进入返向器，借助返向器迫使滚珠越过丝杠牙顶进入相邻滚道，实现循环。一般一个螺母上装有 2～4 个返向器，返向器沿螺母圆周等分分布。其优点是径向尺寸紧凑，刚性好，因其返回滚道较短，故摩擦损失小；缺点是返向器加工困难。

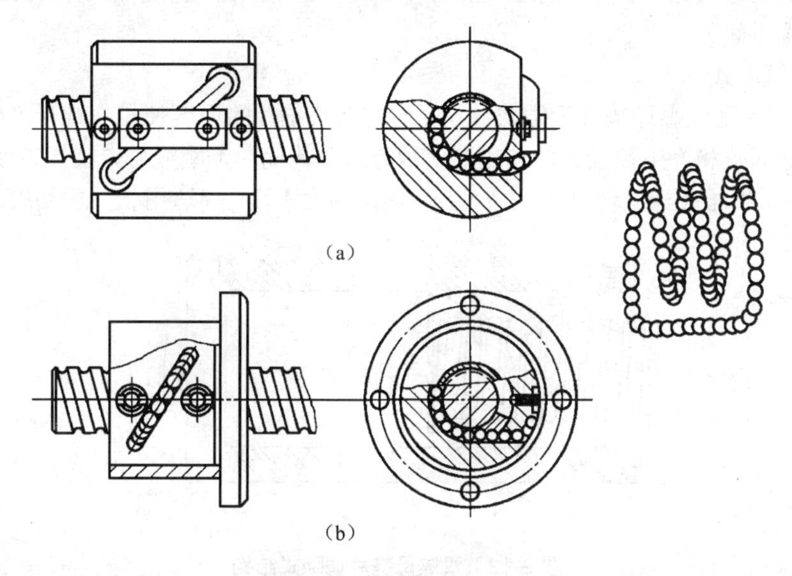

图 2-10　外循环滚珠丝杠

(a) 插管式；(b) 螺旋槽式

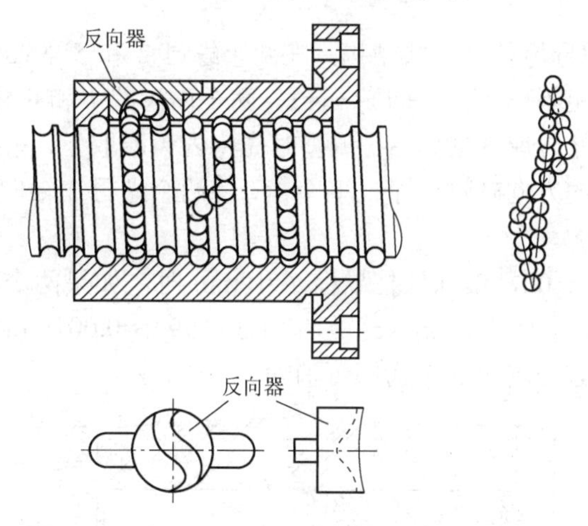

图 2-11　内循环滚珠丝杠

3. 滚珠丝杠螺母副轴向间隙的调整

滚珠丝杠螺母副的传动间隙是轴向间隙。轴向间隙通常是指丝杠和螺母无相对转动时，丝杠和螺母之间的最大轴向窜动量。轴向间隙除了结构本身所有的游隙之外，还包括施加轴向载荷后产生弹性变形所造成的轴向窜动量。为了保证反向传动精度和轴向刚度，必须消除轴向间隙。用预紧方法消除间隙时应注意，预加载荷能够有效地减少弹性变形所带来的轴向位移，但预紧力不宜过大。过大的预紧载荷将增加摩擦力，使传动效率降低，缩短丝杠的使用寿命。所以，一般需要经过多次调整才能保证机床在最大轴向载荷下既消除了间隙又能灵活运转。

消除间隙的方法除了少数用微量过盈滚珠的单螺母消除间隙外，常用的方法是用双螺母消除丝杠、螺母间隙。

1）垫片调隙式

图 2-12 所示是双螺母垫片调隙式结构，通过调整垫片的厚度使左右螺母产生轴向位移，就可达到消除间隙和产生预紧力的作用。这种方法结构简单，刚性好，装卸方便、可靠，缺点是调整费时，很难在一次修磨中完成调整，调整精度不高，仅适用于一般精度的数控机床。

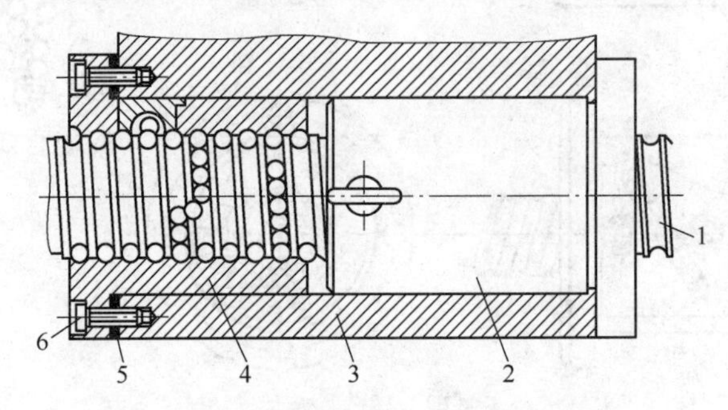

图 2-12　双螺母垫片调隙式结构

1—丝杠；2、4—螺母；3—螺母座；5—垫片；6—螺钉

2）齿差调隙式

图 2-13 所示是双螺母齿差调隙式结构，在两个螺母 2 和 5 的凸缘上各制有一个圆柱齿轮，两个齿轮的齿数只相差一个齿，即 $z_2-z_1=1$。两个内齿圈 1 和 4 分别与外齿轮齿数相同，并用螺钉和销钉固定在螺母座 3 的两端。调整时先将内齿圈取下，根据间隙的大小调整两个螺母 2 和 5 分别向相同的方向转过一个或多个齿，使两个螺母在轴向移近了相应的距离，达到调整间隙和预紧的目的。

例如，当 $z_1=99$，$z_2=100$，滚珠丝杠导程 $T=10$mm 时，如果两个螺母向相同方向各转过一个齿，其相对轴向位移量为 $S=T/(z_1\times z_2)=10/(100\times 99)\approx 0.001$mm，若间隙量为 0.005mm，则相应的两螺母沿相同方向转过五个齿即可消除。

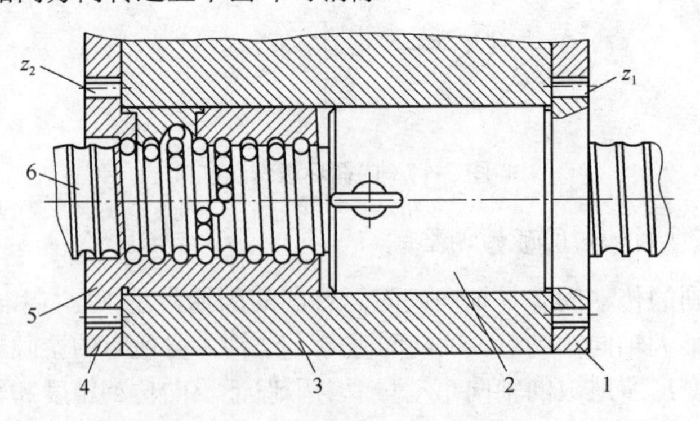

图 2-13　双螺母齿差调隙式结构

1、4—内齿圈；2、5—螺母；3—螺母座；6—丝杠

齿差调隙式的结构较为复杂，尺寸较大，但是调整方便、可获得精确的调整量、预紧可

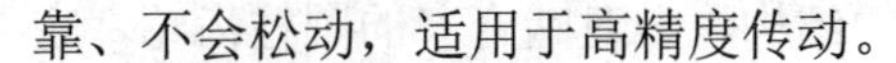
靠、不会松动，适用于高精度传动。

3）螺纹调隙式

图 2-14 所示是双螺母螺纹调隙式结构，用键限制螺母在螺母座内的转动调整时，拧动圆螺母将螺母沿轴向移动一定距离，在消除间隙之后用另一圆螺母将其锁紧。这种调整方法的结构简单紧凑、调整方便，但调整精度较差。

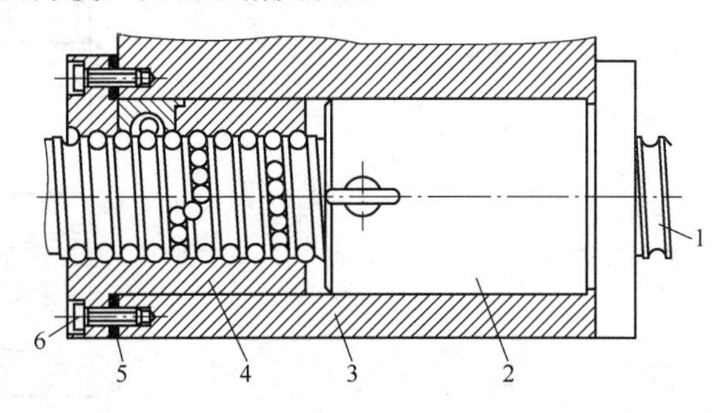

图 2-14　双螺母螺纹调隙式结构

1、2—圆螺母；3—丝杠；4—垫片；　5—螺母；6—螺母座

4. 滚珠丝杠螺母的计算

滚珠丝杠螺母副的承载能力用额定负载表示，其动、静载强度计算原则与滚动轴承相类似。一般根据额定动负载选用滚珠丝杠副，只有当 $n \leqslant 10\mathrm{r/min}$ 时，按额定静负载选用。对于细长且承受压缩的滚珠丝杠副，需做压杆稳定性计算；对于高速、支承距大的滚珠丝杠副，需做临界转速的校核；对于精度要求高的传动要进行刚度验算，转动惯量校核；对于闭环控制系统还要进行谐振频率的验算。在选择滚珠丝杠螺母的过程中，一般首先根据动载强度计算或静载强度计算来确定其尺寸规格，然后对其刚度和稳定性进行校核计算。

五、传动齿轮间隙消除机构

由于数控机床进给系统的传动齿轮副存在间隙，在开环系统中会造成进给运动的位移值滞后于指令值；反向时，会出现反向死区，影响加工精度。在闭环系统中，由于有反馈作用，滞后量虽可得到补偿，但反向时会使伺服系统产生振荡而不稳定。为了提高数控机床伺服系统的性能，可采用下列方法减小或消除齿轮传动间隙。

1. 刚性调整法

刚性调整法是一种调整后齿侧间隙不能自动补偿的调整方法。因此，齿轮的齿距公差及齿厚要严格控制，否则传动的灵活性会受到影响。这种调整方法结构比较简单，且有较好的传动刚度。

图 2-15 所示为偏心轴套式调整间隙结构，电动机 2 通过偏心轴套 1 安装在壳体上，小齿轮装在偏心轴套 1 上，可以通过偏心轴套 1 调整主动齿轮和从动齿轮之间的中心距来消除齿轮传动副的齿侧间隙。

图 2-16 所示为用一个带有锥度的齿轮来消除间隙的结构，一对啮合着的圆柱齿轮，它们的节圆直径沿着齿厚方向制成一个较小的锥度，只要改变垫片 3 的厚度就能改变齿轮 2 和齿轮 1 的轴向相对位置，从而消除了齿侧间隙。

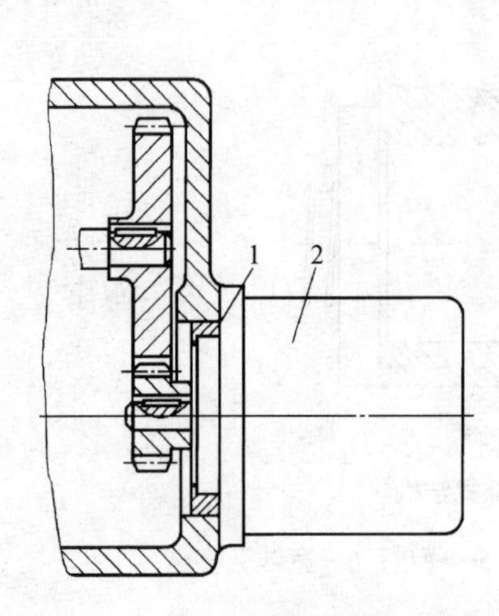

图 2-15　偏心轴套式调整间隙结构

1—偏心轴套；2—电动机

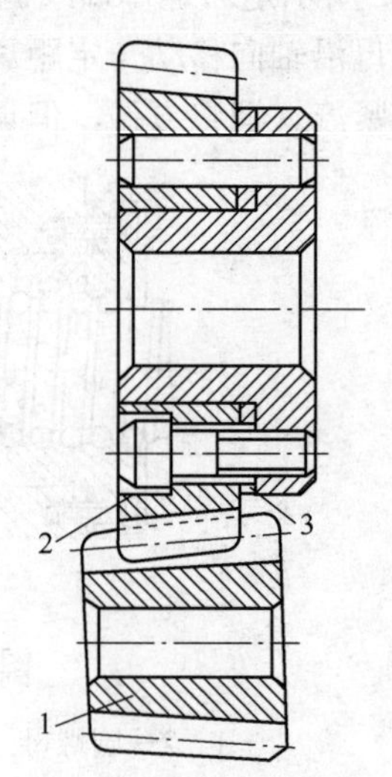

图 2-16　用一个带有锥度的齿轮来消除间隙的结构

1、2—齿轮；3—垫片

图 2-17 所示为斜齿轮垫片式调整间隙机构。斜齿轮传动齿侧间隙的消除方法基本是用两个薄片齿轮 1、2 和宽齿轮 4 啮合，只是在两个薄片齿轮的中间用垫片 3 隔开了一小段距离，以使螺旋线错开。改变垫片 3 的厚度，可使薄片齿轮 1、2 分别与宽齿轮 4 齿槽的左、右侧面贴紧，达到消除齿侧间隙的目的。

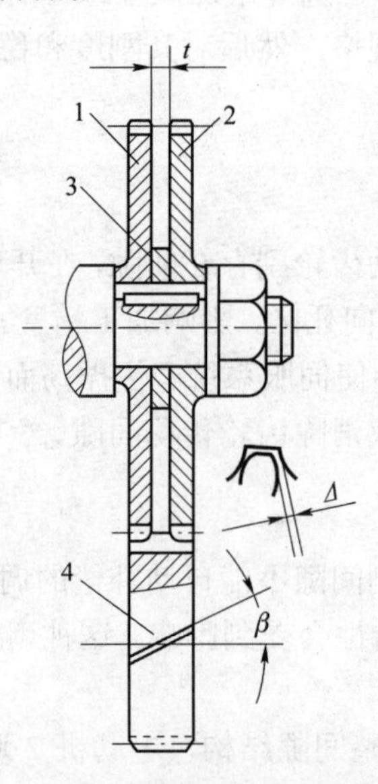

图 2-17　斜齿轮垫片式调整间隙机构

1、2—薄片齿轮；3—垫片；4—宽齿轮

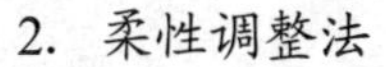

2. 柔性调整法

柔性调整法是指调整之后齿侧间隙仍可自动补偿的调整方法，这种方法一般采用调整压力弹簧的压力来消除齿侧间隙，并在齿轮的齿厚和齿距有变化的情况下，也能保持无间隙啮合。但这种结构较复杂，轴向尺寸大，传动刚度低，传动平稳性较差。

图 2-18 所示为轴向压力弹簧调整，两个薄片斜齿轮 1 和 2 用键滑套在轴 5 上，用螺母 4 来调节压力弹簧 3 的轴向压力，使斜齿轮 1 和 2 的左、右齿面分别与宽斜齿轮 6 齿槽的左右侧面贴紧。

图 2-19 所示为周向弹簧调整，两个齿数相同的薄片齿轮 1 和 2 与另一个宽齿轮相啮合，薄片齿轮 1 空套在薄片齿轮 2 上，可以相对回转。每个齿轮端面分别装有凸耳 3 和 8，薄片齿轮 1 的端面还有四个通孔，凸耳 8 可以从中穿过，弹簧 4 分别钩在调节螺钉 7 和凸耳 3 上。旋转螺母 5 和 6 可以调整弹簧 4 的拉力，弹簧的拉力可以使薄片齿轮错位，即使两个薄片齿轮的左、右齿面分别与宽齿轮齿槽的右、左侧面贴紧，消除了齿侧间隙。

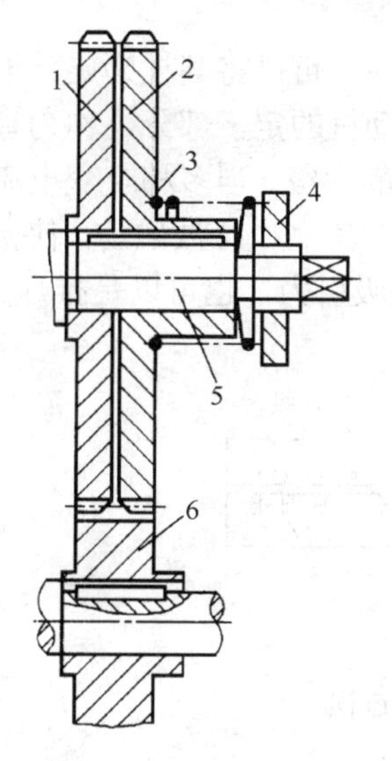

图 2-18　轴向压力弹簧调整

1、2—薄片斜齿轮；3—压力弹簧；
4—螺母；5—轴；6—宽斜齿轮

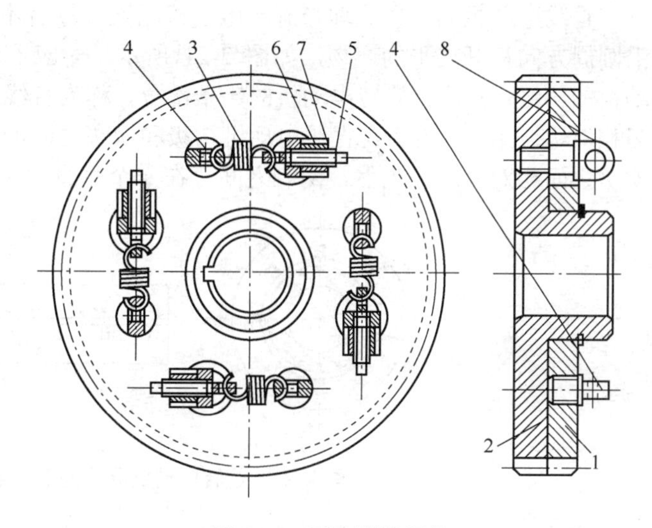

图 2-19　周向弹簧调整

1、2—薄片齿轮；3、8—凸耳；4—弹簧；
5、6—旋转螺母；7—调节螺钉

六、直线电动机进给系统

直线电动机是指可以直接产生直线运动的电动机，可作为进给驱动系统，如图 2-20 所示。其雏形在世界上出现了旋转电动机不久之后就出现了，但受制造技术水平和应用能力的限制，一直未能作为驱动电动机使用。在常规的机床进给系统中，一直采用“旋转电动机+滚珠丝杠”的传动体系。随着近几年来超高速加工技术的发展，滚珠丝杠机构已不能满足高速度和高加速度的要求，直线电动机有了“用武之地”，特别是大功率电子元器件、新型交流变频调速技术、微型计算机数控技术和现代控制理论的发展，为直线电动机在高速数控机床中的应用提供了条件。

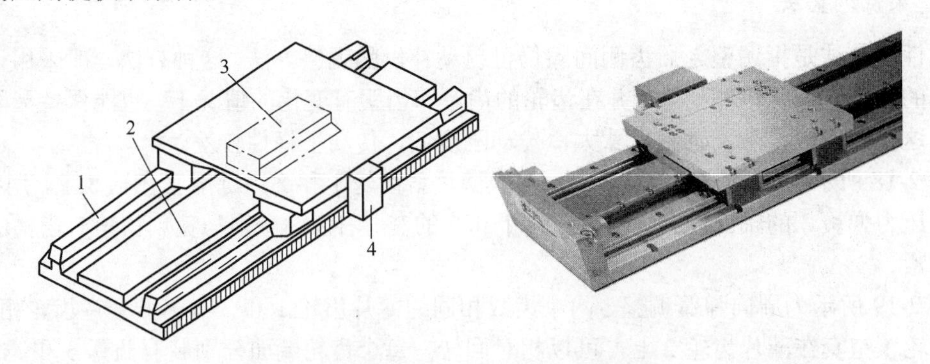

图 2-20　直线电动机进给系统的外观

1—导轨；2—次级；3—初级；4—检测系统

1. 直线电动机的工作原理简介

直线电动机的工作原理与旋转电动机相比并没有本质的区别，可以将其视为旋转电动机沿圆周方向拉开展平的产物，如图 2-21 所示。对应于旋转电动机的定子部分，称为直线电动机的初级；对应于旋转电动机的转子部分，称为直线电动机的次级。当多相交变电流通入多相对称绕组时，就会在直线电动机初级和次级之间的气隙中产生一个行波磁场，使初级和次级之间相对移动。当然，两者之间存在一个垂直力，可以是吸引力，也可以是推斥力。

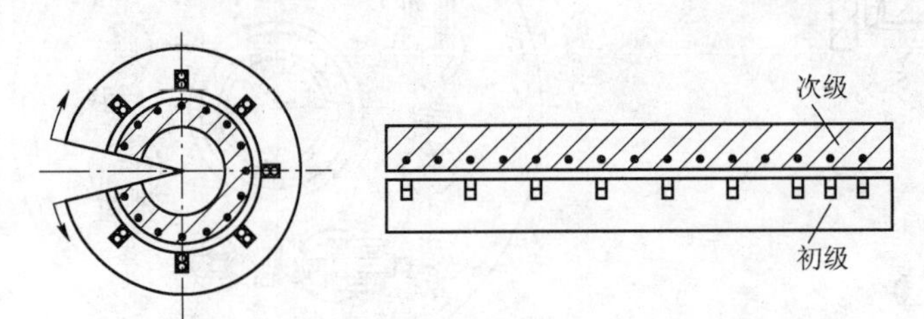

图 2-21　旋转电动机展平为直线电动机的过程

直线电动机可以分为直流直线电动机、步进直线电动机和交流直线电动机三大类。在机床上主要使用交流直线电动机。

在结构上，直线电动机可以有短次级和短初级两种形式，如图 2-22 所示。为了减少发热量和降低成本，高速机床用直线电动机一般采用图 2-22（b）所示的短初级结构。

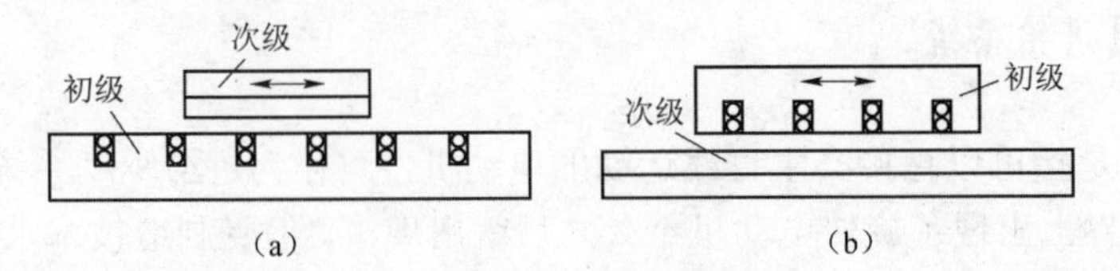

图 2-22　直线电动机的形式

（a）短次级；（b）短初级

在励磁方式上，交流直线电动机可以分为永磁（同步）式和感应（异步）式两种。永磁式直线电动机的次级是一块一块铺设的永久磁钢，其初级是含铁心的三相绕组。感应式直线电动机的初级和永磁式直线电动机的初级相同，区别是在次级上用不通电的绕组替代永磁式直线电动机的永磁铁，且每个绕组中每一匝均是短路的。永磁式直线电动机在单位面积推力、效率、可控性等方面均优于感应式直线电动机，但其成本高，工艺复杂，而且会给机床的安装、使用和维护带来不便。感应式直线电动机在不通电时是没有磁性的，有利于机床的安装、使用和维护，近年来，其性能不断改进，已接近永磁式直线电动机的水平。

2. 直线电动机的特点

现在的机械加工对机床的加工速度和加工精度提出了越来越高的要求，传统的"旋转电动机十滚珠丝杠"体系已很难适应这一趋势。使用直线电动机的驱动系统具有以下特点。

（1）使用直线电动机，电磁力直接作用于运动体（工作台）上，不用机械连接，因此没有机械滞后或齿节周期误差，精度完全取决于反馈系统的检测精度；同时简化了进给系统结构，提高了传动效率。

（2）直线电动机上装配全数字伺服系统，可以达到极好的伺服性能。由于电动机和工作台之间无机械连接件，工作台对位置指令几乎是立即反应（电气时间常数约为 1ms），使得跟随误差减至最小而达到较高的精度，而且在任何速度下都能实现非常平稳的进给运动。

（3）直线电动机驱动系统由于无机械零件相互接触，因此无机械磨损，不需要定期维护，且不像滚珠丝杠那样有行程限制，使用多段拼接技术可以满足超长行程机床的要求。

（4）旋转电动机必须通过丝杠、齿条等转换机构转换成直线运动，传动环节对精度、刚度、快速性、稳定性的影响无法避免；而且这些转换机构在运动中必然会带来噪声，直线电动机从根本上消除传动环节，故进给系统的精度高、刚度大、快速性、稳定性好、噪声小或无噪声。

七. 高速进给系统

常规高速数控机床的总体结构基本上采用工件和刀具沿各自导轨共同运动的方案。一种典型结构是将工件装夹于正交工作台上，让其在 *X-Y* 平面内运动，将主轴部件安装于立柱滑板上，让其沿 *Z* 轴运动，由此实现基本的三坐标进给运动。在这类结构中，一个问题是由于运动部分（工件、夹具和工作台等）的总质量比较大，再加上多重导轨所产生的阻力较大，因此要使机床达到所要求的高进给速度和加速度，必须要求进给系统的驱动电动机具有很大的功率，这样既提高了机床成本又增加了发热量，对机床加工精度也会造成不利影响。另一个问题是，传统机床结构是一种串联开链结构，组成环节多、结构复杂，且由于存在悬臂部件和环节间的连接间隙，不容易获得高的总体刚度，因此难以适应高速机床的要求。

并联（虚拟轴）机床的出现，为解决上述问题开辟了新的途径。并联机床之所以易于达到高的进给速度和加速度，主要得益于它的结构特点。

图 2-23 所示为一种并联机床进给系统的典型结构。该系统主要由六根可伸缩驱动杆组成。六根驱动杆的一端通过铰链固定于基础框架上，另一端通过铰链与机床的主轴单元相连。调节六根驱动杆的长度（这是并联机床的实际可控轴），可使主轴和刀具做六自由度运动，

其中包括沿三个线性虚拟轴 X、Y、Z 的平移运动和沿三个转动虚拟轴 A、B、C 的旋转运动。

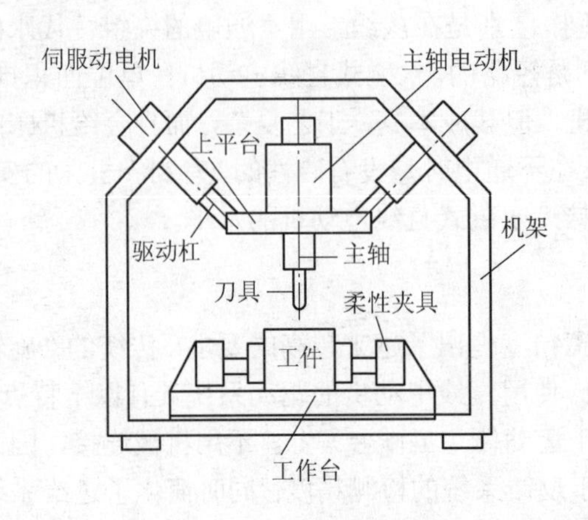

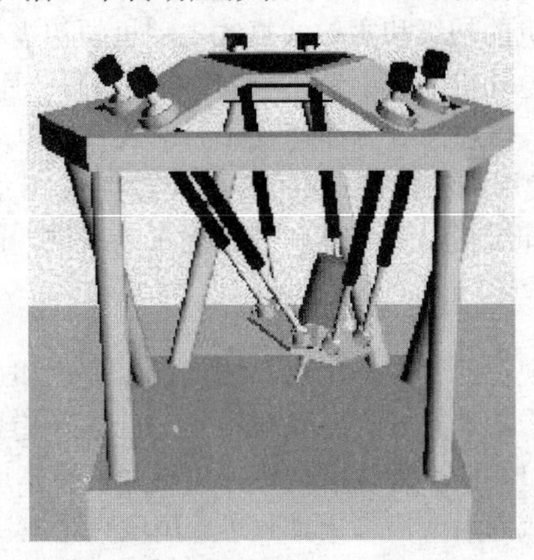

图 2-23　一种并联机床进给系统的典型结构

将并联机床的进给系统与常规机床的进给系统进行对比，可以发现，这种新型进给系统具有以下适用于高速加工的优点。

（1）采用工件固定，由六根驱动杆带动电主轴相对于工件做进给运动的方式，可以有较小的质量，有利于获得高的进给加速度。

（2）进给机构为空间并联机构，在驱动电动机速度相同的条件下，可以获得比采用串联结构的常规数控机床更高的进给速度，有利于满足高速、高效加工对进给速度的要求。

（3）并联结构可将传动与支承功能集成为一体，驱动杆既是机床的传动部件，又兼作主轴单元的支承部件，有效减少了工件一机床一刀具链中的诸多环节，消除了这些环节带来的受力变形和热变形，并可减少连接间隙和传动间隙，提高接触刚度，有利于提高机床的综合精度。

（4）进给系统的主体为并联闭链系统，消除了常规机床中的悬臂结构，经过合理设计可使各驱动杆和有关部件只承受拉力和压力而不受弯曲力矩，使机床总体刚度进一步提高（可比一般数控机床高 5 倍左右）。如果在传动与控制上处理得当，还可以使新型机床达到比常规机床更高的加工精度和加工质量。

（5）抛弃了传统的固定导轨的刀具导向方式，机床上不存在沿固定导轨运动的直线和旋转工作台，以及支承工作台所需的其他部件，消除了由于导轨中的摩擦而产生的阻力，有利于提高进给速度。

（6）刀具相对于工件的进给运动是六根驱动杆（六套伺服系统）共同作用的结果，而常规机床的进给运动取决于单个伺服系统，因此基于并联机构的进给系统可以获得更大的驱动力，有利于提高加工效率。

由于并联进给系统具有上述显著优点，使得由其构成的并联机床正在成为高速、高效、高柔性加工设备的一个新的发展方向。为了实现任何的坐标运动，并联机床牵动电主轴的六根轴都必须运动，因此计算极其复杂。在 CNC 技术高度发展的今天，这种并联机床的应用才成为可能。六根驱动杆的伸缩既可以用滚珠丝杠，也可以用直线电动机。由于六根驱动杆的长度较大，其热变形对机床的加工精度影响比较严重，因此目前这种机床的加工精度还不够高。此外，其加工的有效空间与机床本身体积的比例也不相称。这种新型机床现在还处于研制和试验阶段，要被工程技术界接受和在生产上广泛应用，尚需时日，但也不失为一种有发展潜力的高速进给机构。它的研究、开发和应用不仅对机床技术本身的发展具有重要的理论与实际意义，而且将对制造技术及相关产业的发展产生深远的影响。因此，必须予以充分重视。

第三节　数控机床的导轨

一、数控机床对导轨的基本要求

机床上的直线运动部件都是沿着床身、立柱、横梁等支承件上的导轨进行运动的，概括地说，导轨的作用是对运动部件起导向和支承作用，导轨的制造精度及精度保持性对机床加工精度有着重要的影响。数控机床对导轨的基本要求如下。

1. 导向精度高

导向精度是指机床的动导轨沿支承导轨运动的直线度（对直线运动导轨）或圆度（对圆周运动导轨）。无论空载还是加工，导轨都应具有足够的导向精度，这是对导轨的基本要求。各种机床对于导轨本身的精度都有具体的规定或标准，以保证导轨的导向精度。

2. 精度保持性好

精度保持性是指导轨能否长期保持原始精度。影响精度保持性的主要因素是导轨的磨损，此外，还与导轨的结构形式及支承件（如床身）的材料有关。数控机床的精度保持性要求比普通机床高，应采用摩擦因数小的滚动导轨、塑料导轨或静压导轨。

3. 足够的刚度

机床各运动部件所受的外力最后都由导轨面来承受。若导轨受力后变形过大，不仅破坏了导向精度，而且使导轨的工作条件恶化。导轨的刚度主要取决于导轨类型、结构形式和尺寸大小、导轨与床身的连接方式、导轨材料和表面加工质量等。数控机床的导轨截面面积通常较大，有时还需要在主导轨外添加辅助导轨来提高刚度。

4. 良好的摩擦特性

数控机床导轨的摩擦因数要小，而且动、静摩擦因数应尽量接近以减小摩擦阻力和导轨热变形，使运动轻便平稳、低速无爬行。此外，导轨结构工艺性要好，便于制造和装配，便于检验、调整和维修，并且应有合理的导轨防护和润滑措施等。

二、数控机床导轨的类型与特点

导轨按接触面的摩擦性质可以分为滑动导轨、滚动导轨和静压导轨三种。其中，数控机床最常用的是镶粘塑料的滑动导轨和滚动导轨。

1. 滑动导轨及其特点

滑动导轨具有结构简单、制造方便、刚度好、抗振性高等优点，是机床上使用最广泛的导轨形式。但普通的铸铁—铸铁、铸铁—淬火钢导轨，存在的缺点是静摩擦因数大，动摩擦因数随速度的变化而变化，摩擦损失大，低速（1～60 mm/min）时易出现爬行现象，降低了运动部件的定位精度。

通过选用合适的导轨材料和采用相应的热处理及加工方法，可以提高滑动导轨的耐磨性及改善其摩擦特性。例如，采用优质铸铁、合金耐磨铸铁或镶淬火钢导轨，进行导轨表面滚轧强化、表面淬硬、涂铬、涂钼工艺处理等。

镶黏塑料导轨不仅可以满足机床对导轨的低摩擦、耐磨、无爬行、高刚度的要求，而且具有生产成本低、应用工艺简单、经济效益显著等特点；因此，在数控机床上得到了广泛的应用。

镶黏塑料导轨是通过在滑动导轨面上镶粘一层由多种成分复合的塑料导轨软带，达到改善导轨性能的目的。这种导轨的共同特点是，摩擦因数小，且动、静摩擦因数之差很小，能防止低速爬行现象；耐磨性、抗撕伤能力强；加工性能和化学稳定性好，工艺简单，成本低，并有良好的自润滑和抗振性。镶黏塑料导轨多与铸铁导轨或淬硬钢导轨相配使用。

常用的塑料导轨软带主要有以下几种。

（1）以聚四氟乙烯（PTFE）为基体，通过添加不同的填充料构成的高分子复合材料。聚四氟乙烯是现有材料中摩擦因数最小（0.04）的一种，但纯聚四氟乙烯不耐磨，需要添加663 青铜粉、石墨、二硫化钼（MoS_2）、铅粉等填充料增加耐磨性。这种导轨软带具有良好的抗磨、减摩、吸振、消声性能，适用的工作温度范围广（-200℃～+280℃），动、静摩擦因数小，且两者之差很小；可以在干摩擦下应用，并且能吸收外界进入导轨面的硬粒，使导轨不致拉伤和磨损。这种材料常被做成厚度为 0.1～2.5mm 的塑料软带形式，黏接在导轨基面上，图 2-24 是镶黏塑料导轨的结构示意图。

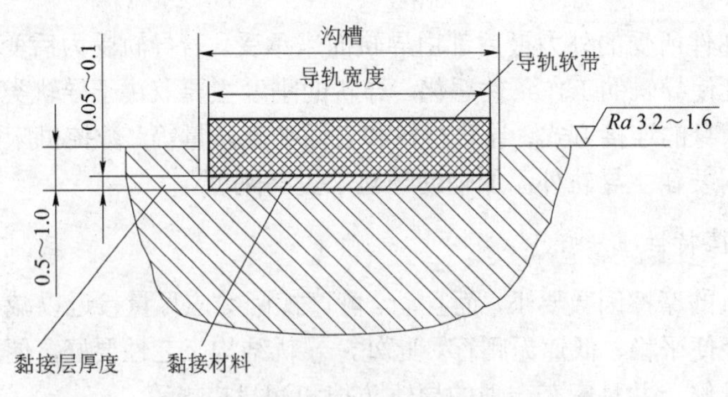

图 2-24 镶粘塑料导轨的结构示意图

（2）以环氧树脂为基体，加入 MoS_2、胶体石墨、二氧化钛（TiO_2）等制成的抗磨涂层材料。这种涂料附着力强，可用涂敷工艺或压注成形工艺涂到预先加工成锯齿形状的导轨上，涂层厚度为 1.6~2.5mm。中国已生产的抗磨涂层材料有环氧树脂耐磨涂料（MNT），在它与铸铁组成的导轨副中，摩擦因数 f=0.1～0.12，在无润滑油情况下仍有较好的润滑和防爬行的效果。塑料涂层导轨主要应用在大型和重型机床上。

2. 滚动导轨及其特点

滚动导轨是在导轨面之间放置滚珠、滚柱、滚针等滚动体，使导轨面之间的滑动摩擦变为滚动摩擦。滚动导轨与滑动导轨相比的优点是，灵敏度高，且其动摩擦因数与静摩擦因数相差甚微，因而运动平稳，低速移动时，不易出现爬行现象；定位精度高，重复定位精度可达 0.2μm；摩擦阻力小，移动轻便，磨损小，精度保持性好，寿命长。滚动导轨的抗振性较差，对防护要求较高。

滚动导轨特别适用于机床的工作部件要求移动均匀、运动灵敏及定位精度高的场合。这是滚动导轨在数控机床上得到广泛应用的原因。

1）滚动导轨的结构原理

滚动直线导轨副的结构原理如图 2-25 所示。它由导轨、滑块、钢球、返向器、密封端盖及挡板等部分组成。当导轨与滑块做相对运动时，钢球沿着导轨上经过淬硬并精密磨削加工而成的四条滚道滚动；在滑块端部，钢球通过返向器反向，进入回珠孔后再返回到滚道，钢球就这样周而复始地进行滚动运动。返向器两端装有密封端盖，可有效地防止灰尘、屑末进入滑块内部。

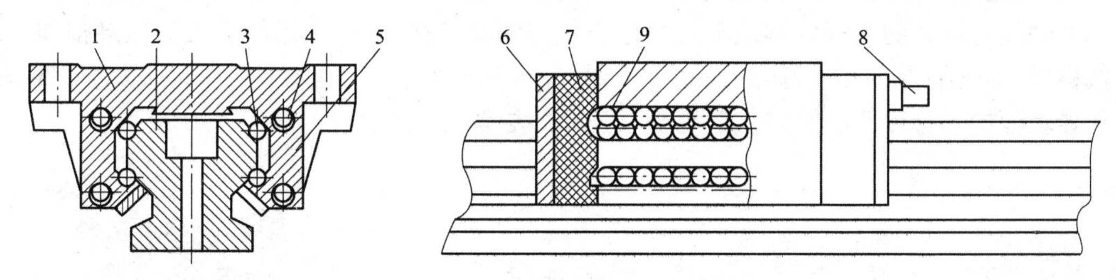

图 2-25　滚动直线导轨副的结构原理

1—滑块；2—导轨；3—钢球；4—回珠孔；5—侧密封；6—密封端盖；
7—挡板；8—油杯；9—返向器

2）滚动导轨的结构形式

根据滚动体的类型，滚动导轨有下列三种结构形式。

（1）滚珠导轨。这种导轨的承载能力小、刚度低。为了避免在导轨面上压出凹坑而丧失精度，一般常采用淬火钢制造导轨面，如图 2-26 所示。

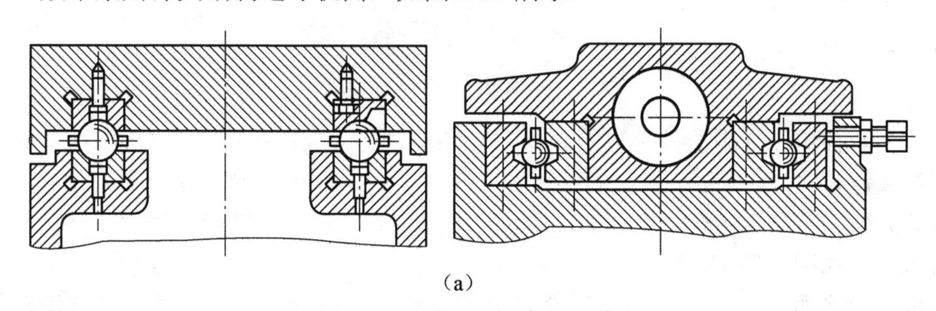

（a）

图 2-26　滚珠导轨

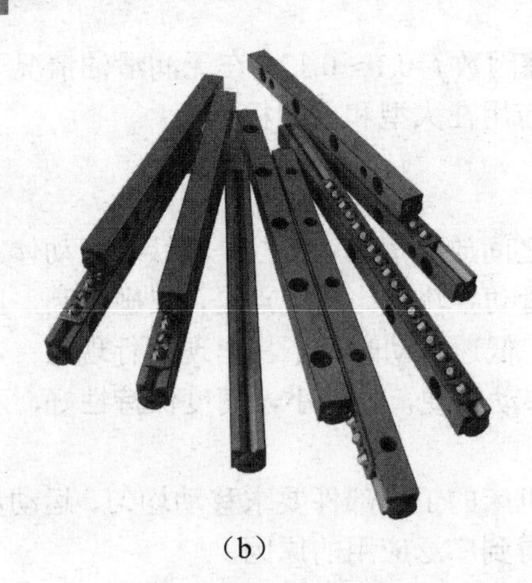

（b）

图 2-26　滚珠导轨（续）

（a）结构示意图；（b）实物图

滚珠导轨适用于运动的工作部件质量不大（通常为 100～200kg）和切削力不大的机床，如工具磨床工作台导轨、磨床的砂轮修整器导轨及仪器的导轨等。

（2）滚柱导轨。这种导轨的承载能力及刚度都比滚珠导轨大。其对于安装的偏斜反应大，支承的轴线与导轨的平行度偏差不大时也会引起偏移和侧向滑动，这样会使导轨磨损加快或降低精度。在滚柱导轨中，利用小滚柱的导轨（ϕ=10mm）比利用大滚柱的导轨（大于 ϕ25mm）对于导轨面的平行度要敏感些，但利用小滚柱的导轨抗振性高，如图 2-27 所示。

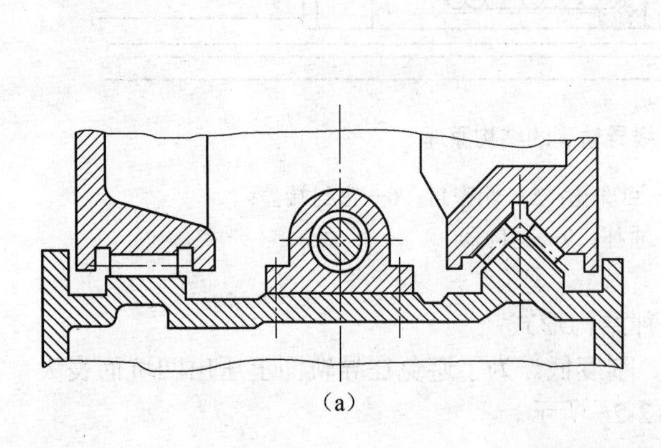

（a）

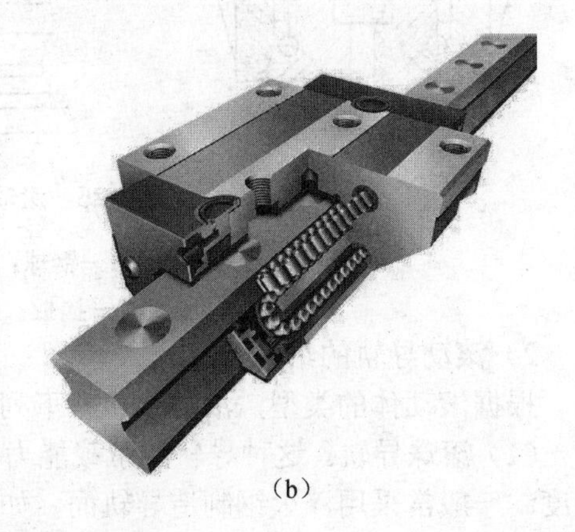

（b）

图 2-27　滚柱导轨

（a）结构示意图；（b）实物图

目前，数控机床采用滚柱导轨的较多，特别是载荷较大的机床。

（3）滚针导轨。滚针导轨的滚针比滚柱的长径比大，滚针导轨的特点是尺寸小、结构紧凑。为了提高工作台的移动精度，滚针的尺寸应按直径分组。滚针导轨适用于导轨尺寸受限制的机床上，如图 2-28 所示。

根据导轨是否预加负载，滚动导轨可分为预加负载滚动导轨和不预加负载滚动导轨两类。预加负载滚动导轨的优点是可提高导轨刚度，缺点是制造比较复杂、成本较高。预加负载滚动导轨适用于颠覆力矩较大和垂直方向的导轨中，数控机床常采用这种导轨。无预加负载滚动导轨常用于数控镗铣床或加工中心的机械手、刀库等传送机构。

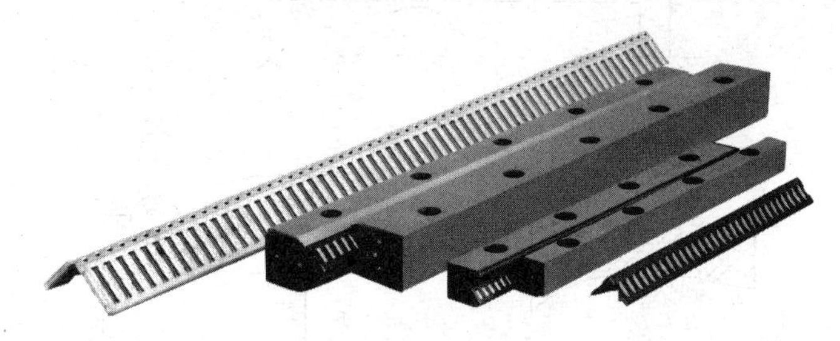

图 2-28　滚针导轨

3）滚动导轨的计算

滚动导轨的计算与滚动轴承的计算相似，以在一定的载荷下行走一定的距离，90%的支承不发生点蚀为依据，这个载荷称为额定动载荷，行走的距离称为额定寿命。滚动导轨的预期寿命除了与额定动载荷和导轨的实际工作载荷有关外，还与导轨的硬度、滑块部分的工作温度和每根导轨上的滑块数目有关。

3. 静压导轨

静压导轨是将具有一定压力的油液，经节流器输送到导轨面上的油腔中，形成承载油膜，将相互接触的导轨表面隔开，实现液体摩擦。在数控机床上得到了日益广泛的应用。

静压导轨的滑动面之间开有油腔，将一定量的油通过节流输入油腔，形成压力油膜，浮起运动部件，使导轨工作表面处于纯液体摩擦状态，不产生磨损，精度保持性好。同时，摩擦因数也极低（一般为 0.0005），使驱动功率大大降低；低速无爬行，承载能力大，刚度好；此外，油液有吸振作用，抗振性好。其缺点是结构复杂、需要供油系统、油的清洁度要求高。

静压导轨横截面的几何形状一般有 V 形和矩形两种。横截面采用 V 形便于导向和回油，采用矩形便于做成闭式静压导轨。另外，油腔的结构对静压导轨性能影响很大。

静压导轨可分为开式和闭式两大类。图 2-29 所示为开式静压导轨的工作原理。来自液压泵的压力油，其压力为 p_0，经节流器压力降至 p_1，进入导轨的各个油腔内，借油腔内的压力将运动导轨浮起，使导轨面间以厚度为 h_0 的油膜隔开，油腔中的油不断地穿过各油腔的封油间隙流回油箱，压力降为零。当运动导轨受到外载荷 F 时，使运动导轨向下产生一个位移，导轨间隙由 h_0 降为 h（$h<h_0$），油腔回油阻力增大，油腔中压力也相应增大变为 p_0（$p_0>p_1$），以平衡负载，导轨仍在纯液体摩擦状态下工作。

图 2-30 所示为闭式静压导轨的工作原理。因为闭式静压导轨各方向导轨面上都开有油腔，所以闭式静压导轨具有承受各方面载荷和颠覆力矩的能力，设油腔各处的压力分别为 p_1、p_2、p_3、p_4、p_5、p_6，当受颠覆力矩为 M 时，油腔 p_1、p_6 处间隙变小，油腔 p_3、p_4 处间隙变大。由于节流器的作用，使 p_1、p_6 升高，p_3、p_4 降低，从而形成一个与颠覆力矩成反向力矩，使工作台恢复平衡。当工作台受到垂直载荷 F 作用时，油腔 p_1、p_4 处间隙变小，油腔 p_3、p_6 处间隙变大，使得 p_1、p_4 升高，p_3、p_6 降低，所形成的作用力与外载荷 F 相平衡。

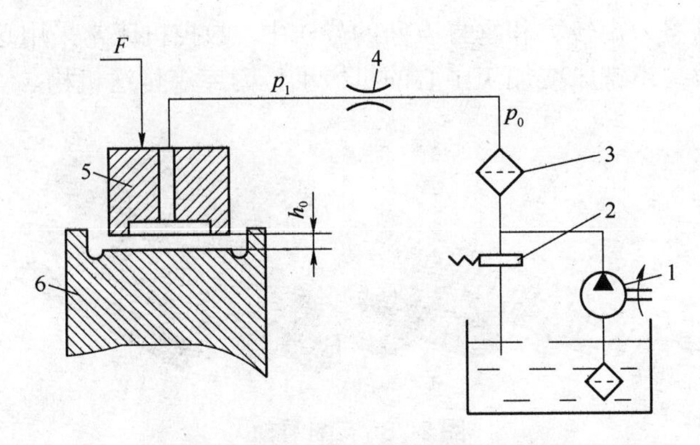

图 2-29　开式静压导轨的工作原理

1—液压泵；2—溢流阀；3—过滤器；4—节流器；5—运动导轨；6—床身导轨

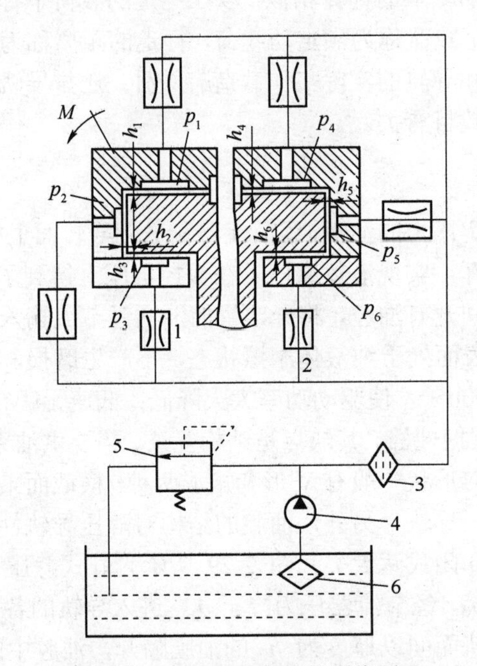

图 2-30　闭式静压导轨的工作原理

1—导轨；2—节流器；3、6—过滤器；4—液压泵；5—溢流阀

另外，还有以空气为介质的空气静压导轨，亦称气浮导轨。它不仅摩擦力低，而且还有很好的冷却作用，可减小热变形。

第四节　数控机床自动排屑装置

单位时间内数控机床的金属切削量大大高于普通机床，工件上的多余金属在变成切屑后所占的空间将成倍加大。这些切屑堆占加工区域，如果不及时排除，必然会覆盖或缠绕在工件和刀具上，使自动加工无法继续进行，人工清理显然不能满足要求。此外，炽热的切屑向机床或工件发散的热量，会使机床或工件产生变形，影响加工精度。因此迅速、有效的排除切屑对数控机床加工来说是十分重要的，而排屑装置（图 2-31）正是完成此项工作的一种数控机床的必备附属装置。排屑装置的主要作用是将切屑从加工区域排出数控机床。在数控车床和磨床上的切削中往往混合着切削液，排屑装置从其中分离出切屑，并将它们送入切屑收集箱（车）内，而切削液则被回收到冷却液箱中。

排屑装置是一种具有独立功能的附件，它的工作可靠性和自动化程度随着数控机床技术的发展而不断提高。各主要工业国家都已研究开发了各种类型的排屑装置，并广泛地应用在各类数控机床上。这些装置已逐步标准化和系统化，并由专业工厂生产。数控机床排屑装置的结构和工作形式应根据机床的种类、规格、加工工艺特点，工件的材质和使用的冷却液种类等来选择。

图 2-31　数控机床的排屑装置

排屑装置的种类繁多，常见的有平板链式排屑装置、刮板式排屑装置、螺旋式排屑装置、磁性排屑器。排屑装置的安装位置一般都尽可能靠近刀具切削区域，如车床的排屑装置，装在回转工件下方，铣床和加工中心的排屑装置装在床身的回水槽上或工作台边侧位置，以利于简化机床或排屑装置结构，减小机床的占地面积，提高排屑效率。排出的切屑一般都落入切屑收集箱或小车中，有的则直接排入车间排屑系统。

一、平板链式排屑装置

平板链式排屑装置（图 2-32）以滚动链轮牵引钢质平板链带在封闭箱中运转，加工中的切屑落到链带上被带出机床。这种装置能排除各种形状的切屑，电动机有过载保护装置，运转平稳可靠。平板链带输送的速度范围较大，输送效率高，噪声小，适应性强，各类机床都能采用。在车床上使用时多与机床冷却液箱合为一体，以简化结构。

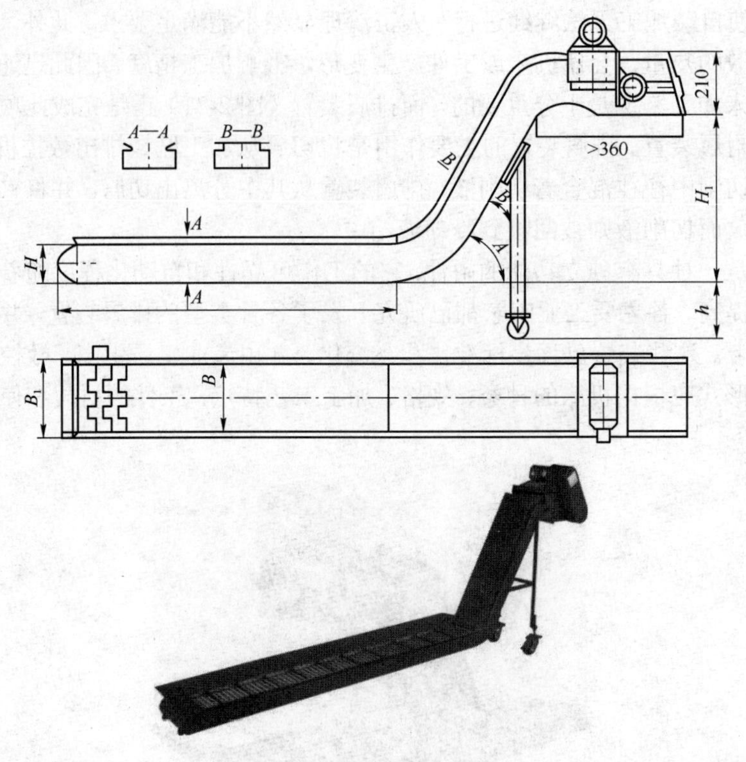

图 2-32　平板链式排屑装置

二、刮板式排屑装置

刮板式排屑装置（图 2-33）的传动原理与平板链式排屑装置的基本相同，只是链板不同，它带有刮板链板。这种装置不受切屑种类的限制，对金属、非金属切屑均可适用，有过载保护装置，运转平稳可靠，运动机构为敞开式，保养维修方便，排屑能力较强，因负载大故需采用较大功率的驱动电动机。

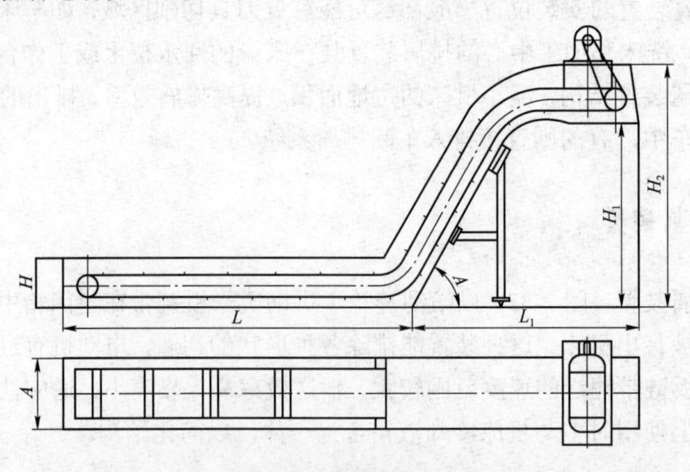

图 2-33　刮板式排屑装置

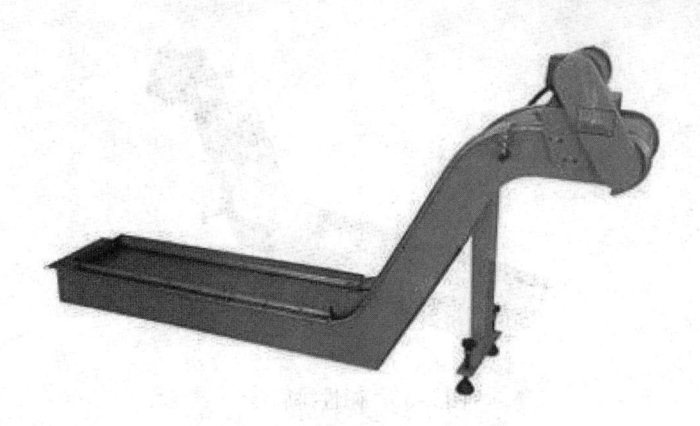

图 2-33 刮板式排屑装置（续）

三、螺旋式排屑装置

螺旋式排屑装置主要用于机械加工过程中的金属、非金属材料所切削下来的颗粒状、粉状、块状及卷状切屑的输送，可用于数控车床、加工中心或其他机床安装空间比较狭窄的地方，与其他排屑装置联合使用可组成不同结构形状的排屑系统，如图 2-34 所示。该装置采用电动机经减速装置驱动安装在沟槽中的一个长螺旋杆进行驱动。螺旋杆转动时，沟槽中的切屑由螺旋杆推动连续向前运动，最终排入切屑收集箱。螺旋杆有两种形式，一种是用扁形钢条卷成螺旋弹簧状，另一种是在轴上焊螺旋形钢板。螺旋式排屑装置结构简单、排屑性能良好，但只适用于沿水平或小角度倾斜直线方向排运切屑，不能大角度倾斜、提升或转向排屑。

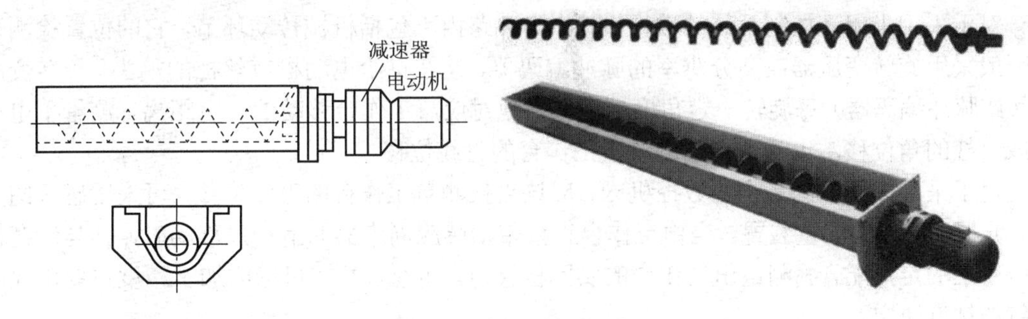

图 2-34 螺旋式排屑装置

四、磁性排屑器

磁性排屑器利用永磁材料所产生的强磁场的磁力，将吸磁的颗粒状、粉末状和长度小于 150mm 的黑色金属切屑吸附在工作面板上，输送到切屑箱中，如图 2-35 所示。该装置可广泛应用于数控车床、组合机床、自动车床、齿轮车床、铣床、拉床、机铰机床、专用机床、自动线和流水线等的干式加工和湿式加工时的切屑处理。

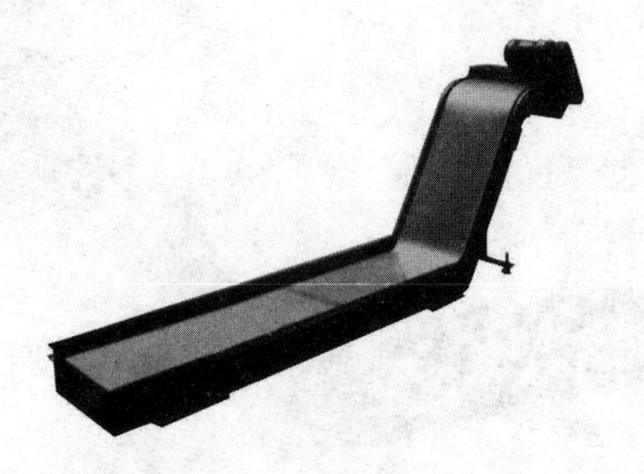

图 2-35　磁性排屑器

第五节　数控机床位置检测装置

一、位置检测装置的要求与类型

计算机数控系统的位置控制是将插补计算的理论位置与实际反馈位置相比较，利用其差值控制进给电动机。实际反馈位置的采集，是由一些位置检测装置来完成的。

1. 位置检测装置的要求

位置检测装置是数控机床伺服系统中的重要组成部分，其作用是检测位移和速度、发送反馈信号，构成伺服系统的闭环或半闭环控制。中档数控机床多采用半闭环控制系统，全功能数控机床则采用闭环控制系统。

对于采用半闭环控制系统的数控机床，其环路内不包括机械传动环节，它的位置检测装置一般采用旋转变压器或高分辨率的脉冲编码器，装在进给电动机或丝杠的端头，旋转变压器（或脉冲编码器）每旋转一定角度，都严格地对应着工作台移动的一定距离，测量了电动机或丝杠的角位移，也就间接地测量了工作台的直线位移。

对于采用闭环控制系统的数控机床，应该直接测量工作台的直线位移，可采用感应同步器、光栅、磁栅等测量装置。当由工作台直接带动感应同步器的滑动尺移动时，其与装在机床床身上的定尺配合，测量出工作台的实际位移值。可见，数控机床的加工精度主要由检测系统的精度决定。

位移检测系统能够测量的最小位移量称为分辨率。分辨率不仅取决于检测元器件本身，也取决于测量线路。

数控机床对检测装置的主要要求如下。

（1）高可靠性和高抗干扰性。数控机床的检测装置应抗各种电磁干扰，抗干扰能力强，基准尺对温度、湿度敏感性低，温度、湿度变化对测量精度的影响小。

（2）满足精度和速度要求,分辨率应达 0.1～10μm。

（3）使用维护方便，适合机床运行环境。

（4）成本低。

2. 位置检测装置的分类

对于不同类型的数控机床，根据不同的工作环境和不同的检测要求，应该采用不同的检测方式，见表 2-2。

表 2-2　位置检测装置的分类

类型	模拟式		数字式	
	增量式	绝对式	增量式	绝对式
直线型	1. 直线型感应同步器； 2. 磁性标尺	1. 三速直线型感应同步器； 2. 绝对值式磁尺	1. 计量光栅； 2. 激光干涉仪	多通道透射光栅
回转型	1. 旋转变压器； 2. 圆形感应同步器； 3. 圆形磁性标尺	1. 多极旋转变压器； 2. 三速圆形感应同步器	1. 增量式光电脉冲编码器； 2. 圆光栅	绝对式光电脉冲编码器

1）数字式与模拟式

（1）数字式测量方式是将被测的量以数字形式来表示，测量信号一般为电脉冲信号，可以直接把它送到数控装置进行比较、处理。它的特点如下。

① 被测量单位量化后转换成脉冲个数，便于显示处理。

② 测量精度取决于测量单位，与基本量程无关。

③ 检测装置比较简单，脉冲信号抗干扰能力较强。

（2）模拟式测量方式是将被测量单位用连续的变量来表示,如电压变化、相位变化等。它对信号处理的方法相对来说比较复杂。在大量程内做精确的模拟式检测，在技术上有较高的要求，数控机床中模拟式检测主要用于小量程测量。它的主要特点如下。

① 直接对被测量单位进行检测，无须量化。

② 在小量程内可以实现高精度测量。

③ 可用于直接检测和间接检测。

2）增量式与绝对式

（1）增量式测量方式。在轮廓控制数控机床上多采用这种测量方式。增量式测量只测量相对位移量，如测量单位为 0.001mm，则每移动 0.001mm 发出一个脉冲信号。其优点是检测装置比较简单，能做到高精度，任何一个对中点均可作为测量起点；缺点是一旦计数有误，此后结果将全部错误，发生故障时（如断电等），事故排除后，再也找不到正确位置。

（2）绝对式测量方式被测量的任一点都以一个固定的零点作为基准，每一个被测点都有一个相应的测量值。这样就避免了增量式测量方式的缺陷，但其结构较为复杂。

3）直接测量与间接测量

（1）直接测量是将检测装置直接安装在执行部件上用来直接测量工作台的直线位移，作为全闭环伺服系统的位置反馈信号。直接测量精度主要取决于测量元件的精度，不受机床传动装置的直接影响，但检测装置要与工作台行程等长，这对于大型数控机床来说，是一个很大的限制。

（2）间接测量是将旋转型检测装置安装在驱动电动机轴或滚珠丝杠上，通过检测转动件的角位移来间接测量机床工作台的直线位移，作为半闭环伺服系统的位置反馈。其优点是测量方便、无长度限制，缺点是测量信号中增加了由回转运动转变为直线运动的传动链误差，从而影响了测量精度。

二、常用的位置检测装置

1. 脉冲编码器

脉冲编码器是一种旋转式脉冲发生器，它把机械转角变成电脉冲，是数控机床中一种常用的角位移传感器，如图 2-36 所示。

图 2-36 脉冲编码器

1）脉冲编码器的分类和结构

脉冲编码器分为光电式脉冲编码器、接触式脉冲编码器和电磁感应式脉冲编码器三种。光电式脉冲编码器的精度与可靠性都优于其他两种，因此数控机床上只使用光电式脉冲编码器。光电式脉冲编码器通常与电动机制成一体，或者安装在电动机非轴伸端，电动机可直接与滚珠丝杠相连，或通过减速比为 i 的减速齿轮与滚珠丝杠相连。光电式脉冲编码器按每转发出的脉冲数的多少来分，又有多种型号，但数控机床最常用的见表 2-3。根据机床滚珠丝杠螺距来选用相应的脉冲编码器。

表 2-3 光电式脉冲编码器

脉冲编码器每转产生脉冲数	每转脉冲移动量/mm	每转脉冲移动量/in
2000	2、3、4、6、8	0.1、0.15、0.2、0.3、0.4
2500	5、10	0.25、0.5
3000	3、6、12	0.15、0.3、0.6
注：1in=2.54cm。		

为了适应高速、高精度数字伺服系统的需要，先后又发展了高分辨率的脉冲编码器，见表 2-4。

表 2-4　高分辨率脉冲编码器

脉冲编码器每转产生脉冲数	每转脉冲移动量/mm	每转脉冲移动量/in
20000	2、3、4、6、8	0.1、0.15、0.2、0.3、0.4
25000	5、10	0.25、0.5
30000	3、6、12	0.15、0.3、0.6

增量光电式脉冲编码器最初的结构就是一种光电盘。在一个圆盘的圆周上分成相等的透明与不透明部分，圆盘与工作轴一起旋转。此外，还有一个固定不动的扇形薄片与圆盘平行放置，并制作有辨向窄缝（或窄缝群），当光线通过两个做相对运动的透光与不透光部分时，使光电元件接收到的光通量也时大时小地连续变化（近似于正弦信号），经放大、整形电路的变换后变成脉冲信号。通过计量脉冲的数目和频率即可测出工作轴的转角和转速。

高精度脉冲编码器要求提高光电盘圆周的等分窄缝的密度，即实际上变成了圆光栅线纹。它的制作工艺是在一块具有一定直径的玻璃圆盘上，用真空镀膜的方法镀上一层不透光的金属薄膜，再涂上一层均匀的感光材料，然后用精密照相腐蚀工艺，制成沿圆周等距的透光和不透光部分相间的辐射状线纹。一个相邻的透光与不透光线纹构成一个节距 P。在圆盘的里圈不透光圆环上还刻有一条不透光条纹 Z，用来产生一转脉冲信号。辨向指示光栅上有两段线纹组 A 和 B，每一组的线纹间的节距与圆光栅相同，而 A 组与 B 组的线纹彼此错开 1/4 节距。指示光栅固定在底座上，与圆光栅的线纹平行放置，两者间保持一个小的节距。当圆光栅旋转时，光线透过这两个光栅的线纹部分，形成明暗相间的条纹，被光电元件接受，并变换成测量脉冲，其分辨率取决于圆光栅的一圈线纹数和测量线路的细分倍数。光电式脉冲编码器的结构原理如图 2-37 所示。

光电式脉冲编码器光栅示意图如图 2-38 所示。该编码器通过十字连接头与伺服电动机连接，它的法兰盘固定在电动机端面上，罩上防护罩，即可构成完整的驱动部件。

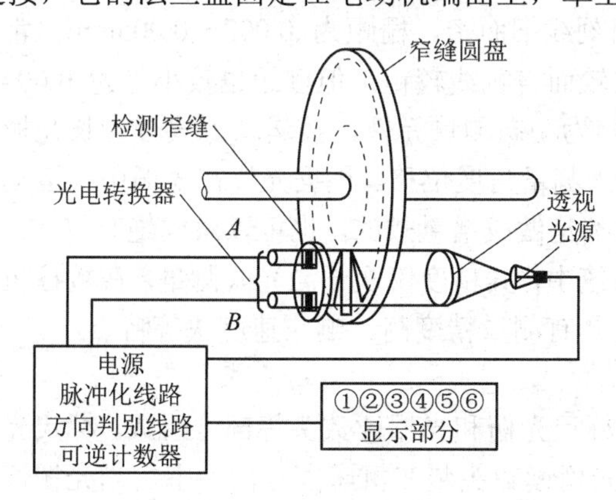

图 2-37　光电式脉冲编码器的结构原理

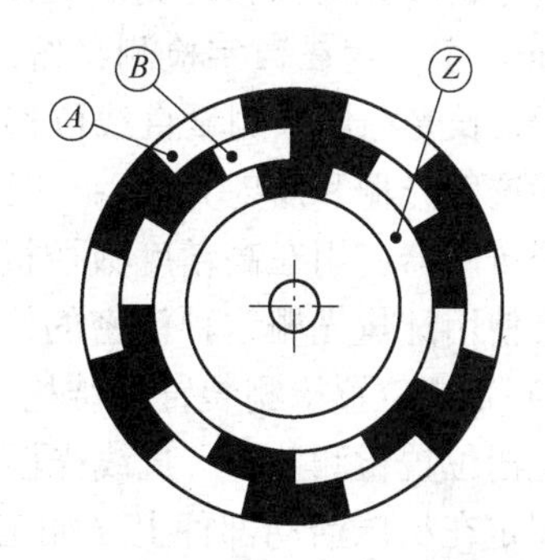

图 2-38　光电式脉冲编码器光栅示意图

2）光电式脉冲编码器的工作原理

如上所述，光线透过圆光栅和指示光栅的线纹，在光电元件上形成明暗交替变化的条纹，产生两组近似于正弦波的电流信号 A 与 B，两者的相位相差 90°，经放大、整形电路变成方波。其结构示意图如图 2-39 所示。若 *A* 相超前于 *B* 相，则对应电动机做正向旋转；若 *B* 相超前于 *A* 相，则对应电动机做反向旋转。若以该方波的前沿或后沿产生计数脉冲，可以形成代表正向位移和反向位移的脉冲序列。

在进行直线距离测量时，可将光电式编码器装到伺服电动机轴上，因伺服电动机轴与滚珠丝杠相连，故当伺服电动机转动时，由滚珠丝杠带动工作台或刀具移动。此时光电式编码器的转角对应于直线移动部件的移动量，因此，可根据滚珠丝杠的导程来计算移动部件的位移量。

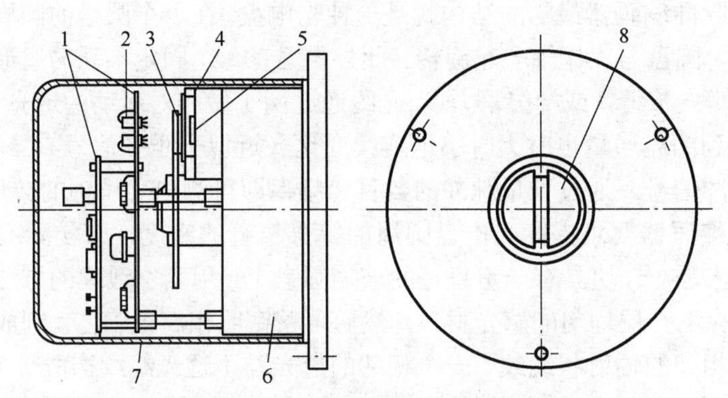

图 2-39　光电式脉冲编码器的结构示意图

1—印制电路板；2—光源；3—圆光栅；4—指示光栅；5—光电池组；6—底座；7—护罩；8—轴

2. 光栅位置检测装置

光栅是利用光的透射、干涉现象制成的光电检测元器件，可以测量长度、角度、速度、加速度、振动和爬行等。在数控机床上，光栅位置测量装置应用较多，它的测量精度可达 1μm，通过细分电路可达到 0.1μm，甚至更高。

光栅分为物理光栅和计量光栅，物理光栅刻线细而密，栅距为 0.002～0.005mm，常用于光谱分析和光波波长的测定。计量光栅，比较而言刻线较粗，但栅距也较小，为 0.004～0.25mm，主要用在数字检测系统。光栅传感器为动态测量元件，按运动方式分为长光栅和圆光栅，长光栅用来测量直线位移，圆光栅用来测量角度位移。根据光线在光栅中的运动路径分为透射光栅和反射光栅。一般光栅传感器都是做成增量式的，也可以做成绝对值式。目前光栅传感器应用在高精度数控机床的伺服系统中，其精度仅次于激光式测量。在数控机床上经常使用计量光栅这种精密的检测装置，它具有测量精度高、响应速度快等特点。

1）光栅位置检测装置的结构

光栅位置检测装置（直线光栅传感器）由标尺光栅和光栅读数头等部分组成。标尺光栅一般固定在机床活动部件上（如工作台上），光栅读数头装在机床固定部件上。当光栅读数头相对于标尺光栅移动时，指示光栅便在标尺光栅上相对移动。标尺光栅和指示光栅的平行度以及两者之间的间隙要严格保证（0.05～0.1mm）。图 2-40 所示为光栅位置检测装置的安装结构。

标尺光栅和指示光栅统称为光栅尺，它们是在真空镀膜的玻璃片或长条形的金属镜面上光刻出均匀密集的线纹。光栅的线纹相互平行，线纹之间的距离称为栅距。对于圆光栅，这些线纹是圆心角相等的向心条纹。两条向心条纹之间的夹角称为栅距角。栅距和栅距角是光栅的重要参数。对于长光栅、金属反射光栅的线纹密度为每毫米有 25～50 个线纹，玻璃透射光栅为每毫米 100～250 个线纹。对于圆光栅，一周内刻有 10800 个线纹。

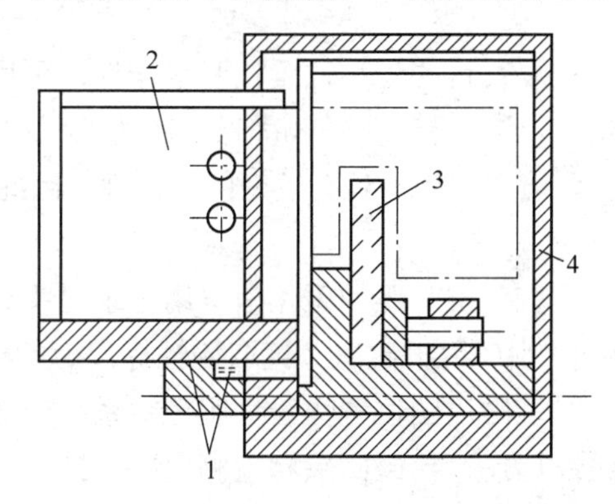

图 2-40　光栅位置检测装置的安装结构

1—防护垫；2—光栅读数头；3—标尺光栅；4—防护罩

光栅读数头又称为光电转换器，它把光栅莫尔条纹变为电信号。图 2-41 所示为垂直入射的光栅读数头。光栅读数头由光源、透镜、指示光栅、光敏元件和驱动线路组成。图 2-41 所示的标尺光栅不属于光栅读数头，但它要穿过光栅读数头，且保证与指示光栅有准确的相互位置关系。光栅读数头还可分为分光读数头、反射读数头和镜像读数头等。

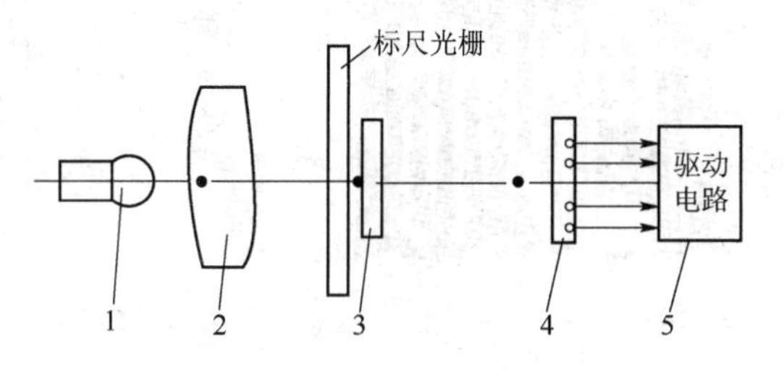

图 2-41　光栅读数头

1—光源；2—透镜；3—指示光栅；4—光敏元件；5—驱动线路

2）光栅位置检测的工作原理

以透射光栅为例，当指示光栅上的线纹和标尺光栅上的线纹之间形成一个小角度 θ，并且两个光栅尺刻面相对平行放置时，在光源的照射下，位于几乎垂直栅纹上，形成明暗相间的条纹，这种条纹称为莫尔条纹，如图 2-42 所示。

光栅传感器指采用光栅叠栅条纹原理测量位移的传感器。光栅是在一块长条形的光学玻璃上密集等间距平行的刻线，刻线密度为 10～100 线/毫米。由光栅形成的叠栅条纹具有光学放大作用和误差平均效应，因而能提高测量精度。传感器由标尺光栅、指示光栅、光路系统和测量系统四部分组成。标尺光栅相对于指示光栅移动时，便形成大致按正弦规律分布的明暗相间的叠栅条纹。这些条纹以光栅的相对运动速度移动，并直接照射到光电元件上，在它们的输出端得到一串电脉冲，通过放大、整形、辨向和计数系统产生数字信号输出，直接显示被测的位移量。

3. *磁栅位置检测装置*

磁栅是用电磁方法计算磁波数目的一种位置检测元器件，可用于直线和角位移的测量。磁栅与同步感应器、光栅相比，测量精度略低，但具有复制简单及安装方便等一系列优点，特别是在油污、粉尘较多的环境中应用，具有较好的稳定性。因此，磁栅较广泛地应用在数控机床、精密机床和各种测量机上。

磁栅位置检测装置是将具有一定节距的磁化信号用记录磁头记录在磁性标尺的磁膜上，用来作为测量基准。在检测过程中，用拾磁磁头读取磁性标尺上的磁化信号并转换为电信号，然后通过检测电路把磁头相对于磁尺的位置送给伺服控制系统或数字显示装置。

磁栅位置检测装置由磁性标尺、拾磁磁头和检测电路三部分组成。图 2-43 所示是磁栅位置检测装置方框图。

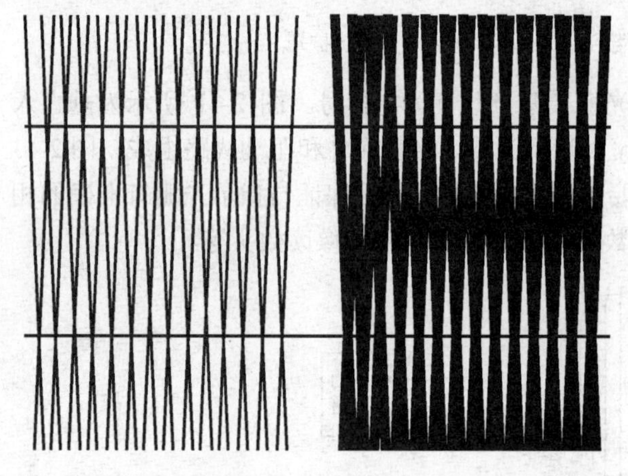

图 2-42　莫尔条纹

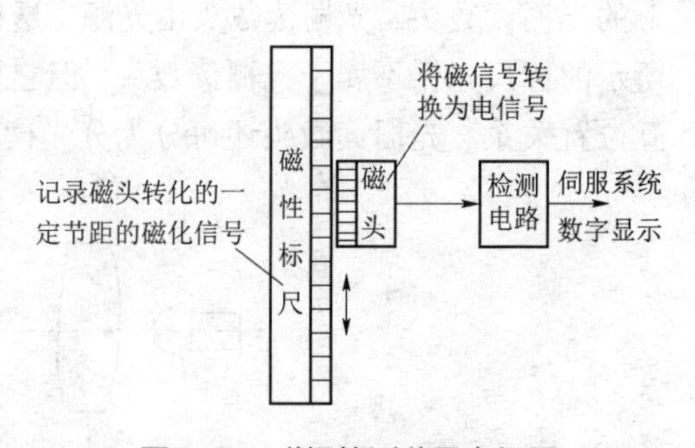

图 2-43　磁栅检测装置方框图

1）磁性标尺

磁性标尺常采用不导磁材料作为基体，首先在上面镀上一层 10～30μm 厚的高磁性材料，形成均匀的磁膜；然后用录磁磁头在磁尺上记录节距相等的周期性变化的磁信号，作为测量基准，信号可为正弦波、方波等，节距通常为 0.05μm、0.1μm、0.2μm 等；最后在磁尺表面涂上保护层，以防磁头与磁尺频繁接触过程中的磁膜磨损。

磁性标尺按形状可分为用于检测直线位移的平面实体型磁性标尺、带状磁性标尺、同轴型线状磁性标尺，用于检测角位移的回转型磁性标尺等，如图 2-44 所示。平面实体型磁性标尺主要用于精度要求较高的场合，由于其制造长度有限，因此目前应用较少。带状磁性标尺主要应用在量程较大，安装面不易安排的场合。同轴型线状磁性标尺抗干扰能力强，主要用于小型或结构紧凑的测量装置中。

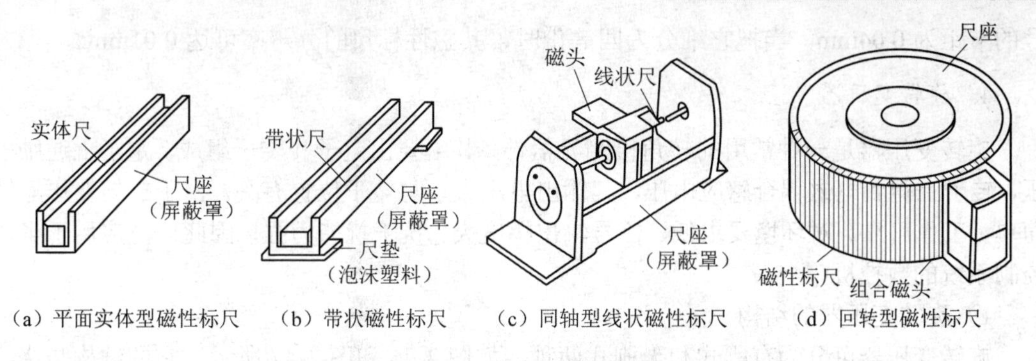

图 2-44　按磁性标尺的基体形状分类

2）拾磁磁头

拾磁磁头是进行磁电转换的器件，它将磁性标尺上的磁信号检测出来，并转换成电信号。磁栅的拾磁磁头与一般录音机上使用的单间隙速度响应式磁头不同，它不仅能在磁头与磁性标尺之间有一定相对速度时拾取信号，而且也能在它们相对静止时拾取信号。这种磁头称为磁通响应型磁头，其结构如图 2-45 所示。

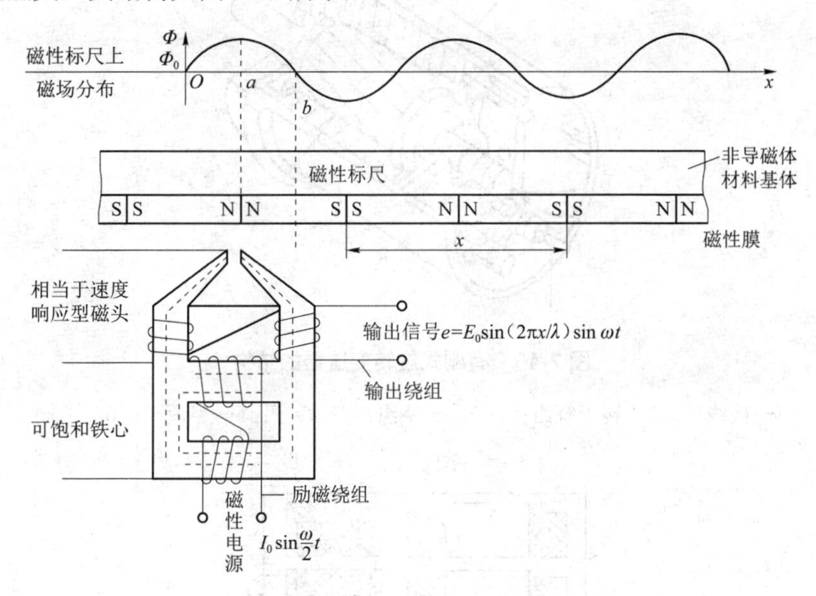

图 2-45　磁通响应型磁头

根据机床数字控制系统的要求，为了在低速运动和静止时也能进行位置检测，必须采用磁通响应型磁头，而不能采用普通录音机上的速度响应型磁头。

磁通响应型磁头带有一个可饱和铁心的二次谐波调制器，如图 2-45 所示。铁心由软磁性材料制成，上面有两个绕组：一个励磁绕组；一个输出绕组。一定幅值的高频励磁电流通过励磁绕组，产生磁通 Φ_1，与磁性标尺作用于磁头的直流磁通相叠加成 Φ_0，由于方向不同，各分支路的磁通有的被加强，有的被减弱。

这种调制信号与磁头相对于磁性标尺的相对速度无关。只要计算出输出信号幅值的变化次数，并以写入磁性标尺的磁信号的节距为单位，便可计算出位移量，如磁性标尺写入磁信号的节距为 0.04mm，当把它细分为四等份时，其磁性标尺的分辨率可达 0.01mm。

4. 旋转变压器

旋转变压器是一种常用的转角检测元器件，其主要由定子和转子组成。定子上通励磁电压，转子上得到电磁耦合感应电压，其输出电压大小与转子位置有关。由于旋转变压器结构简单、工作可靠、对环境要求低、信号输出幅度大、抗干扰能力强，因此广泛应用于半闭环控制系统的数控机床上。

1）旋转变压器的结构

旋转变压器可分为有刷式和无刷式两种，如图 2-46 和图 2-47 所示。它的结构与绕线转子异步电动机相似，其定子和转子铁心由高导磁的铁镍软磁合金或硅铜薄板冲成的带槽芯片叠成，槽中嵌有线圈。定子绕组为变压器的一次侧，转子绕组为变压器的二次侧，励磁电压接到一次侧，频率通常为 400Hz、500Hz、1000Hz、5000Hz 等几种。

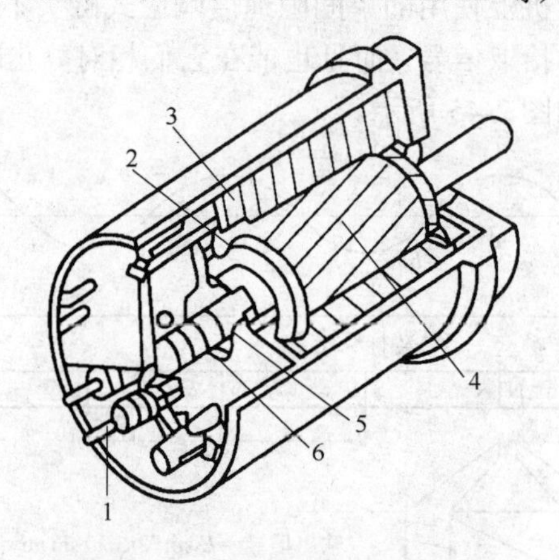

图 2-46 有刷式旋转变压器的结构

1—接线柱；2—转子绕组；3—定子绕组；4—转子；5—整流子；6—电刷

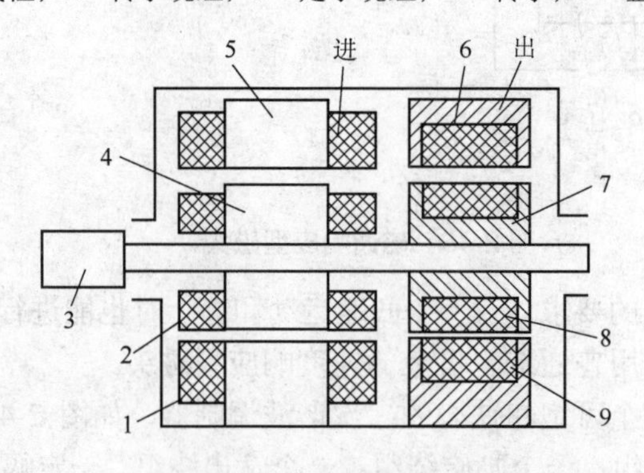

图 2-47 无刷式旋转变压器的结构

1—分解器定子绕组；2—分解器转子绕组；3—转子轴；4—分解器转子；5—分解器定子；6—变压器定子；7—变压器转子；8—变压器一次绕组；9—变压器二次绕组

如果励磁电压的频率较高，则旋转变压器的尺寸可以显著减小。特别是转子的转动惯量可以做得很小，适用于加、减速比较大，或与高精度的齿轮、齿条组合使用的场合。有刷式旋转变压器转子绕组接至滑环，输出电压通过电刷引出。无刷式旋转变压器没有电刷和滑环，和有刷式变压器相比，可靠性好，寿命长，更适合于数控机床。无刷式旋转变压器由两部分组成，即左边的分解器和右边的变压器。变压器一次绕组固定在与转子连接于一体的线轴上，可与转子一起旋转。分解器转子绕组输出信号接到变压器的一次侧，输出电压从变压器二次侧引出。

常见的旋转变压器一般有两极绕组和四极绕组两种结构形式。两极绕组旋转变压器定子和转子各有一对磁极。四极绕组旋转变压器定子和转子各有两对相互垂直的磁极，检测精度高，在数控机床中应用普遍。除此之外，还有一种多极式旋转变压器，用于高精度绝对式检测系统；也可以把一个极对数少的旋转变压器和一个极对数多的旋转变压器做在一个磁路上，装在一个机壳内构成所谓的粗测和精测电气变速双通道检测元器件，用于高精度测量和同步系统。

2）旋转变压器的工作原理

旋转变压器在结构上保证其定子和转子之间气隙内磁通分布符合正弦规律，因此，当励磁电压加到定子绕组上时，通过电磁耦合，转子绕组产生感应电动势。

5. 感应同步器

感应同步器是利用电磁耦合原理，将位移或转角转变为电信号，借以进行位置检测和反馈控制的，属于模拟式测量。感应同步器可理解为多极式旋转变压器的展开形式。它利用两个平面形印刷绕组，两绕组间保持均匀的气隙，相对平行移动时其互感随位置的变化而变化，是一种高精度的检测装置。按其结构可分为直线感应同步器和圆形感应同步器两种，直线感应同步器用于测量直线位移，圆形感应同步器用于检测角位移。直线感应同步器由定尺和滑尺两部分组成，圆形感应同步器由定子和转子组成。感应同步器的这两部分绕组相当于旋转变压器的一次绕组和二次绕组，它们都是利用交变磁场和互感原理工作的。

1）感应同步器的特点

感应同步器作为检测元器件有如下优点。

（1）检测精度高。感应同步器可直接对机床位移进行测量，不经过任何机械传动装置，所以测量结果只受本身精度的限制。其直线精度一般为0.002mm/250mm。此外，感应同步器的极对数多，其输出电压是许多对极的平均值。因此，元件本身在制造中所造成的微小误差由于取平均值而得到补偿，而平均效应所得到的测量精度要比元件本身的制造精度高得多。

（2）对环境的适应性强。感应同步器是利用电磁感应原理产生测量信号的，不怕油污和灰尘的污染。另外，感应同步器平面绕组的阻抗很低，使它受外界电磁场的影响比较小。

（3）安装维修简单、寿命长。定尺、滑尺之间无接触磨损，在机床上安装比较简单。感应同步器使用时需加防护罩，防止切屑进定尺和滑尺之间划伤导片。

（4）测量距离长。直线同步感应器的每根定尺长为 250mm，进行大长度测量时，可用多根定尺接长，移动速度基本上不影响测量，故广泛应用于大、中型机床中。

（5）结构简单。同步感应器工艺性好、成本低、便于成批生产，与旋转变压器相比，其输出信号比较弱，需要一个放大倍数很高的前置放大器。

2）感应同步器的结构和种类

直线型感应同步器由定尺和滑尺两部分组成，如图 2-48 所示。

滑尺上制有两个绕组，即正弦绕组和余弦绕组，它们相对于定尺绕组在空间错开 1/4 节距。标准型感应同步器的定尺与滑尺之间有均匀的气隙，在全程上保持（0.25±0.05）mm，标准定尺长 250mm，表面上制有连续平面绕组，绕组节距一般为 2τ=2mm。直线型感应同步器的定尺和滑尺的基板通常采用与机床床身材料的线胀系数相近的钢板，用绝缘黏结剂把铜箔粘在钢板上，经精密的照相腐蚀工艺制成印刷绕组，再在尺子表面涂一层保护层。滑尺表面有时还贴有一层带绝缘的铝箔，以防静电感应。直线型感应同步器除标准型外，还有窄型和带状两种形式，标准型是直线型感应同步器中精度最高的一种，应用最广泛。

圆形感应同步器按直径大小可分为 302mm、178mm、76mm 和 50mm 四种类型。其直径的极数有 360 极、720 极和 1080 极。在极数相同的条件下，圆形感应同步器的直径越大，则精度越高。

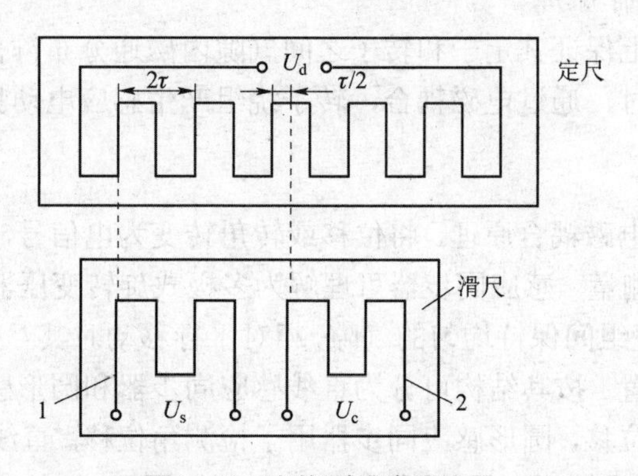

图 2-48　直线型感应同步器

1—正弦励磁绕组；2—余弦励磁绕组

3）感应同步器的工作原理

如图 2-49 所示，滑尺上具有在空间上相差 1/4 节距的正弦绕组和余弦绕组，且定尺与滑尺节距相同。当滑尺励磁绕组与定尺感应绕组间发生相对位移时，由于电磁耦合的作用，感应绕组中的感应电压随位移的变化而呈周期性变化，感应同步器就是利用这一特点来检测滑尺相对定尺的位置的。

4）感应同步器安装使用的注意事项

（1）安装时必须保持两尺平行、两平面间的间隙约为 0.25mm，倾斜度小于 0.5°，装配面波纹度在 0.01mm/250mm 以内。

（2）由于感应同步器大都装在易被工作液和切屑浸入的地方，因此应加以保护。

（3）同步回路中的阻抗和激励电压不对称及激励电流失真度应不超过 2%。

（4）由于感应同步器感应电势低、阻抗低，因此应加强屏蔽以防止干扰。

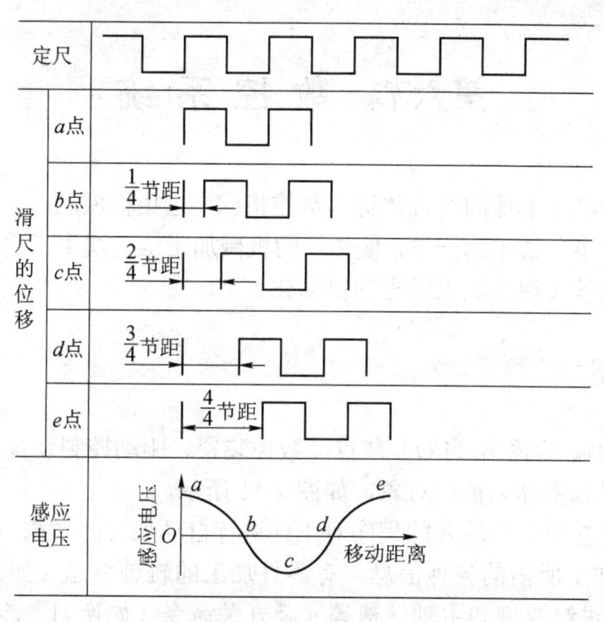

图 2-49　感应同步器的工作原理

6. 激光干涉检测仪

在高精度的数控机床上，要求有高精度的机床位置检测装置及定位系统，此时经常使用双频激光干涉仪作为机床的测量装置，而在精密数控机床上，高精度的双频激光干涉测量系统是精密位置测量的决定因素。双频激光干涉仪是利用光的干涉原理和多普勒效应来进行位置检测的。

1）激光干涉法测距

光的干涉原理表明：两列具有固定相位差，具有相同的频率、相同的振动方向或振动方向之间的夹角很小的光互相交叠，将会产生干涉。激光干涉仪中的干涉现象如图 2-50 所示。由激光器发出的激光经分光镜 A 分成反射光束 S_1 和透射光束 S_2，S_1 由固定反射镜 M_1 反射，S_2 由可动反射镜 M_2 反射，反射回来的光在分光镜处汇合成相干光束。激光干涉仪利用这一原理使激光束产生明暗相间的干涉条纹，由光电转换元件接收并转换为电信号，经处理后由计数器计数，从而实现对位移量的检测。

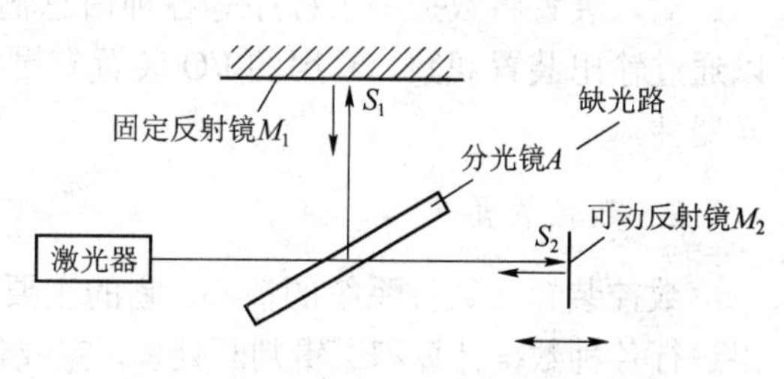

图 2-50　激光干涉仪中的干涉现象

2）双频激光干涉仪

双频激光干涉仪的基本原理与单频激光干涉仪不同，它是利用光的干涉原理和多普勒效应产生频差的原理进行位置检测的。其优点如下：

（1）不存在零点漂移的问题。

（2）不受激光强度和磁场变化的影响。

（3）测量精度不受空气湍流的影响，无须预热时间。

第六节　数控系统

数控系统与被控机床本体的结合体称为数控机床。它集机械制造、计算机、微电子、现代控制及精密测量等多种技术为一体，使传统的机械加工工艺发生了质的变化。这个变化的本质就在于用数控系统实现了加工过程的自动化。

一、数控系统的组成

数控系统一般由输入/输出（I/O）装置、数控装置、驱动控制装置、机床电气逻辑控制装置四部分组成，机床本体为被控对象，如图 2-51 所示。

数控系统是严格按照外部输入的程序对工件进行自动加工的系统。数控加工程序按零件加工顺序记载机床加工所需的各种信息，有零件加工的轨迹信息（如几何形状和几何尺寸等）、工艺信息（如进给速度和主轴转速等）及开关命令（如换刀、冷却液开/关和工件装/卸等）。加工程序常常记录在各种信息载体上，通过各种输入装置，信息载体上的数控加工程序将被数控装置所接收。

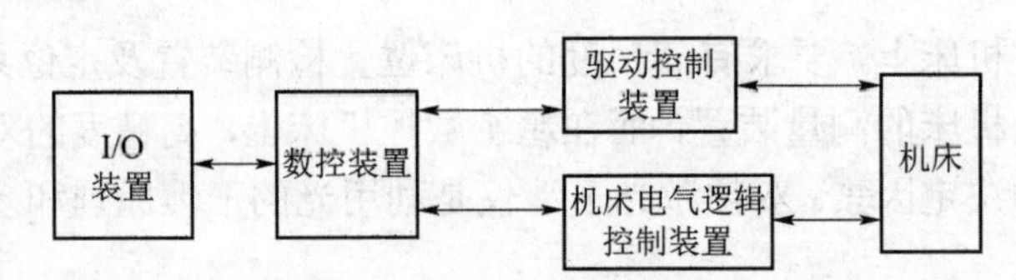

图 2-51　数控系统组成的一般形式

1. I/O 装置

输入装置将数控加工程序等各种信息输入数控装置，输入内容及数控系统的工作状态可以通过输出装置观察。常用的 I/O 装置有键盘、纸带阅读机、磁盘驱动器、CRT 及各种显示元器件。

2. 数控装置

数控装置是数控系统的核心。它的主要功能是正确识别和解释数控加工程序，对解释结果进行各种数据计算和逻辑判断处理，完成各种 I/O 任务。其形式可以是由数字逻辑电路构成的专用硬件数控装置或计算机数控装置。前者称为硬件数控装置或 NC 装置，其数控功能由硬件逻辑电路实现；后者称为 CNC 装置，其数控功能由硬件和软件共同完成。数控装置将数控加工程序信息按两类控制量分别输出：一类是连续控制量，送往驱动控制装置；另一类是离散的开关控制量，送往机床电气逻辑控制装置。控制机床各组成部分实现各种数控功能。

3. 驱动控制装置

驱动控制装置位于数控装置和机床之间，包括进给轴伺服驱动装置和主轴驱动装置，进给轴伺服驱动装置由位置控制单元、速度控制单元、电动机和测量反馈单元等部分组成。它按照数控装置发出的位置控制命令和速度控制命令正确驱动机床受控部件（如机床移动部件和主轴头等）。主轴驱动装置主要由速度控制单元控制。电动机可以是各种步进电动机、直流电动机或交流电动机。

4. 机床电气逻辑控制装置

机床电气逻辑控制装置也位于数控装置和机床之间，接受数控装置发出的开关命令，主要完成机床主轴选速、启停和方向控制功能，换刀功能，工件装夹功能，冷却、液压、气动、润滑系统控制功能及其他机床辅助功能。其形式可以是继电器控制线路或可编程序控制器（PLC）。

5. 机床本体

根据不同的加工方式，机床本体可以是车床、铣床、钻床、镗床、磨床、加工中心及电加工机床等。与传统的普通机床相比，数控机床本体的外部造型、整体布局、传动系统、刀具系统及操作机构等方面都应该符合数控的要求。

二、数控装置的构成

当数控系统的一般组成形式中的数控装置采用计算机数控装置（CNC 装置）时，该数控系统就称为计算机数控系统。目前，在市场上以 NC 装置为核心的硬件数控系统已日益减少，取而代之的是以 CNC 装置为核心的计算机数控系统，且绝大多数 CNC 装置都采用微型计算机装置。

计算机数控系统由硬件和软件共同完成数控任务，组成形式更加灵活，其基本组成如图 2-52 所示。它具有数控系统一般组成形式的各个部分，此外，现代数控装置不仅能通过读取信息载体的方式获得数控加工程序，还可以通过其他方式获得数控加工程序。例如，通过键盘方式输入和编辑数控加工程序；通过通信方式输入其他计算机程序编辑器、自动编程器、CAD/CAM 系统或上位机所提供的数控加工程序。高档的数控装置本身已包含一套自动编程系统或 CAD/CAM 系统，只需利用键盘输入相应的信息，数控装置本身就能自动生成数控加工程序。

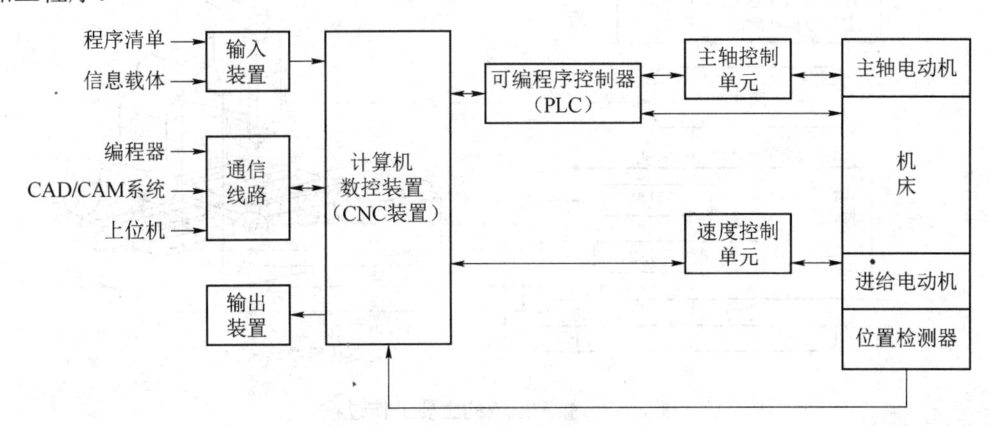

图 2-52　计算机数控系统的组成

微型计算机数控装置在软件作用下，可以实现各种硬件数控装置所不能完成的功能，如图形显示、系统诊断、各种复杂的轨迹控制算法和补偿算法的实现、智能控制的实现、通信及联网功能等。

现代数控系统采用可编程序控制器取代了传统的机床电气逻辑控制装置，用可编程序控制程序实现数控机床的各种继电器控制逻辑。可编程序控制器可以位于数控装置之外，称为独立型可编程序控制器；也可以与数控装置合为一体，称为内装型可编程序控制器。

三、数控系统的主要工作过程

数控系统的主要任务是对刀具和工件之间的相对运动进行控制，图 2-53 初步描绘了数控系统的主要工作过程。

在接通电源后，微型计算机数控装置和可编程序控制器都将对数控系统各组成部分的工作状态进行检查和诊断，并设置初态。

对于第一次使用的数控装置，还需要进行机床参数设置，如指定系统控制的坐标轴，指定坐标计量单位和分辨率，指定系统中配置可编程序控制器的状态（有/无配置、是独立型还是内装型），指定系统中检测元器件的配置（有/无检测元器件、检测元器件的类型和有关参数），工作台各轴行程的正、负向极限的设置等。通过机床参数的设置，使数控装置适应具体数控机床的硬件构成环境。

当数控系统具备了正常工作的条件时，开始进行加工控制信息的输入。

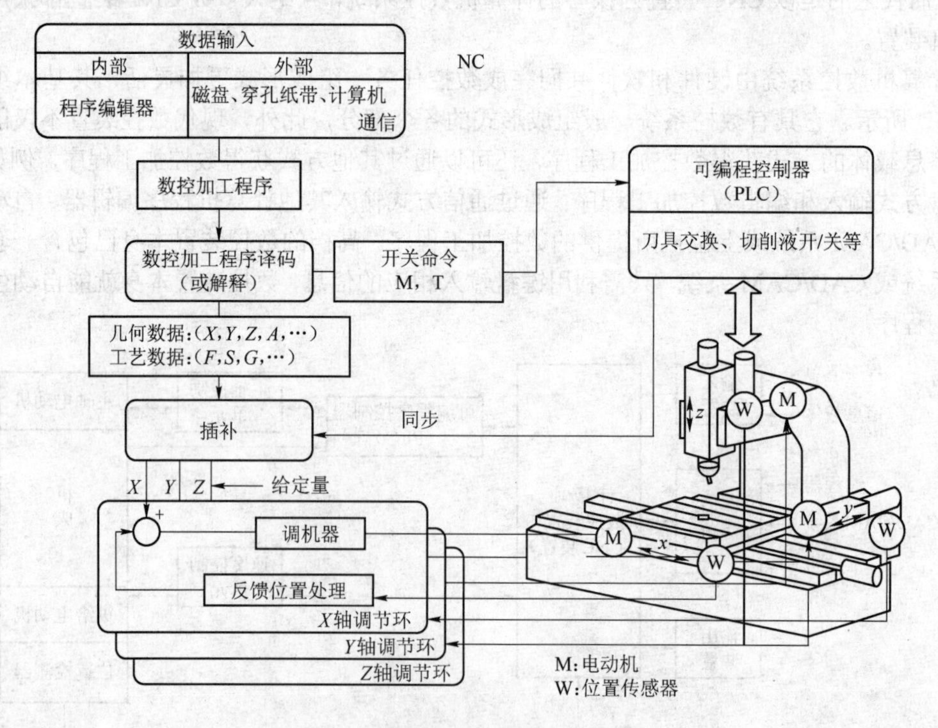

图 2-53　数控系统的主要工作过程

工件在数控机床上的加工过程由数控加工程序来描述。按管理形式不同，编程工作可以在专门的编程场所进行，也可以在机床前进行。对前一种情况，数控加工程序在加工准备阶段利用专门的编程系统产生，保存到控制介质（如纸带、磁带或磁盘）上，再输入数控装置，或者采用通信方式直接传输到数控装置，操作员可按需要，通过数控面板对读入的数控加工程序进行修改；对后一种情况，操作员直接利用数控装置本身的程序编辑器进行数控加工程序的编写和修改。

由于输入给数控装置的加工程序必须适应实际的工件和刀具位置，因此在加工前还要输入实际使用刀具的参数，以及实际工件原点相对机床原点的坐标位置。

加工控制信息输入后，可选择一种加工方式（手动方式或自动方式的单段方式和连续方式），启动加工程序，此时，数控装置在系统控制程序的作用下，对输入的加工控制信息进行预处理，即进行译码和预计算（刀补计算、坐标变换等）。

系统进行数控加工程序译码（或解释）时，将其区分成几何数据、工艺数据和开关功能。几何数据是刀具相对工件的运动路径数据，如相关 G 功能和坐标指定等，利用这些数据可加工出符合要求的工件几何形状；工艺数据是主轴转速和进给速度等功能，即 F、S 功能和部分 G 功能；开关功能是对机床电气的开关命令，如主轴启/停、刀具选择和交换、冷却液的开/关、润滑液的启/停等辅助 M 功能指令等。

由于在编写数控加工程序时，一般不考虑刀具的实际几何数据，因此数控装置根据工件几何数据和在加工前输入的实际刀具参数进行相应的刀具补偿计算，简称刀补计算，即使刀架相关点相对实际刀具的切削点进行平移，具体的刀补计算有刀具长度补偿和刀具半径补偿等。另外，在数控系统中存在着多种坐标系，根据输入的实际工件原点、加工程序所采用的各种坐标系等几何信息，数控装置还要进行相应的坐标变换。

数控装置对加工控制信息预处理完毕后，开始逐段运行数控加工程序。

要产生的运动轨迹在几何数据中由各曲线段起点、终点及其连接方式（如直线和圆弧）等主要几何数据给出，数控装置中的插补器能根据已知的几何数据进行插补处理。所谓插补（Interpolation）一般是指已知曲线上的某些数据，按照某种算法计算已知点之间的中间点的方法，又称数据密化计算方法。在数控系统中，插补具体指根据曲线段已知的几何数据及相应工艺数据中的速度信息，计算出曲线段起点、终点之间的一系列中间点，分别向各个坐标轴发出方向、大小和速度都确定的协调的运动序列命令，通过各个轴运动的合成，产生数控加工程序要求的工件轮廓的刀具运动轨迹。根据插补算法不同，有多种不同复杂程度的插补算法。一般按照插补结果，插补算法被分为脉冲增量插补法和数据采样插补法两大类。前者的插补结果分配给各个轴的进给脉冲序列，后者的插补结果分配给各个轴的插补数据序列。

由插补器向各个轴发出的运动序列命令为各个轴位置调节器的命令值，位置调节器将其与机床上位置检测元器件测得的实际位置相比较，经过调节，输出相应的位置和速度控制信号，控制各轴伺服系统，使刀具相对工件正确运动，加工出符合要求的工件轮廓。

数控装置发出的开关命令由系统程序控制，在各加工程序段插补处理开始前或完成后，适时输出给机床控制器。在机床控制器中，开关命令和由机床反馈的当前状态信号一起被处理和转换，作为对机床开关设备的控制命令。在现代的数控系统中，多数机床控制器都由可编程序控制器取代，使大多数机床控制电路都用可编程序控制器中可靠的开关实现，从而避免相互矛

盾的、对机床和操作者有危险的现象（如在主轴还没有旋转之前的“进给允许”）出现。

在机床的运行过程中，数控系统要随时监视数控机床的工作状态，通过显示部件及时向操作者提供系统工作状态和故障情况。此外，数控系统还要对机床操作面板进行监控，因为机床操作面板的开关状态可以影响加工的状态，需及时处理有关信号。

第七节　可编程序控制器

数控系统内部处理的信息大致可分为两类：一类是控制坐标轴运动的连续数字信息，另一类是控制刀具更换、主轴启/停、换向变速、零件装/卸、冷却液开/关和控制面板 I/O 的逻辑离散信息，如图 2-54 所示。对于前一类数据的处理过程前面已经作了介绍，这里主要介绍后一类数据的处理过程。

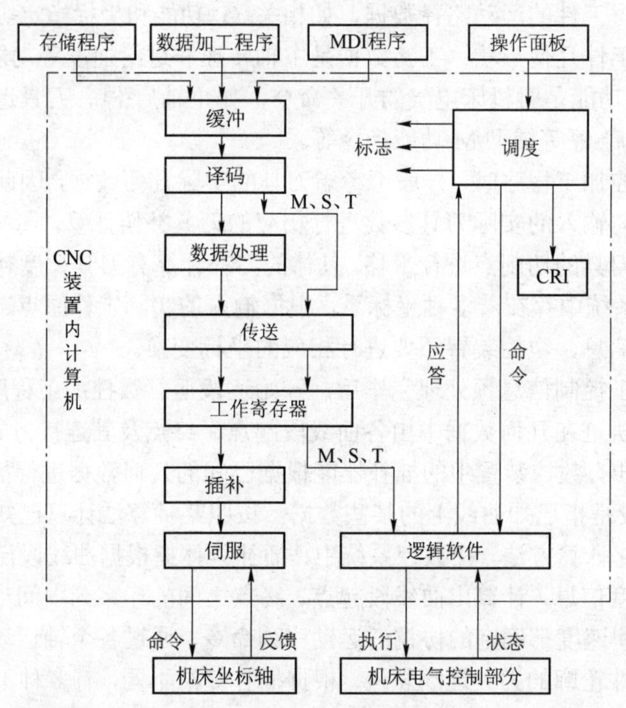

图 2-54　CNC 装置内部信息流

早期机床中有关顺序逻辑和开关信息的处理大部分采用继电器逻辑来实现。大约在 20 世纪 70 年代以后，开始采用可编程逻辑代替继电器逻辑，起初称为可编程序逻辑控制器。随着计算机的发展和渗透，PLC 技术也在不断发展和完善，成为功能齐全、性能可靠、使用方便的可编程序控制器（PC）。由于 PC 的速度快、可靠性高，并且易于编程、修改、使用，很快成为数控系统中一个重要的组成部分。另外，为了防止可编程序控制器（Programmable Controller，PC）与个人计算机（Personal Computer，PC）相混淆，仍沿用以前的习惯名称——PLC。

一、PLC 的结构

从原理上讲，PLC 实际上也是一种计算机控制系统，它的特点是面向工业现场，具有更多、功能更强的 I/O 接口和面向电气工程技术人员的编程语言。

图 2-55 所示为一个小型 PLC 内部结构示意图。它由中央处理器（CPU）、存储器、I/O 单元、编程器、电源和外部设备等组成，并且内部通过总线相连。

CPU 单元是系统的核心，通常可直接使用微处理器来实现，通过输入模块将现场信息采入，并按用户程序规定的逻辑进行处理，然后将结果输出去控制外部设备。

存储器主要用于存放系统程序、用户程序和工作数据。其中系统程序是指控制和完成 PLC 各种功能的程序，包括监控程序、模块化应用功能子程序、指令解释程序、故障自诊断程序和各种管理程序等，并且在出厂时由制造厂家固化在可编程程序只读（PROM——存储器中。用户程序是指用户根据工程现场的生产过程和工艺要求而编写的应用程序，在修改调试完成后可由用户固化在可擦除可编程只读存储器（EPROM）中或存储在磁带、磁盘中。工作数据是指 PLC 运行过程中需要经常存取，并且会随时改变的一些中间数据，为了适应随机存取的要求，它们一般存放在随机存储器（RAM）中。可见，PLC 所用存储器基本上由 PROM、EPROM 和 RAM 三种形式组成，而存储器总容量随 PLC 类型或规模的不同而改变。

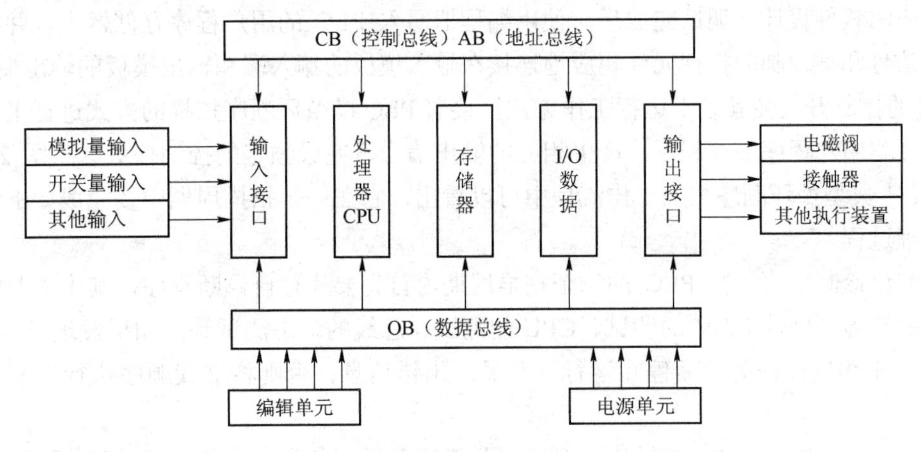

图 2-55 小型 PLC 内部结构示意图

I/O 模块是 PLC 内部与现场之间的桥梁，它一方面将现场信号转换成标准的逻辑电平信号，另一方面将 PLC 内部逻辑信号电平转换成外部执行元件所要求的信号。根据信号特点又可分为直流开关量输入模块、直流开关量输出模块、交流开关量输入模块、交流开关量输出模块、继电器输出模块、模拟量输入模块和模拟量输出模块等。

编程器是用来开发、调试、运行应用程序的特殊工具，一般由键盘、显示屏、智能处理器、外部设备（如硬盘/软盘驱动器等）组成，通过通信接口与 PLC 相连。

电源单元的作用是将外部提供的交流电转换为 PLC 内部所需要的直流电源，有的还提供了 DC 24V 输出。一般来讲，电源单元有三路输出：一路供给 CPU 模块使用；一路供给编程器接口使用；还有一路供给各种接口模板使用。对于电源单元的要求是很高的，不但要具有较好的电磁兼容性能，而且要工作稳定并具有过电流和过电压保护功能。另外，电源单元一般还装有后备电池（如锂电池），用于掉电时能及时保护 RAM 区中的信息和标志。

此外，在大、中型 PLC 中大多还配置有扩展接口和智能 I/O 模板。扩展接口主要用于连接扩展 PLC 单元，扩大 PLC 的规模。智能 I/O 模板本身含有单独的 CPU，能够独立完成某种专用的功能，由于它和主 PLC 是并行工作的，因此可大大提高 PLC 的运行速度和效率。这类智能 I/O 模块有计数和位置编码器模块、温度控制模块、阀控制模块、闭环控制模块等。

PLC 在上述硬件环境下，还必须要有相应的执行软件配合工作。PLC 基本软件包括系统软件和应用软件。系统软件一般包括操作系统、语言编译系统、各种功能软件等。其中操作系统管理 PLC 的各种资源，协调系统各部分之间、系统与用户之间的关系，为应用软件提供了一系列管理手段，以使用户程序能正确地进入系统正常工作。应用软件是用户根据电气控制线路图采用梯形图，语言编写的逻辑处理软件。

二、PLC 的工作原理

PLC 内部一般采用循环扫描工作方式，在大、中型 PLC 中还增加了中断工作方式。当用户将应用软件设计、调试完成后，使用编程器写入 PLC 的用户程序存储器中，并将现场的输入信号和被控制的执行元件相应地连接在输入模板的输入端和输出模板的输出端上；通过 PLC 的控制开关使其处于运行工作方式，接着 PLC 以循环顺序扫描的方式进行工作。在输入信号和用户程序的控制下，产生相应的输出信号，完成预定的控制任务。从图 2-56 所示的 PLC 典型循环顺序扫描工作流程中可以看出，它在一个扫描周期中要完成如下六个模块的处理过程。

（1）自诊断模块。在 PLC 的每个扫描周期内首先要执行自诊断程序，其中主要包括软件系统的校验、硬件 RAM 的测试、CPU 的测试、总线的动态测试等。如果发现异常现象，PLC 在做出相应保护处理后停止运行，并显示出错信息；否则将继续顺序执行下面的模块功能。

（2）编程器处理模块。该模块主要完成与编程器进行信息交换的扫描过程。如果将 PLC 的工作方式设置为编程工作方式，则当 CPU 执行到这里时马上将总线控制权交给编程器。这时用户可以通过编程器进行在线监视或修改内存中的用户程序、启动或停止 CPU、读出 CPU 状态、封锁或开放 I/O、对逻辑变量和数字变量进行读写等。当编程器完成处理工作或达到所规定的信息交换时间后，CPU 将重新获得总线控制权。

（3）网络处理模块。该模块主要完成与网络进行信息交换的扫描过程。只有当 PLC 配置了网络功能时，才执行该扫描过程。它主要用于 PLC 之间、PLC 与磁带机、PLC 与计算机之间进行信息交换。

（4）用户程序处理模块。在该模块中，PLC 中的 CPU 采用查询方式，首先通过输入模块采样现场的状态数据，并传送到输入映像区。在 PLC 按照梯形图（用户程序）先左后右、先上后下的顺序执行用户程序的过程中，根据需要可在输入映像区提取有关现场信息，在输出映像区提取有关的历史信息，并在处理后可将其结果存入输出映像区，供下次使用或以备输出。在用户程序执行完成后就进入输出服务扫描过程，CPU 将输出映像区中要输出的状态值按顺序传送到输出数据寄存器中，再通过输出模块的转换后输入控制现场的有关执行元件中。扫描过程如图 2-57 所示。

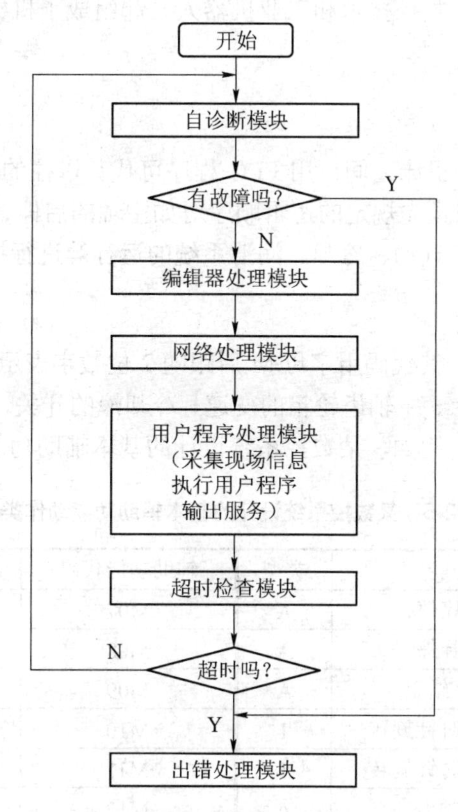

图 2-56　PLC 循环顺序扫描工作流程

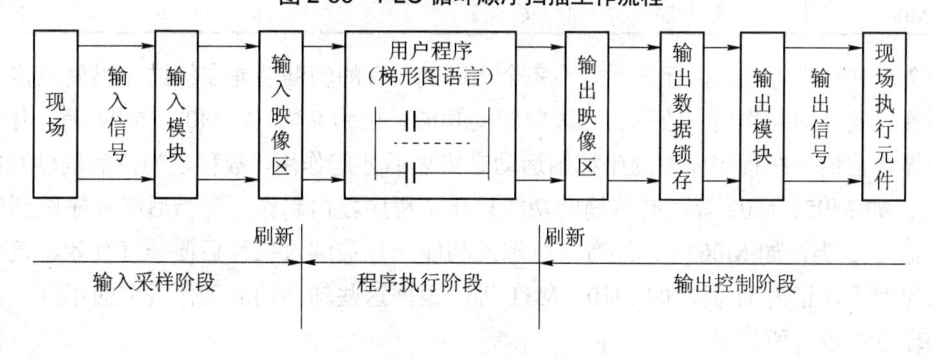

图 2-57　PLC 用户程序扫描过程

（5）超时检查模块。超时检查过程是由 PLC 内部的看门狗定时器（Watch Dog Timer，WDT）来完成。若扫描周期时间没有超过 WDT 的设定时间，则继续执行下一个扫描周期；否则 CPU 将停止运行，复位 I/O，并在进行报警后转入停机扫描过程。由于超时大多是硬件

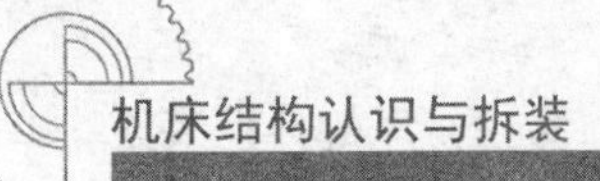

或软件故障引起的系统死机，或者是用户程序执行时间过长而造成的，危害性很大，因此要加以监视和防范。

（6）出错处理模块。当自诊断出错或超时出错时，进行报警，出错显示，并作相应处理（例如，将全部输出端口置为OFF状态，保留目前执行状态等），停止扫描过程。

由于 PLC 具有可靠性高、编程简单、使用方便、灵活性好等优点，自从一现就引起了控制领域的极大关注，并与数控技术和工业机器人一起组成了机械工业自动化的三大支柱。

三、M、S、T 功能的实现

PLC 处于 CNC 装置和机床之间，用 PLC 程序可代替以往的继电器线路实现 M、S、T 功能的控制和译码，即按照预先规定的逻辑顺序对如主轴的启停、转向、转数，刀具的更换，工件的夹紧、松开，液压、气动、冷却、润滑系统的运行等进行控制。

1. M 功能的实现

M 功能也称辅助功能，其代码用字母 M 后跟随 2 位数字表示。根据 M 代码的编程，可以控制主轴的正反转及停止、主轴齿轮箱的变速、冷却液的开关、卡盘的夹紧和松开及自动换刀装置的取刀和还刀等。例如，某数控系统设计的基本辅助功能动作类型见表 2-5。

表 2-5　某数控系统设计的基本辅助功能动作类型

辅助功能代码	功能	类型	辅助功能代码	功能	类型
M00	程序停	A	M07	液状冷却	I
M01	选择停	A	M08	雾状冷却	I
M02	程序结束	A	M09	关冷却液	A
M03	主轴顺时针旋转	I	M10	夹紧	H
M04	主轴逆时针旋转	I	M11	松开	H
M05	主轴停	A	M12	程序结束并倒带	A
M06	换刀准备	C			

表 2-5 中辅助功能的执行条件是不完全相同的。有的辅助功能在经过译码处理传送到工作寄存器后就立即起作用，故称之为段前辅助功能，记为 I 类，如 M03、M04 等；有些辅助功能要等到它们所在程序段中的坐标轴运动完成之后才起作用，故称之为段后辅助功能，记为 A 类，如 M05、M09 等；有些辅助功能只在本程序段内起作用，当后续程序段到来时便失效，记为 C 类，如 M06 等；还有一些辅助功能一旦被编入执行后便一直有效，直至被注销或取代为止，记为 H 类，如 M10、M11 等。根据这些辅助功能动作类型的不同，在译码后的处理方法也有所差异。

在数控加工程序被译码处理后，CNC 系统控制软件就将辅助功能的有关编码信息通过 PLC 输入接口传送到 PLC 的相应寄存器中，供 PLC 的逻辑处理软件扫描采样，并输出处理结果，用来控制有关的执行元件。

2. S 功能的实现

S 功能主要完成主轴转速的控制，并且常用 S2 位代码形式和 S4 位代码形式来进行编程。S2 位代码形式编程是指 S 代码后跟随 2 位十进制数字来指定主轴转速，共有 100 级（S00～S99）分度，并且按等比级数递增，其公比为 $\sqrt[20]{10}\approx1.12$，即后一级速度比前一级速度增加约 12%。这样根据主轴转速的上、下限和上述等比关系就可以获得一个 S2 位代码与主轴转速（BCD 码）的表格，用于 S2 位代码的译码。图 2-58 所示为 S2 位代码在 PLC 中的处理框图，图中“译 S 代码”和“数据转换”实际上就是针对 S2 位代码查出主轴转速的大小，并将其转换成二进制数，经上、下限幅处理后，将得到的数字量进行 D/A 转换，输出一个 0～10V 或 0～5V 或-10～+10V 的直流控制电压给主轴控制系统或主轴变频器，从而保证主轴按要求的速度旋转。

S4 位代码形式编程是指 S 代码后跟随 4 位十进制数字用来直接指定主轴转速，如 S1500 表示主轴转速为 1500r/min，可见 S4 位代码表示的转速范围为 0～9999r/min。显然，它的处理过程相对于 S2 位代码形式要简单一些，也就是它不需要图中“译 S 代码”和“数据转换”两个环节。另外，上、下限幅处理的目的实质上是为了保证主轴转速处于一个安全范围内，如将其限制在 20～3000r/min 范围内，这样一旦给定超过上下边界时，则取相应边界值作为输出即可。

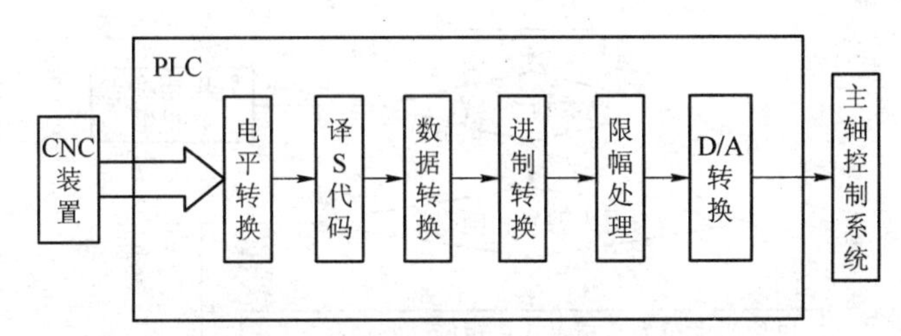

图 2-58　S2 位代码在 PLC 中的处理框图

在有的系统中为了提高主轴转速的稳定性，保证低速时的切削力，还增设了一级齿轮箱变速，并且可以通过辅助功能代码来进行换挡选择。例如，使用 M38 代码可将主轴转速变换为在 20～600r/min 的范围内，用 M39 代码可将主轴转速变换为在 600～3000r/min 的范围内。S4 位代码形式编程的 S 功能软件流程如图 2-59 所示。

在这里还要指出的是，D/A 转换接口电路既可安排在 PLC 单元内，也可安排在 CNC 单元内；既可以由 CNC 或 PLC 单独完成控制任务，也可以由两者配合完成。

3. T 功能的实现

T 功能即为刀具功能，T 代码后跟随 2～5 位数字，表示要求的刀具号和刀具补偿号。数控机床根据 T 代码通过 PLC 可以管理刀库，自动更换刀具。也就是说，根据刀具和刀具座的编号，可以简便、可靠地进行选刀和换刀控制。

根据取刀/还刀位置是否固定，可将换刀分为随机存取换刀控制和固定存取换刀控制。在随机存取换刀控制中，取刀和还刀与刀具座编号无关，还刀位置是随机变动的。在执行换刀的过程中，当取出所需的刀具后，刀库不需转动，而是在原地立即存入换下来的刀具。这时，取刀、换刀、存刀一次完成，缩短了换刀时间，提高了生产效率，但刀具控制和管理要复杂一些。在固定存取换刀控制中，被取刀具和被还刀具的位置都是固定的，也就是说换下的刀具必须放回预先安排好的固定位置。显然，后者增加了换刀时间，但其控制要简单些。

图 2-60 所示为采用固定存取换刀控制方式的 T 功能处理框图。加工程序中有关 T 代码的指令经译码处理后，由 CNC 系统控制软件将有关信息传送给 PLC，在 PLC 中进一步经过译码并在刀具数据表内检索，找到 T 代码指定刀号对应的刀具座编号（即地址），然后与目前使用的刀号相比较。如果相同，则说明 T 代码所指定的刀具就是目前正在使用的刀具，当然不必再进行换刀操作，返回原入口处。若不相同，则要求进行更换刀具操作，即首先将主轴上的现行刀具归还到它自己的固定刀具座编号上，然后回转刀库，直至新的刀具位置为止，最后取出所需刀具装在刀架上。至此才完成了整个换刀过程。据此可以写出处理 T 功能的软件流程，如图 2-61 所示。

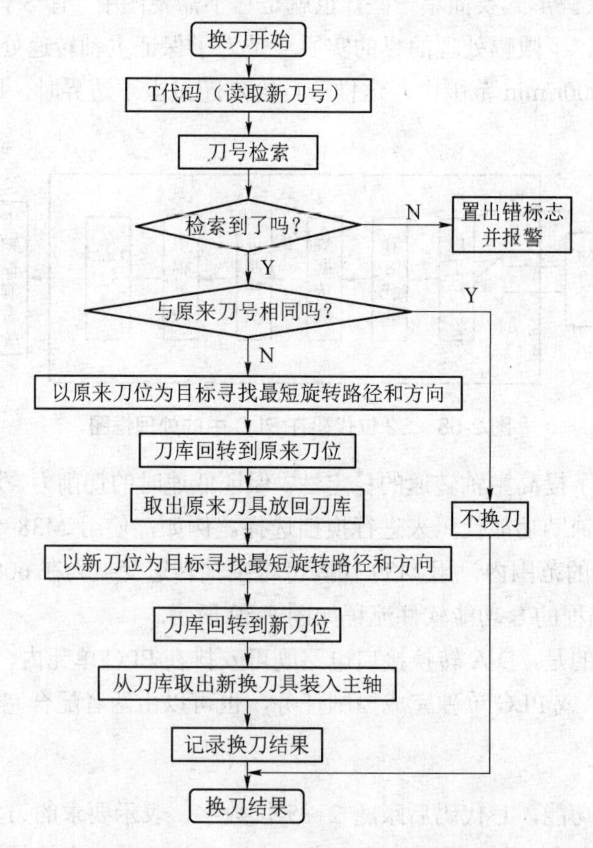

图 2-59　S4 位代码形式编程的 S 功能软件流程

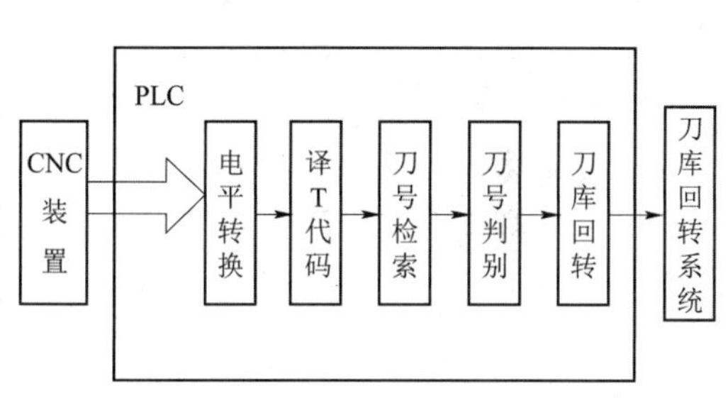

图 2-60　T 功能处理框图

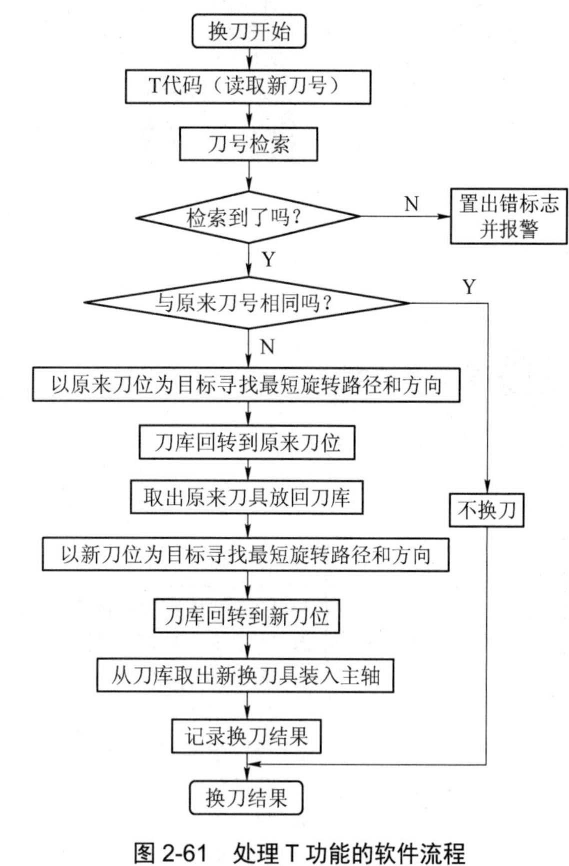

图 2-61　处理 T 功能的软件流程

第三章　数 控 车 床

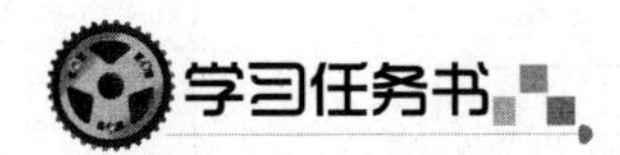

学习任务书见表 3-1。

表 3-1　学习任务书

项目	说明
学习目标	1．能够叙述数控车床的组成、功能、分类及特点； 2．能够说明数控车床的布局形式； 3．能够分析数控车床的传动系统、典型机械结构
学习内容	1．数控车床的组成及特点； 2．数控车床的布局形式； 3．数控车床的功能与分类； 4．数控车床的自动换刀装置； 5．MJ-50 数控车床的结构分析
重点、难点	数控车床的功能与分类、组成及特点、数控车床的主传动系统
教学场所	多媒体教室、实训车间
教学资源	教科书、课程标准、电子课件、数控车床

第一节　数控车床的组成

一、数控车床的工艺用途

车床主要用于对各种回转表面进行车削加工。在数控车床上可以进行内外圆柱面、圆锥面、成形回转面、螺纹面、高精度曲面及端面螺纹的加工。数控车床上所使用刀具有车刀、钻头、绞刀、镗刀及螺纹刀具等孔加工刀具。数控车床加工零件的尺寸精度可达 IT5～IT6，表面粗糙度 *Ra* 可达 0.4μm。

二、数控车床的组成

数控车床一般由操作面板、I/O 设备、CNC 装置、PLC、伺服单元、驱动装置、测量装置和机床主机等组成，如图 3-1 所示。

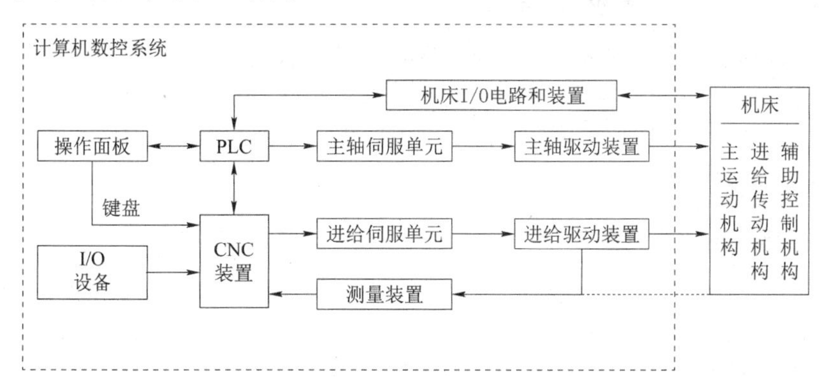

图 3-1　数控车床的组成

1. 操作面板

操作面板是操作人员与数控装置进行信息交流的工具，是数控机床特有的部件，由按钮站、状态灯、按键阵列（功能与计算机键盘一样）和显示器组成，如图 3-2 所示。

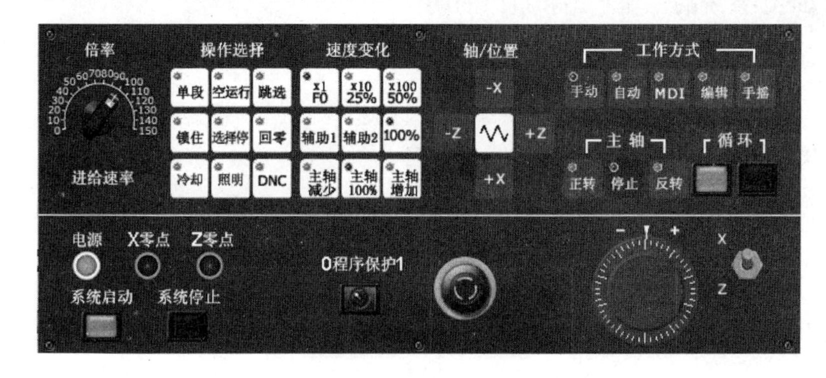

图 3-2　数控机床的操作面板

2. I/O 设备

I/O 设备是 CNC 系统与外部设备进行交互的装置。交互的信息通常是零件加工程序，即将编制好的记录在控制介质上的零件加工程序输入 CNC 系统，或将调试好的零件加工程序通过输出设备存放或记录在相应的控制介质上。

3. CNC 装置（CNC 单元）

（1）组成。CNC 装置由计算机系统、位置控制板、PLC 接口板、通信接口板、特殊功能模块及相应的控制软件组成。

（2）作用。CNC 装置的作用是根据输入的零件加工程序进行相应的处理（如运动轨迹处理、机床 I/O 处理等），输出控制命令到相应的执行部件（伺服单元、驱动装置和 PLC 等）。以上工作由 CNC 装置的内硬件和软件协调配合、合理组织，使整个系统有条不紊地进行工作。CNC 装置是 CNC 系统的核心。

4. 伺服单元、驱动装置和测量装置

（1）伺服单元、驱动装置包括主轴伺服驱动装置和主轴电动机、进给伺服驱动装置和进给电动机。

（2）测量装置包括位置和速度测量装置，用以实现进给伺服系统的闭环控制。它们的作用是保证灵敏、准确地跟踪CNC装置指令。

5. PLC、机床I/O电路和装置

（1）PLC用于完成与逻辑运算有关顺序动作的I/O控制，由硬件和软件组成。

（2）机床I/O电路和装置是实现I/O控制的执行部件（由继电器、电磁阀、行程开关、接触器等组成的逻辑电路）。

它们的功能如下：

（1）接受CNC的M、S、T指令，对其进行译码并转换成对应的控制信号，控制辅助装置完成机床相应的开关动作。

（2）接受操作面板和机床侧的I/O信号，并将该信号输入CNC装置，经其处理后的输出指令控制CNC系统的工作状态和机床的动作。

6. 机床主机

数控机床的主体是实现制造加工的执行部件。机床主机由主运动部件、进给运动部件（工作台、拖板及相应的传动机构）、支承件（立柱、床身等）及特殊装置（刀具自动交换系统、工件自动交换系统）和辅助装置（如排屑装置等）组成。

第二节　数控车床的布局形式

一、影响数控车床布局形式的因素

数控车床布局形式受到工件尺寸、质量和形状、机床生产率、机床精度、操作便利程序、运行要求和安全与环境保护要求的影响。数控车床的布局形式有卧式车床、端面车床（分为有床身和无床身两种）、单立柱立式车床、双立柱式车床和龙门移动式立式车床等，如图3-3所示。

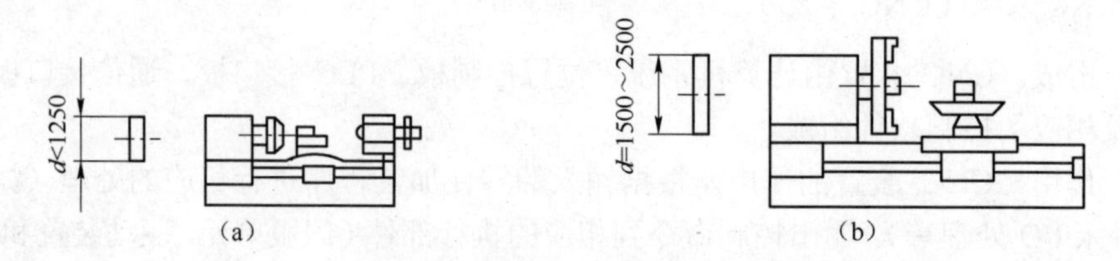

图3-3　数控车床的布局形式

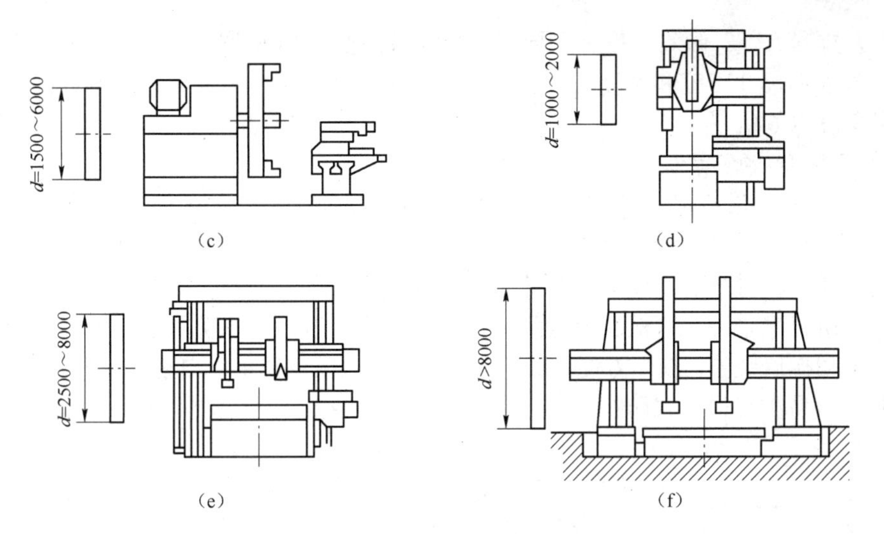

图 3-3　数控车床的布局形式（续）

（a）卧式车床；（b）端面车床（有床身）；（c）端面车床（无床身）；
（d）单立柱立式车床；（e）双立柱立式车床；（f）龙门移动式立式车床

根据生产率要求的不同，数控车床的布局形式有单主轴单刀架、单主轴双刀架、双主轴双刀架等形式。

二、数控车床主要部件的布局形式

1. 主轴箱和尾座的布局形式

在数控车床不同的布局形式中，数控车床的主轴箱和尾座相对于床身的布局形式与卧式车床中二者相对于床身的布局形式基本一致。数控卧式车床主轴箱布置在车床的左端，用于传动力并支承主轴部件；尾座布置在车床的右端，用于支承工件或安装刀具。

2. 床身布局形式

床身布局形式对机床的性能影响很大。床身是机床的主要承载部件，是机床的主体。按照床身导轨面与水平面的相对位置，床身的布局形式有水平床身-水平滑板、倾斜床身-倾斜滑板、水平床身-倾斜滑板及直立床身-直立滑板等多种形式，如图 3-4 所示。

1）水平床身-水平滑板

水平床身-水平滑板布局形式如图 3-4（a）所示。水平床身的工艺性好，便于导轨面的加工。水平床身配上水平放置的刀架可提高刀架的运动精度，一般用于大型数控车床或小型精密数控车床的布局。由于水平床身下部空间小，排屑困难。从结构尺寸来看，刀架水平放置使得滑板模向尺寸较大，加大了机床宽度方向的结构尺寸。

2）倾斜床身-倾斜滑板

倾斜床身-倾斜滑板形式如图 3-4（b）所示。这种结构的导轨倾斜角度分别为 30°、45°、60°、75° 和 90°，其中 90° 的滑板结构称为直立床身-直立滑板，如图 3-4（d）所示。倾斜角度小，排屑方便；倾斜角度大，导轨的导向性及受力情况差。导轨倾斜角度的大小还直接影响机床外形尺寸高度和宽度的比例。综合考虑上面的诸因素，中、小型数控车床，其床身的倾斜角度以 60° 为宜。

3）水平床身-倾斜滑板

水平床身-倾斜滑板形式通常配置有倾斜式的导轨防护罩，如图 3-4（c）所示。这种布局形式一方面具有水平床身工艺性好的特点，另一方面机床宽度方向的尺寸较水平配置滑板形式的尺寸要小，且排屑方便。水平床身-倾斜滑板和倾斜床身-倾斜滑板布局形式为中、小型数控车床所普遍采用。这是由于这两种布局形式排屑容易，热切屑不会堆积在导轨上，也便于安装自动排屑装置；操作方便，易于安装机械手，以实现单机自动化；机床占地面积小，外形美观，容易实现封闭式防护。

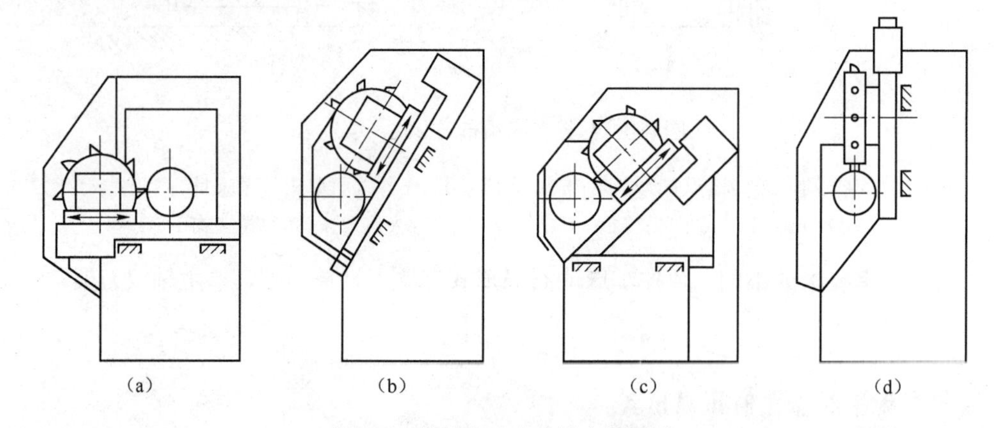

图 3-4　数控车床床身的布局形式

（a）水平床身—水平滑板；（b）倾斜床身—倾斜滑板；（c）水平床身—倾斜滑板；（d）直立床身—直立滑板

3. 刀架的布局形式

数控车床的刀架分为排式刀架和回转式刀架两大类。两坐标联动数控车床多采用回转刀架。回转刀架在机床上的布局有两种形式：一种是回转轴线垂直于主轴的形式，用于盘类零件的加工；另一种是回转轴线平行于主轴的形式，用于轴类零件和盘类零件的加工。

四坐标轴控制的数控车床，床身上安装有两个独立的滑板和回转刀架，称为双刀架四坐标数控车床。其上每个刀架的切削进给量是分别控制的，两刀架可以同时切削同一工件的不同部位，既扩大了加工范围，又提高了加工效率，适合于加工曲轴、飞机零件等形状复杂、批量较大的零件。

第三节　数控车床的分类

数控技术发展很快，根据使用要求的不同出现了各种不同配置和技术等级的数控车床。这些数控车床在配置、结构和使用上都有其各自的特点，可以从以下几个方面对数控车床进行分类。

一、按主轴的配置形式分类

1. 立式数控车床

立式数控车床简称数控立车，其车床主轴垂直于水平面，有一个直径很大的圆形工作台，用来装夹工件。这类车床主要用于加工径向尺寸大、轴向尺寸相对较小的大型复杂零件，如图 3-5 所示。

2. 卧式数控车床

卧式数控车床简称数控卧车又分为数控水平导轨卧式车床和数控倾斜导轨卧式车床（图 3-6）两类。其倾斜导轨结构可以使车床具有更大的刚性，并易于排除切屑。档次较高的数控卧车一般都采用倾斜导轨。

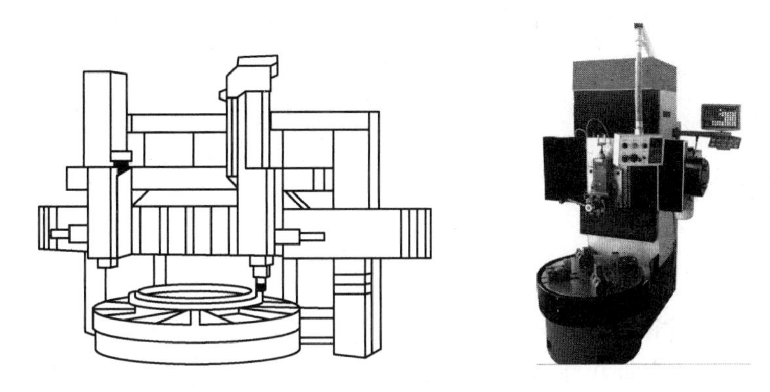

图 3-5 立式数控车床

图 3-6 数控倾斜导轨卧式车床

另外，具有两根主轴的数控车床，称为双轴卧式数控车床或双轴立式数控车床。

二、按刀架和主轴数量分类

1. 单刀架单主轴数控车床

数控车床一般都配置有各种形式的单刀架，如四工位自动转位刀架或多工位转塔式自动转位刀架，这类车床一般只有一个主轴，称为单刀架单主轴数控车床。这种车床是最常用的数控车床。

2. 双刀架单主轴数控车床

双刀架单主轴数控车床的双刀架可以平行分布，也可以垂直分布。这类数控车床可以同时加工一个零件的不同部分。

3. 单刀架双主轴数控车床

一般数控车床只有一个主轴，但单刀架双主轴数控车床配备有一个副主轴，工件在正主轴上加工完毕后，副主轴可以前移，将工件交换转移至副主轴上，对工件进行完整加工。

4. 双刀架双主轴数控车床

双刀架双主轴车床有两个独立的主轴和两个独立的刀架，加工方式灵活多样，可以两个刀架同时加工一个主轴上零件的不同部分，提高加工效率；也可以两个刀架同时加工两个主轴上相同的零件，相当于两台机床同时工作；还可以使正、副主轴分别使用独立的刀架对一个工件进行完整加工。

三、按数控系统的功能水平分类

1. 经济型数控车床

经济型数控车床又称简易型数控车床，一般是以卧式车床的机械结构为基础，经过改进设计而得到的，也可以对普通机床进行改造而获得。经济型数控车床一般采用步进电动机驱动的开环伺服系统，控制部分采用单板机或单片机实现。此类车床的特点是结构简单、价格低廉，但缺少一些功能如刀尖圆弧半径自动补偿和恒表面线速度切削等；一般只能进行两个平动坐标（刀架的移动）的控制和联动。由于其使用的是卧式车床的结构或者是普通机床改造而成，因此在机床的精度等方面有所欠缺。这种车床在中、小型企业中应用广泛，多用于一些精度要求不是很高的大批量或中等批量零件的车削加工。图 3-7 所示为某经济型数控车床的外形。

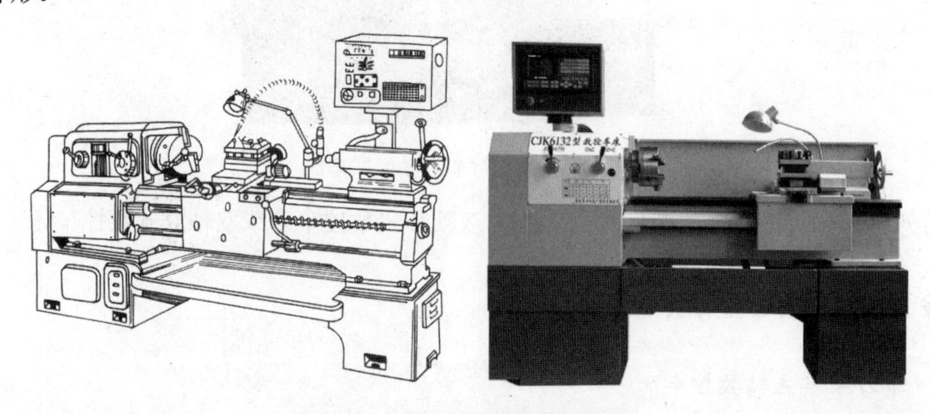

图 3-7　某经济型数控车床的外形

2. 标准型数控车床

标准型数控车床就是通常所说的“数控车床”，又称全功能型数控车床。它的控制系统是标准型的，带有高分辨率的 CRT 显示器、通信或网络接口，采用闭环或半闭环控制的伺服系统，可以进行多个坐标轴的控制，具有各种显示、图形仿真、刀具补偿等功能，具有高刚度、高精度和高效率等特点。图 3-8 所示为某标准型数控车床的外形。

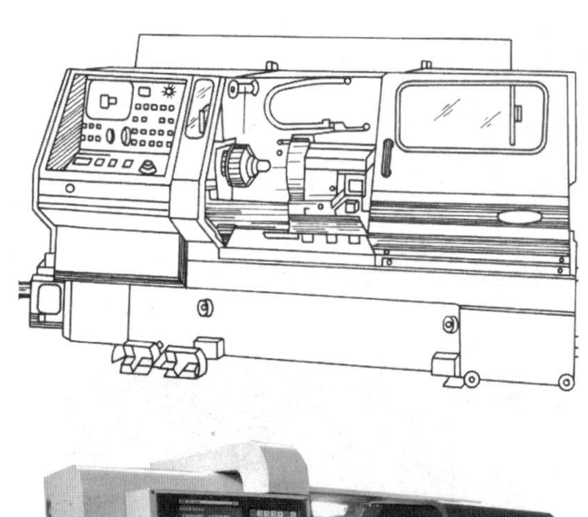

图 3-8 某标准型数控车床的外形

3. 车削中心

车削中心是以标准型数控车床为主体，配备刀库、自动换刀器、分度装置、铣削动力头和机械手等部件，实现多工序复合加工的车床。在车削中心上，工件在一次装夹后，可以完成回转类零件的车、铣、钻、铰、螺纹加工等多种加工工序的加工。车削中心的功能全面，加工质量和速度都很高，但价格也较贵。

4. FMC 车床

FMC 车床是一个由数控车床、机器人等构成的系统，如图 3-9 所示。它能实现工件搬运、装卸和加工调整准备的自动化操作。

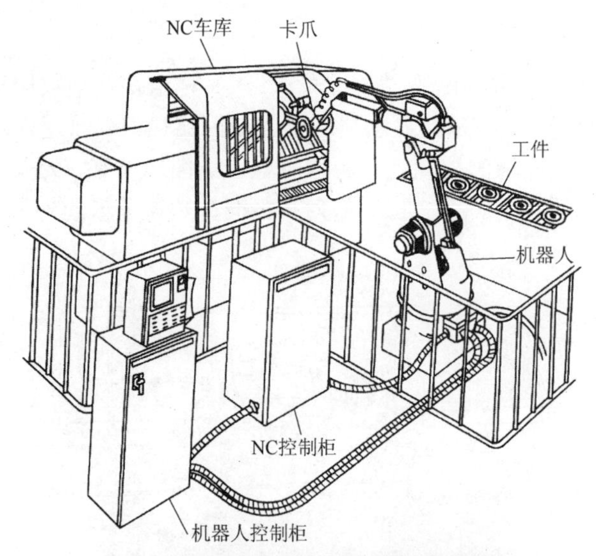

图 3-9　FMC 车床

另一种完全不同的车削复合加工中心是德国 EMAG 公司开发的倒置式数控车床，如图 3-10 所示，其加工方式已完全突破了传统的车削加工理念。在这台机床上，配备了常规的车、铣、钻、磨甚至齿轮加工等加工工序，主轴不仅具有工件上下料功能，还具有工件库、测量功能，是一台综合的生产型复合加工机，已经成为真正的多功能机床。

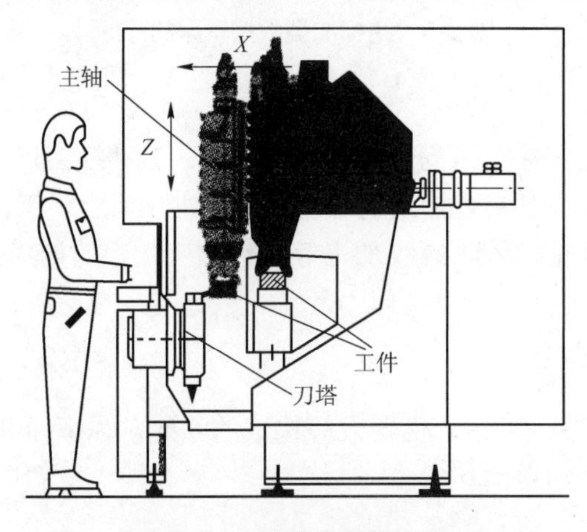

图 3-10　倒置式数控车床

四、按数控系统的不同控制方式分类

按数控系统的不同控制方式，数控车床可以分为开环控制数控车床、闭环控制数控车床、半闭环控制数控车床。开环控制数控车床一般是简易型数控车床或者经济型数控车床，成本较低；中高档数控车床均采用半闭环控制，价格偏高；高档精密车床采用闭环控制，价格昂贵。

第四节　数控车床的自动换刀装置

一、自动回转刀架

数控车床上使用的自动回转刀架是一种最简单的自动换刀装置。根据不同的加工对象，自动回转刀架有四方自动回转刀架和六角自动回转刀架等多种形式，回转刀架上分别安装着四把、六把或更多的刀具，并按数控装置的指令换刀。自动回转刀架又有立式和卧式两种，立式自动回转刀架的回转轴与机床主轴垂直布置，结构比较简单，经济型数控车床多采用这种刀架。

自动回转刀架在结构上必须具有良好的强度和刚度，以承受粗加工切削力，减少刀架在切削力作用下的位移变形，提高加工精度。自动回转刀架还要选择可靠的定位方案和合理的定位结构，以保证刀架在每次转位之后具有高的重复定位精度（一般为0.001～0.005mm）。

1. 四方自动回转刀架

图3-11所示为立式四方自动回转刀架，它的换刀过程如下。

（1）刀架抬起。当数控装置发出换刀指令后，电动机23正转，并经联轴套16、轴17，由滑键（或花键）带动蜗杆19、蜗轮2、轴1、轴套10转动。轴套10的外圆上有两处凸起，可在套筒9中内空的螺旋槽内滑动，举起与套筒9相连的刀架8及上端面齿盘6，使齿盘6与下端面齿盘5分开，完成刀架抬起动作。

（2）刀架转位。刀架抬起后，轴套10仍在继续转动，同时带动刀架8转过90°（如不到位，刀架还可继续转位180°、270°、360°），并由开关20发出信号给数控装置。

（3）刀架压紧。刀架转位后，由开关20发出信号使电动机23反转，销13使刀架8定位而不随轴套10回转，于是刀架8向下移动，上、下端面齿盘合龙压紧。蜗杆19继续转动产生轴向位移，压缩弹簧22，此时套筒21的外圆曲面压缩开关20使电动机23停止旋转，完成一次换刀过程。

2. 六角自动回转刀架

图3-12所示为数控车床的六角自动回转刀架。它适用于盘类零件的加工。在加工轴类零件时，可以换成四方自动回转刀架。由于两者底部的安装尺寸相同，更换刀架十分方便。

六角自动回转刀架的全部动作由液压系统通过电磁换向阀和顺序阀进行控制。它的动作

分为如下四个步骤：

（1）刀架抬起。当数控装置发出换刀指令后，压力油从 A 孔进入压紧液压缸的下腔，活塞 1 上升，刀架体 2 抬起，使定位用的活动插销 10 与固定插销 9 脱离。同时，活塞杆下端的端齿离合器与空套齿轮 5 结合。

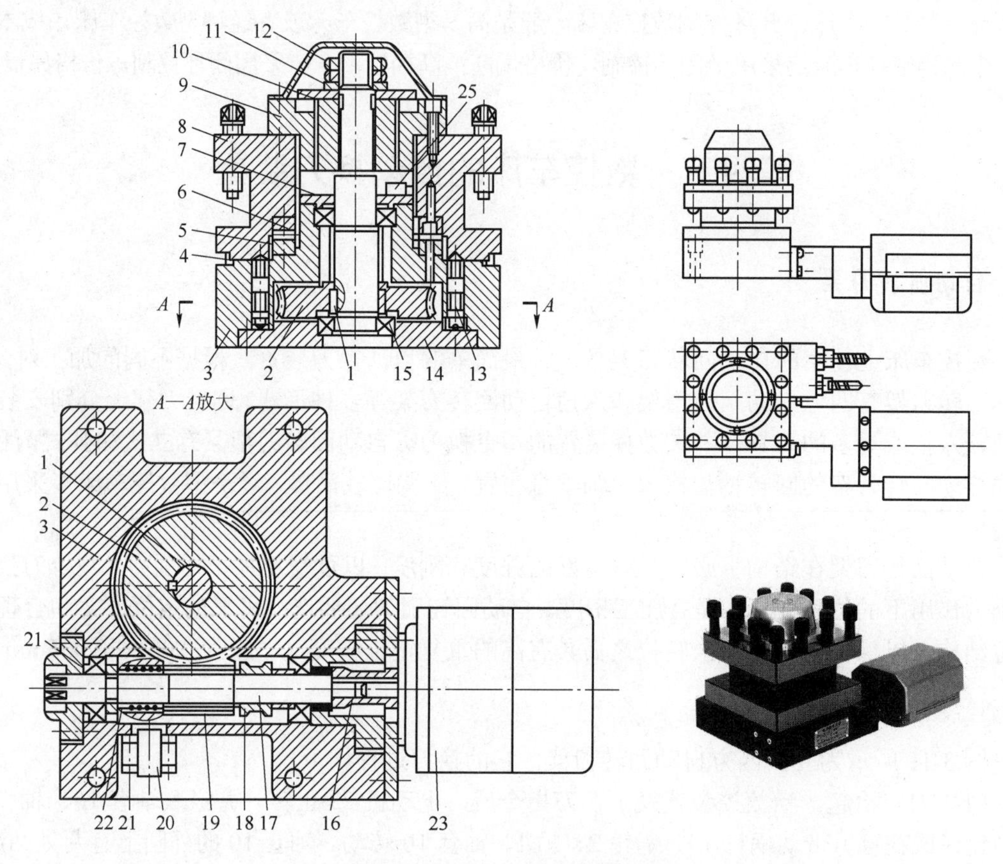

图 3-11　立式四方自动回转刀架

1、17—轴；2—蜗轮；3—刀座；4—密封圈；5—下端齿盘；6—上端齿盘；7—压盖；8—刀架；9、21—套筒；10—轴套；11—垫圈；12—螺母；13—销；14—底盘；15—轴承；16—联轴套；18—套；19—蜗杆；20、25—开关；22—弹簧；23—电动机

（2）刀架转位。当刀架抬起之后，压力油从 C 孔进入液压缸左腔，活塞 6 向右移动通过连接板带动齿条 8 移动，使空套齿轮 5 做逆时针方向转动，通过齿轮离合器使刀架转过 60°。活塞的行程应等于空套齿轮 5 节圆周长的 1/6，并由限位开关控制。

（3）刀架压紧。刀架转位之后，压力油从 B 孔进入压紧液压缸的上腔，活塞 1 带动刀架体 2 下降。缸体 3 的底盘上精确地安装着六个带斜楔的圆柱固定插销 9，利用活动插销 10 消除定位销与孔之间的间隙，实现可靠定位。刀架体 2 下降时，活动插销 10 与一个固定插销 9 卡紧，同时缸体 3 与压盘 4 的锥面接触，刀架在新的位置定位并压紧。这时端齿离合器与空套齿轮 5 脱开。

（4）转位液压缸复位。刀架压紧之后，压力油从 D 孔进入转位液压缸右腔，活塞 6 带动齿条复位，由于此时端齿离合器已脱开，齿条带动齿轮在轴上空转。如果定位和压紧动作正常，推杆 11 与相应的触头 12 接触，发出信号表示换刀过程已结束，可以继续进行切削加工。回转刀架除了采用液压缸驱动转位和定位销定位外，还可以采用电动机带动离合器定位以及其他转位和定位机构。

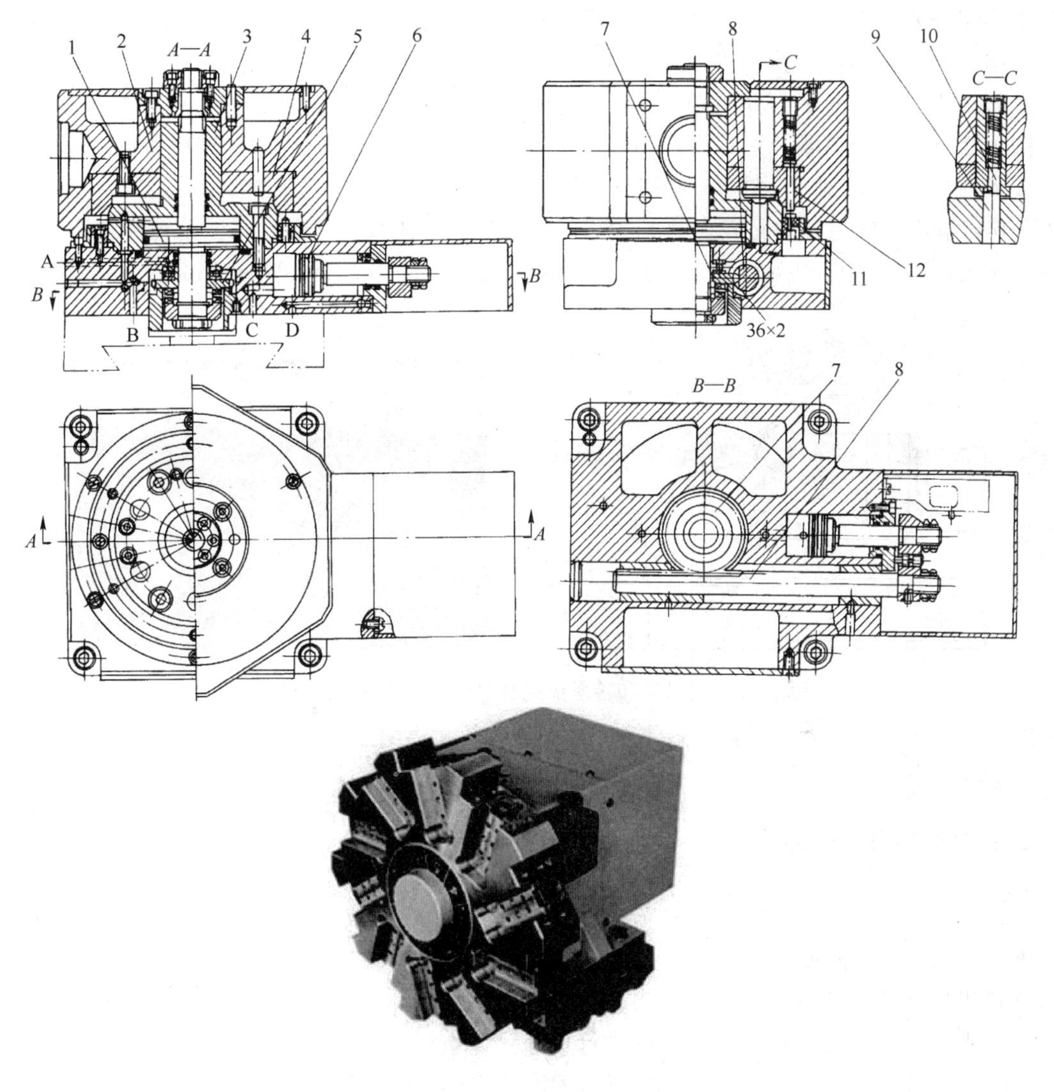

图 3-12 六角自动回转刀架

1、6—活塞；2—刀架体；3—缸体；4—压盘；5—空套齿轮；7—活塞杆；8—齿条；9—固定插销；10—活动插销；11—推杆；12—触头

3. 多主轴转塔头式换刀装置

带有旋转刀具的数控机床常采用转塔头式换刀装置，如数控钻、镗床的多轴塔头等。在转塔头上装有几个主轴，每个主轴上均装有一把刀具，加工过程中转塔头可自动转位实现自

动换刀。主轴转塔头相当于一个转塔刀库，但储存刀具的数量较少，其优点是结构简单，换刀时间短，仅为 2s 左右。由于受空间位置的限制，多主轴转塔头式换刀装置的主轴数目不能太多，主轴部件结构不能设计得十分坚实，否则将影响主轴系统的刚度，通常只适用于工序较少、精度要求不太高的数控车床，如数控钻床、铣床等。近年来出现了一种用机械手和转塔头配合刀库进行换刀的自动换刀装置，如图 3-13 所示。它实际上是转塔头换刀装置和刀库换刀装置的结合。其工作原理如下：

转塔头 5 上有两个刀具主轴 3 和 4，当有一个刀具主轴上的刀具进行加工时，可由换刀机械手 2 将下一步需要的刀具换至不工作的主轴上，待本工序完成后，转塔头回转 180°，完成换刀。因其换刀时间大部分和机加工时间重合，只需转塔头转位的时间，故换刀时间很短，其转塔头上的主轴数目较少有利于提高主轴的结构刚性，但很难保证精镗加工所需要的主轴刚度，因此，这种换刀方式主要用于钻床，也可用于铣镗床和数控组合机床。

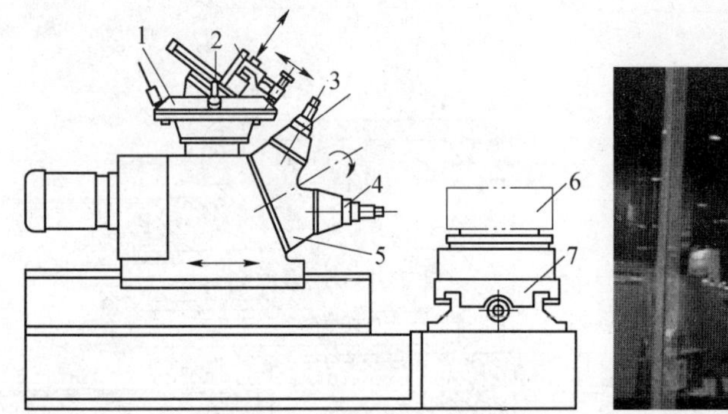

图 3-13　机械手和转塔头配合刀库换刀的自动换刀装置

1—刀库；2—换刀机械手；3、4—刀具主轴；5—转塔头；6—工件；7—工作台

二、带刀库的自动换刀装置

由于自动回转刀架、转塔头式换刀装置的刀具数量不能太多，满足不了复杂零件的加工需要，自动换刀数控车床多采用带刀库的自动换刀装置。带刀库的自动换刀装置由刀库和刀具变换机构组成，换刀过程比较复杂。其换刀过程如下：首先，要把加工过程中使用的全部刀具分别安装在标准刀柄上，在机外进行尺寸预调整后，按一定的方式放入刀库。换刀时，先在刀库中选刀，然后由刀具变换装置从刀库或主轴（或是刀架）取出刀具，进行交换，即将新刀装入主轴（或刀架），把旧刀放回刀库。刀库具有较大的容量，既可安装在主轴箱的侧面和上方，也可作为单独部件安装到机床以外，由搬运装置运送刀具。

由于带刀库的自动换刀装置的数控机床的主轴箱内只有一根主轴，设计主轴部件时能充分增强它的刚性，可满足精度加工要求；此外，刀库可以存放数量很大的刀具（可多达 100 把以上），因而能够进行复杂零件的多工序加工，大大提高车床适应性和加工效率；因此特别适用于数控钻床、数控镗铣床和加工中心。其缺点是整个换刀过程动作较多，换刀时间较长，系统复杂，可靠性较差。

第五节　MJ-50 数控车床

MJ-50 数控车床是由济南第一机床厂（现更名为济南第一机床集团有限公司）生产的，主要由主轴箱、床鞍、尾座、刀架、对刀仪、液压系统、润滑系统、气动系统及数控装置等构成。其外形尺寸为长 2995mm，宽 1367mm，高 1796mm，如图 3-14 所示。

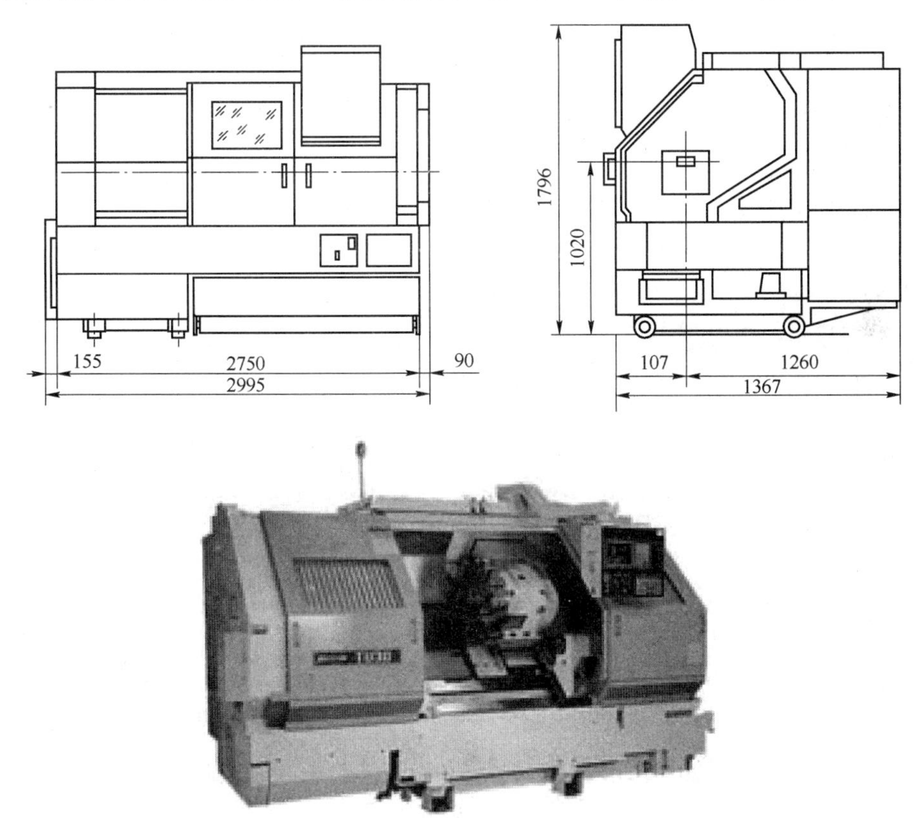

图 3-14　MJ-50 数控车床外观图

一、机床的主要技术参数

1. 机床主体部分的主要技术参数

（1）允许最大工件回转直径：500mm。
（2）最大车削直径：310mm。
（3）极限车削直径（调整刀具）：350mm。
（4）最大加工长度：650mm。
（5）主轴驱动电动机：AC（11/15）kW。

（6）床鞍有效行程：*X* 方向为 182mm，*Z* 方向为 675mm。

（7）床鞍快速移动速度：*X* 方向为 10m/min，*Z* 方向为 15m/min。

（8）床鞍定位精度：*X* 方向为 0.015mm/100mm，*Z* 方向为 0.025mm/300mm。

（9）床鞍重复定位精度：*X* 方向为±0.003mm，*Z* 方向为±0.005mm。

（10）刀架装刀数：10 把。

（11）刀架转位数：10 位。

（12）刀架分度重复定位精度：*X* 方向为±0.003mm，*Z* 方向为±0.005mm。

2. 数控装置

MJ-50 数控车床采用 FANUC OTE MODEL A-2 系统。数控装置的主要性能如下。

（1）控制轴数：2 轴。

（2）同时控制轴数：2 轴。

（3）最小指令增量：*X* 方向为 0.005mm/P；*Z* 方向为 0.001mm/P。

（4）最大编程尺寸：9999.999mm。

（5）手动数据输入（MDI）：键盘式。

（6）数据显示：CRT。

MJ-50 数控车床具有的功能为直线插补、全象限圆弧插补、进给功能、主轴功能、刀具功能、刀具补偿、辅助功能、编程功能、安全功能、自诊断功能。

二、机床的传动链

1. 主运动传动链

图 3-15 所示为标准型 MJ-50 数控车床的传动系统图。其中主运动传动系统由功率为 11/15kW 的交流伺服电动机驱动，经一级速比为 1∶1 的弧齿同步齿形带轮传动，直接带动主轴旋转。主轴在 35～3500r/min 的转速范围内实现无级调速。由于主轴的调速范围不是很大，在主轴箱内省去了齿轮传动变速机构，因此减少了齿轮传动对主轴精度的影响。

2. 纵、横向送给运动传动链

纵向进给系统由功率为 1.8kW 的交流伺服电动机驱动，经一级速比为 1∶1.25 的弧齿同步齿形带轮传动，带动导程为 *P*=10mm 的滚珠丝杠旋转，将电动机的回转运动转化成床鞍的直线纵向运动。横向进给系统由功率为 0.9kW 的交流伺服电动机驱动，经一级速比为 1∶1.2 的弧齿同步齿形带轮传动，带动导程为 *P*=6mm 的滚珠丝杠旋转，将电动机的回转运动转化成滑板的直线横向运动。

3. 回转刀架传动链

数控车床换刀时，需要刀架做回转分度运动，刀架回转的角度取决于装刀数目。MJ-50 数控车床共有 10 把刀具，分度角以 36° 为单位。回转刀架的动力源为液压马达，通过起分度作用的平板共轭分度凸轮，将分度运动传递给一对齿轮副，进而带动刀架回转。

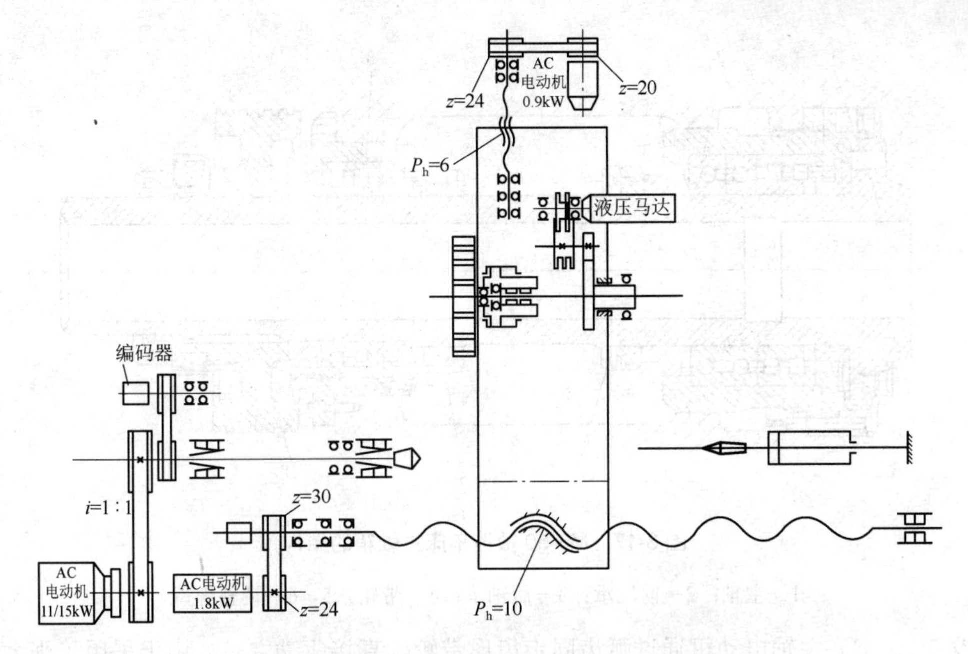

图 3-15 标准型 MJ-50 数控车床的传动系统图

三、主轴箱

主轴箱是机床结构中重要的部件之一，如图 3-16 和图 3-17 所示。主轴箱由主轴箱体、轴承座、主轴、主轴轴承、轴承调整螺母、光电编码器及弧齿同步齿形带轮副等组成。

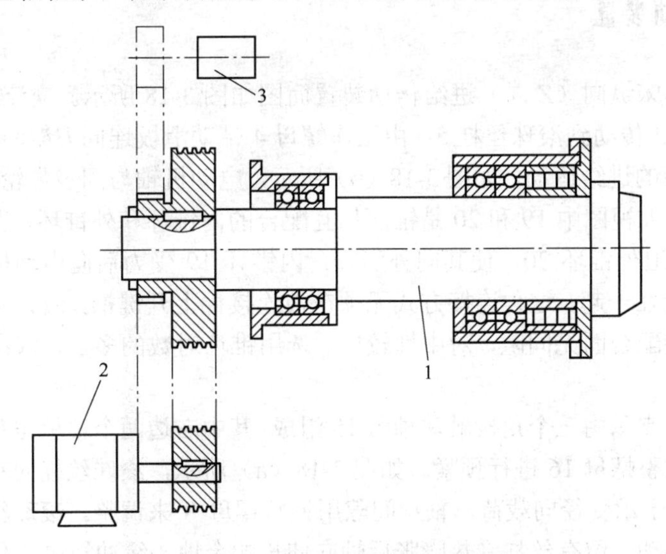

图 3-16 MJ-50 数控车床主轴箱简图

1—主轴；2—主轴电动机；3—光电编码器

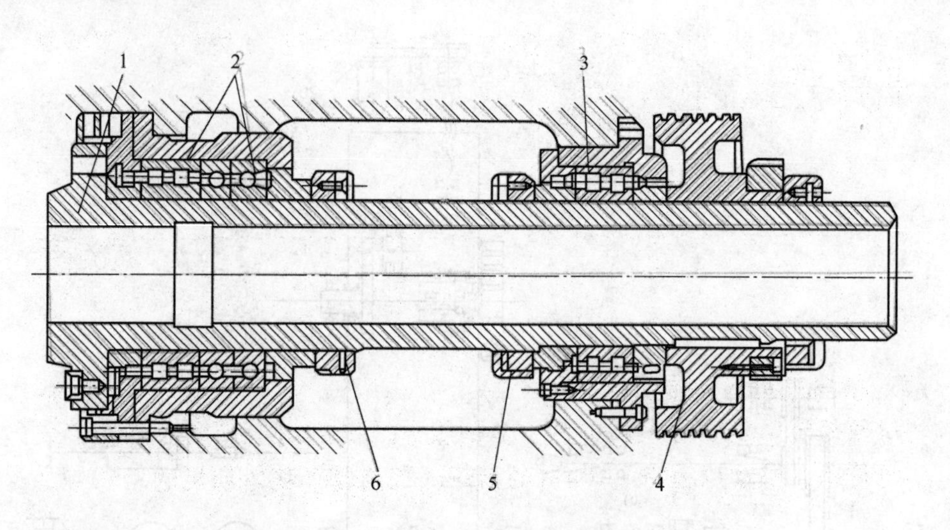

图 3-17　MJ-50 数控车床主轴箱的结构

1—主轴；2—前轴承；3—后轴承；4—带轮；5、6—调整螺母

交流（AC）主轴电动机通过弧齿同步齿形带轮副直接驱动主轴，由于采用了强力型交流主轴电动机，因此主轴有高的输出转矩。主轴采用两点支承结构可达到高转速的要求。前轴承采用高精度双列圆柱轴承和高精度双列组合角接触球轴承，后轴承采用高精度双列圆柱轴承。主轴轴承采用油脂润滑，以非接触式迷宫套密封。润滑脂的封入量对主轴轴承寿命和运转的温升有很大的影响，机床说明书对油脂牌号和封入量均有规定。

四、纵向送给传动装置

MJ-50 数控车床纵向（*Z* 向）进给传动装置简图如图 3-18 所示。交流伺服电动机 14 经同步带轮副 12 和 2 传动到滚珠丝杠 5，由工作螺母 4 带动滑板连同刀架沿床身 13 的矩形导轨移动，实现 *Z* 轴的进给运动。如图 3-18（b）所示，电动机轴与同步带轮副 12 之间用锥环无键连接，局部放大视图中 19 和 20 是锥面相互配合的内锥环和外锥环，当拧紧螺钉 17 时，法兰 18 的端面压迫外锥环 20，使其向外膨胀，内锥环 19 受力后向电动机收缩，使电动机轴与同步带轮连接在一起。这种连接方式无须在被连接件上开键槽，而且两锥环的内外圆锥面压紧后，使连接配合面无间隙，对中性较好。选用锥环对数的多少，取决于所传递转矩的大小。

滚珠丝杠的左支承由三个角接触球轴承 15 组成。其中右边两个轴承与左边一个轴承的大口相对位置，由调整螺母 16 进行预紧。如图 3-18（a）所示，滚珠丝杠的右支承为一个圆柱滚子轴承 7，只用于承受径向载荷，轴承间隙用调整螺母 8 来调整。滚珠丝杠的支承形式为左端固定，右端浮动，留有丝杠受热膨胀后轴向伸长的余地。缓冲挡块 3 和 6 起超程保护作用。*B* 向视图中的螺钉 10 将滚珠丝杠的右支承座 9 固定在床身 13 上。如图 3-18（b）所示，*Z* 轴装给装置的脉冲编码器 1 与滚珠丝杠 5 连接，直接检测丝杠的回转角度，提高系统对 *Z* 向进给的精度控制。滚珠丝杠螺母轴向间隙可通过预紧方法消除，预紧载荷以能有效地减小弹性变形所带来的轴向位移为度，过大的预紧力将增加摩擦阻力，降低传动效率，并使寿命大为缩短。所以，一般要经过几次仔细调整才能保证机床在最大轴向载荷下，既消除间隙，又能灵活运转。目前，丝杠螺母副已由专业厂家生产，其预紧力由制造厂调好供用户使用。

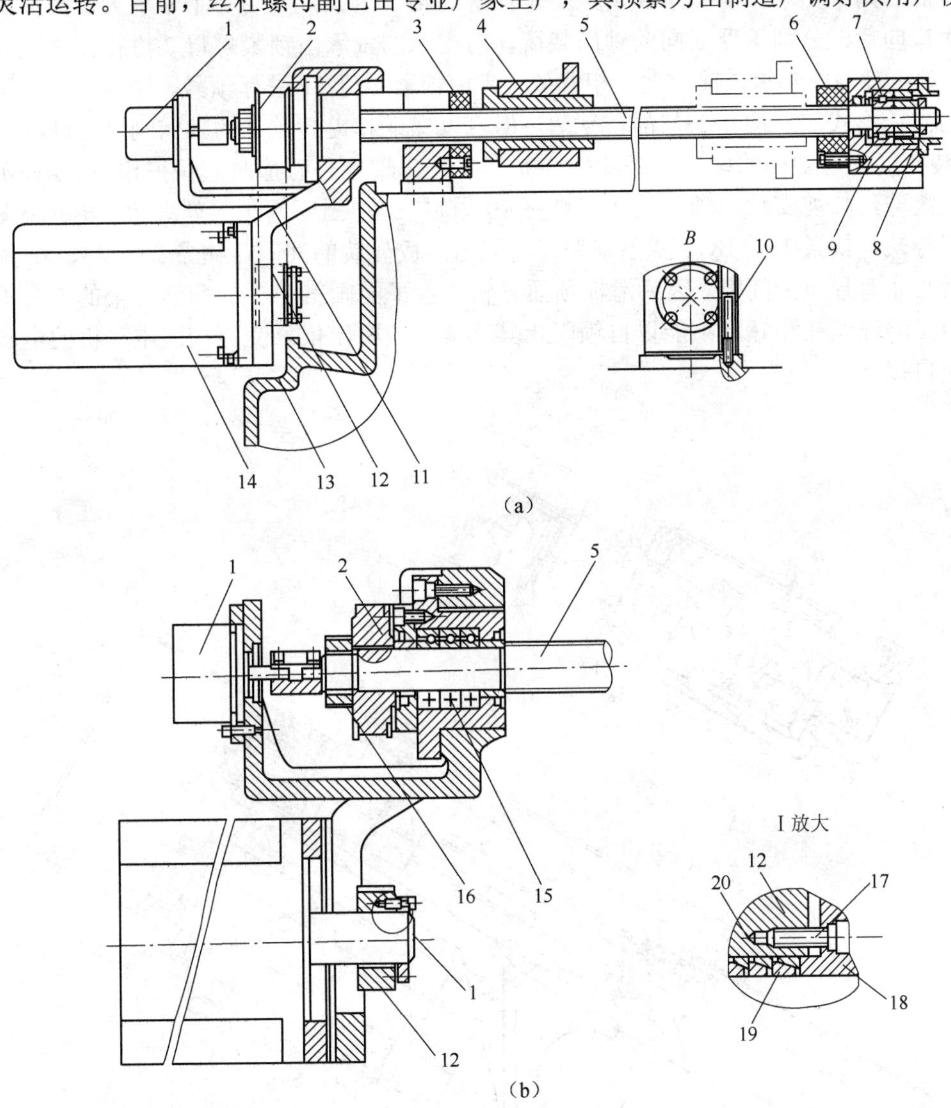

图 3-18 MJ-50 数控车床 Z 向进给传动装置

1—脉冲编码器；2、12—同步带轮副；3、6—缓冲挡块；4—工作螺母；5—滚珠丝杠；7—圆柱滚子轴承；8、16—调整螺母；9—右支承座；10—螺钉；11—支架；13—床身；14—交流伺服电动机；15—角接触球轴承；17—螺钉；18—法兰；19—内锥环；20—外锥环

五、横向进给传动装置

MJ-50 数控车床横向（*X* 向）送给传动装置简图如图 3-19 所示。交流伺服电动机 15 经

同步带轮副 14 和 10 以及同步带 12 带动滚珠丝杠 6 回转，其上工作螺母 7 带动刀架 21 沿滑板 1 的导轨移动，实现 X 轴的进给运动。电动机轴与同步带轮副 14 用键 13 连接。滚珠丝杠有前后两个支承，前支承 3 由三个角接触球轴承组成，其中一个轴承大口向前，两个轴承大口向后，分别承受双向的轴向载荷，前支承的轴承由锁紧螺母 2 进行预紧；后支承 9 为一对角接触球轴承，轴承大口相背放置，由锁紧螺母 11 进行预紧。这种丝杠采用两端固定的支承形式，结构和工艺都较复杂，但可以保证和提高丝杠的轴向刚度。脉冲编码器 16 安装在伺服电动机的尾部。缓冲挡块 5 和 8 在出现意外碰撞时起保护作用。*A—A* 剖面图表示滚珠丝杠前支承的轴承座 4 用螺钉 20 固定在滑板上。滑板导轨如 *B—B* 剖视图所示为矩形导轨，镶条 17、18、19 用来调整刀架与滑板导轨的间隙。镶条 23、24、25 用于调整滑板与床身导轨的间隙。因为滑板顶面导轨与水平面倾斜 30°，回转刀架的自身重力使其下滑，滚珠丝杠和螺母不能以自锁阻止其下滑，故机床依靠交流伺服电动机的电磁制动来实现自锁。

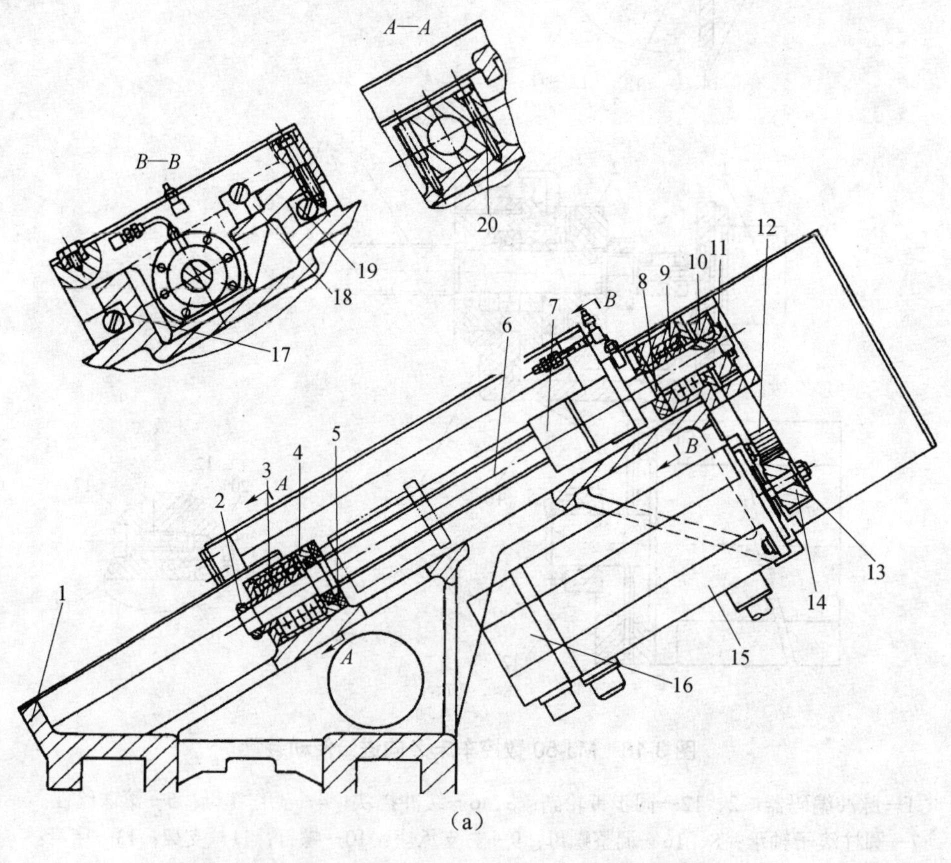

图 3-19　MJ-50 数控车床 X 向进给传动装置

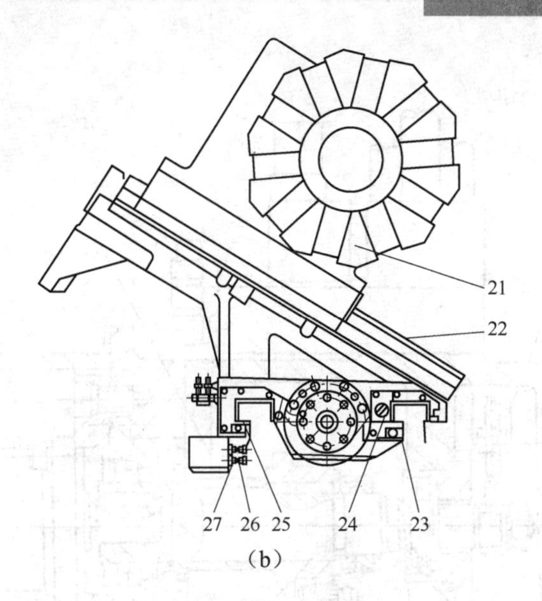

（b）

图 3-19 MJ-50 数控车床 X 向进给传动装置（续）

1—滑板；2、11—锁紧螺母；3—前支承；4—轴承座；5、8—缓冲挡块；6—滚珠丝杠；7—工作螺母；9—后支承；10、14—同步带轮副；12—同步带；13—键；15—交流伺服电动机；16—脉冲编码器；17、18、19、23、24、25—镶条；20—螺钉；21—刀架；22—导轨护板；26—限位开关；27—撞块

六、卧式回转刀架

MJ-50 数控车床采用卧式回转刀架。卧式回转刀架的回转轴与机床主轴平行，可在刀盘的径向和轴向安装刀具。径向刀具多用于外圆柱面及端面加工，轴向刀具多用于内孔加工。回转刀架的工位数最多可达 20 个，常用的有 8、10、12、14 四种工位。刀架回转及松开、夹紧的动力采用全电动、全液压、电动回转松开蝶形弹簧夹紧，电动回转液压松开、夹紧等。刀位计数采用光电编码器。回转刀架机械结构复杂，使用中故障率相对较高，因此在选用及使用维护中要给予足够重视。

图 3-20 所示为 MJ-50 数控车床的卧式回转刀架结构简图，其转位换刀过程为

1. *刀盘脱开*

刀盘脱开的过程：接收到数控系统的换刀指令—活塞 9 右腔进油—活塞推动推力球轴承 12 与刀架主轴 6 左移—动、静端面齿盘脱开，刀盘解除定位、夹紧。

2. *刀盘转位*

刀盘转位的过程：液压马达 2 起动—推动平板共轭分度凸轮—推动齿轮副 4、5—刀架主轴 6 连同刀盘旋转，刀盘转位。

3. *刀盘定位夹紧*

刀盘定位夹紧的过程：活塞 9 左腔进油—刀架主轴 6 右移—动、静端面齿盘啮合，实现

刀盘定位夹紧。

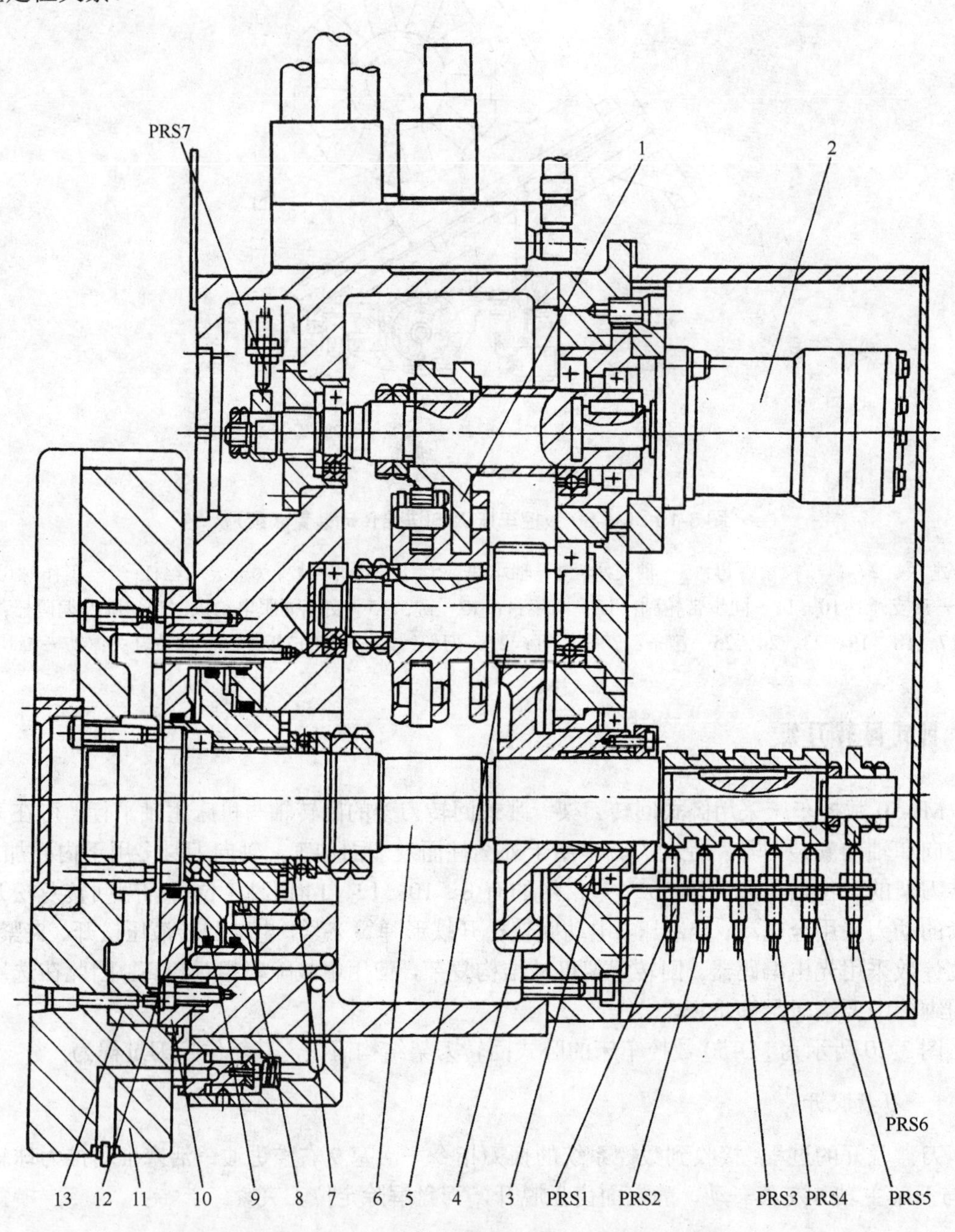

图 3-20　MJ-50 数控车床的卧式回转刀架结构简图

1—平板共轭分度凸轮；2—液压马达；3—锥环；4、5—齿轮副；6—刀架主轴；
7、12—推力球轴承；8—双列滚针轴承；9—活塞；10、13—动、静端面齿盘；11—刀盘

该回转刀架的夹紧与松开，刀盘的转位均由液压系统驱动、PLC 顺序控制来实现。安装刀具的刀盘 11 与刀架主轴 6 固定连接。当刀架主轴 6 带动刀盘旋转时，其上的静端面齿盘 13 和固定在刀架上的动端面齿盘 10 脱开，旋转到指定刀位后，刀盘的定位由端面齿盘的啮合来

完成。

活塞 9 支承在一对推力球轴承 7 和 12，以及双列滚针轴承 8 上，可带动刀架主轴移动。当接到换刀指令时，活塞 9 及刀架主轴 6 在压力油的推动下向左移动，使端面齿盘 13 与 10 脱开，液压马达 2 起动，并带动平板共轭分度凸轮 1 转动，经齿轮副 5 和 4 带动刀架主轴及刀盘旋转。刀盘旋转的准确位置，通过开关 PRS1、PRS2、PRS3、PRS4 的通断组合来检测确认。当刀盘旋转到指定的刀位后，开关 PRS7 通电，向数控系统发出信号，指令液压马达停转，这时压力油推动活塞 9 向右移动，使端面齿盘 10 和 13 啮合，刀盘被定位夹紧。开关 PRS6 确认夹紧并向数控系统发出信号，完成刀架的转位换刀循环。

七、平板共轭分度凸轮机构

在 MJ-50 数控车床的回转刀架装置中，采用了平板共轭分度凸轮机构，该机构将液压马达的连续回转运动转换成刀盘的分度运动。

图 3-21 所示为平板共轭分度凸轮的工作原理图。平板共轭分度凸轮副的主动件由轮廓形状完全相同的前后两片盘形凸轮 1 和 1′ 构成，且互相错开一定的相位角安装，在从动转盘 2 的两端面上，沿周向均布有几个滚子 3 和 3′。

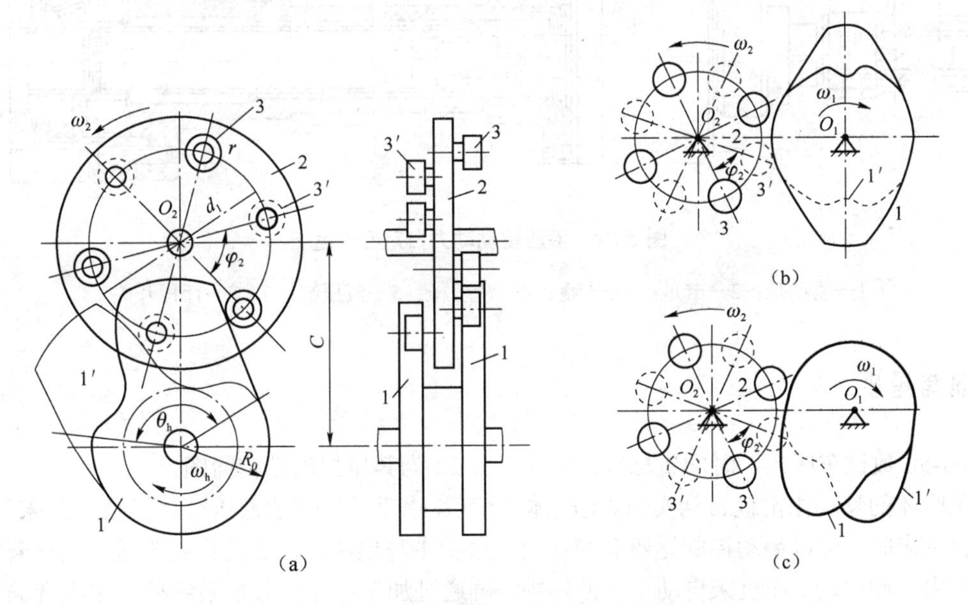

图 3-21 平板共轭分度凸轮结构简图

1、1′ —盘形凸轮；2—从动转盘；3、3′ —滚子

（a）结构简图；（b）单头半周式；（c）多头一周式

当凸轮旋转时，两凸轮廓线分别与相应的滚子接触，相继推动从动转盘分度转位，或抵住滚子起限位作用。当凸轮转到圆弧形轮廓时，从动转盘停止不动，由于两凸轮按要求同时控制从动转盘，使得凸轮与滚子间能保持良好的封闭性。可按要求设计好凸轮的形状，完成旋转机构的间歇运动。

平板共轭盘形分度凸轮机构主要有两种类型，即单头半周式和多头一周式。图 3-21（a）中为单头半周式，凸轮每转半周，从动转盘分度转位一次，每次转位时，从动转盘转过一个滚子中心角$\varphi 2$。在机床工作状态下，当指定了换刀的刀号后，数控系统可以通过内部的运算判断，实现刀盘就近转位换刀，即刀盘可正转也可反转。当手动操作机床时，从刀盘方向观察，只允许刀盘顺时针转动换刀。

八、自定心卡盘

为减少工件装夹辅助时间和减轻劳动强度，适应自动化和半自动加工的需要，数控车床多采用动力卡盘装夹工件，目前使用较多的是自定心液压或气动动力卡盘。图 3-22 所示为 MJ-50 数控车床上采用的一种液压驱动动力自定心卡盘，卡盘 3 用螺钉固定在主轴前端，液压缸 5 固定在主轴后端，用以改变液压缸左右腔的通油状态，活塞杆 4 带动卡盘内的驱动爪 1 驱动卡爪 2，夹紧或松开工件，并通过行程开关 6 和 7 发出相应信号。

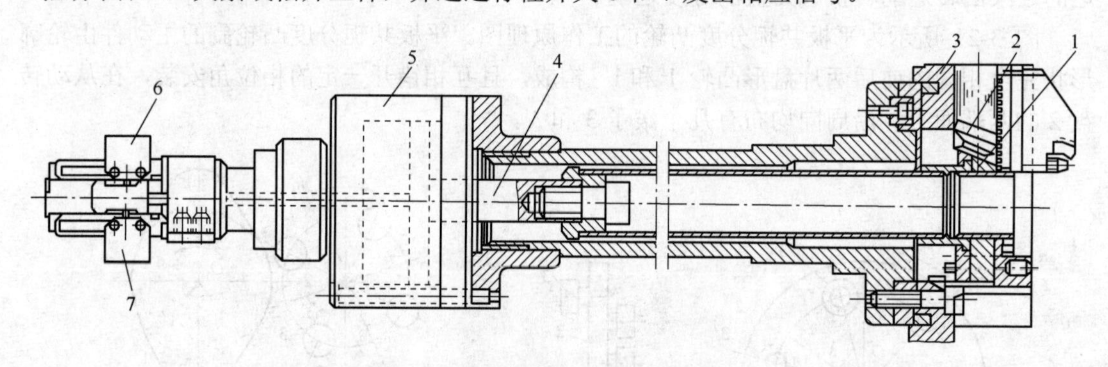

图 3-22　液压驱动动力自定心卡盘

1—驱动爪；2—卡爪；3—卡盘；4—活塞杆；5—液压缸；6、7—行程开关

九、机床尾座

MJ-50 数控车床出厂时配置标准尾座，图 3-23 为其尾架的结构简图。

尾座体的移动由滑板带动实现。尾座体移动后，由手动控制的液压缸将其锁紧在床身上。在调整机床时，可以手动控制尾座套筒移动。顶尖 1 与尾座套筒 2 用锥孔连接，尾座套筒可带动顶尖一起移动。在机床自动工作循环中，可通过加工程序由数控系统控制尾座套筒的移动。当数控系统发出尾座套筒伸出的指令后，液压电磁阀动作，压力油通过活塞杆 4 的内孔进入尾座套筒 2 液压缸的左腔，推动尾座套筒伸出。当数控系统命令其退回时，压力油进入尾座套筒液压缸的右腔，使尾座套筒退回。尾座套筒移动的行程，靠调整尾座套筒外部连接的行程杆 10 上面的移动挡块 6 来完成。图 3-23 中所示移动挡块的位置在右端极限位置时，尾座套筒的行程最长。当尾座套筒伸出到位时，行程杆上的移动挡块 6 压下行程开关 9，向数控系统发出尾座套筒到位信号。当尾座套筒退回时，行程杆上的固定挡块 7 压下行程开关 8，向数控系统发出尾座套筒退回的确认信号。

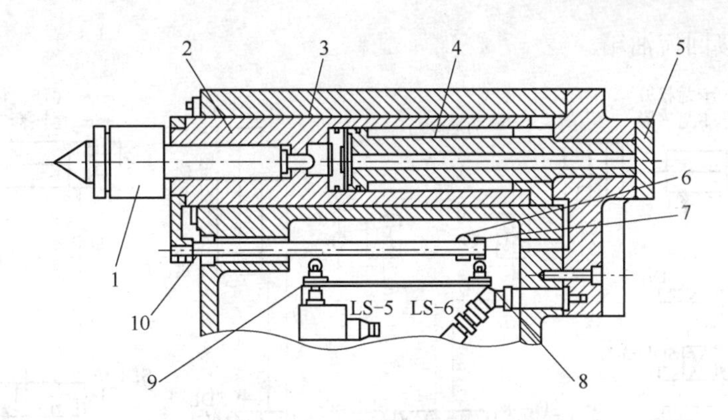

图 3-23　MJ-50 数控车床尾座的结构简图

1—顶尖；2—尾座套筒；3—支座；4—活塞杆；5—连接板；6—移动挡块；
7—固定挡块；8、9—行程开关；10—行程杆

十、MJ-50 数控车床液压传动系统及换刀控制

MJ-50 数控车床卡盘的夹紧与松开、卡盘夹紧力的高低压转换、回转刀架的松开与夹紧、刀架刀盘的正转与反转、尾座套筒的伸出与退回都是由液压系统驱动的，液压系统中各电磁阀电磁铁的动作是由数控系统中的 PLC 控制实现的。

1. *液压传动系统*

图 3-24 所示是 MJ-50 数控车床液压系统的原理图。液压系统采用单变量液压泵，系统压力调整至 4MPa，由压力表显示。液压泵出口的压力油经过单向阀进入控制油路。机床卡盘夹紧与松开、卡盘夹紧力的高低压转换、回转刀架的松开与夹紧。架刀盘的正转与反转、尾座套筒的伸出与退回动作都是由液压系统驱动的，数控系统 PLC 控制液压系统中各电磁阀电磁铁的动作。

主轴卡盘的控制过程如下。在图 3-24 中，二位四通电磁阀 1 控制主轴卡盘的夹紧与放松，电磁阀 2 控制卡盘的高压夹紧与低压夹紧的转换。

（1）卡盘正卡高压夹紧。当卡盘处于正卡（也称外卡）且在高压夹紧状态下时，高压夹紧力由减压阀 6 调整，由压力表 12 显示卡盘压力。系统压力油经减压阀 6→电磁阀 2（左位）→二位四通电磁阀 1（左位）→液压缸右腔→活塞杆左移→卡盘夹紧。这时液压缸左腔的油液经二位四通电磁阀 1（左位）直接回流油箱。

（2）卡盘正卡低压夹紧。当卡盘处于正卡（也称外卡）且在低压夹紧状态下时，低压夹紧力由减压阀 7 调整。系统压力油经减压阀 7→电磁阀 2（右位）→二位四通电磁阀 1（左位）→液压缸右腔→活塞杆左移→卡盘夹紧。这时液压缸左腔的油液仍经二位四通电磁阀 1（左位）直接回流油箱。

（3）卡盘正卡高压松开。系统压力油经减压阀 6→电磁阀 2（左位）→二位四通电磁阀 1（右位）→液压缸左腔→活塞杆右移→卡盘松开。这时液压缸右腔的油液经二位四通电磁

阀 1（右位）直接回流油箱。

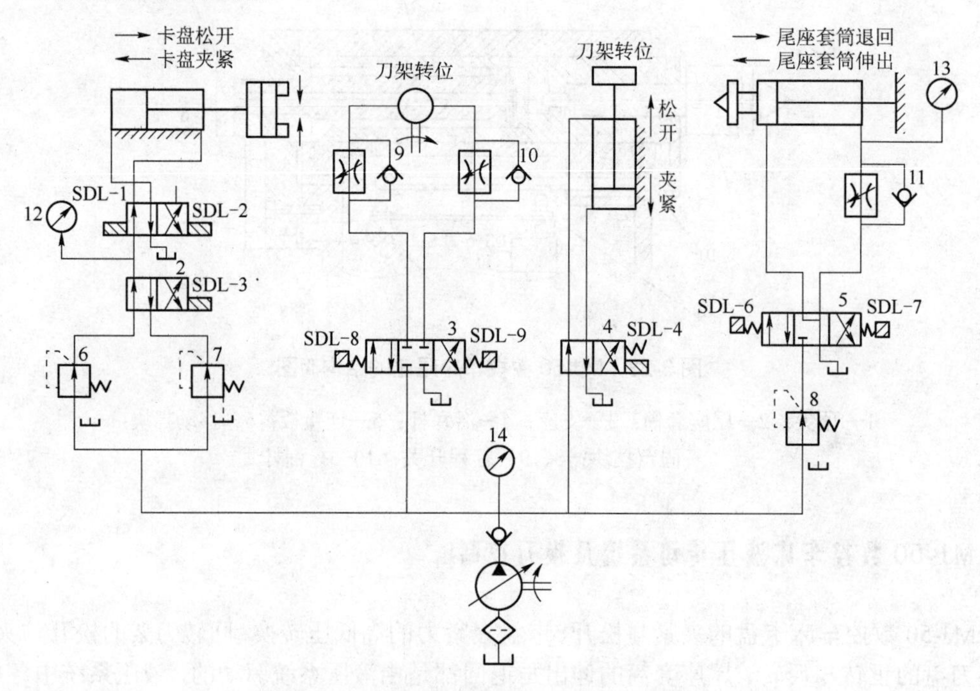

图 3-24　MJ-50 数控车床液压系统的原理图

（4）卡盘正卡低压松开。系统压力油经减压阀 7→电磁阀 2（右位）→二位四通电磁阀 1（右位）→液压缸左腔→活塞杆右移→卡盘夹紧。这时液压缸左腔的油液仍经二位四通电磁阀 1（右位）直接回流油箱。

卡盘的正卡高/低压夹紧过程即为卡盘的反卡（也称内卡）高/低压松开过程，卡盘的正卡高/低压松开过程即为卡盘的反卡高/低压夹紧过程。

2. 回转刀架转位换刀的控制

回转刀架的自动转位换刀是由 PLC 顺序控制实现的。在机床自动加工过程中，当完成一个工步需要换刀时，加工程序中的 T 代码指令回转刀架转位换刀。这时由 PLC 输出执行信号，首先使电磁铁线圈 SDL-4 得电动作，刀盘松开，同时刀盘的夹紧确认开关 PRS6 断电，并延时 200ms。之后根据 T 代码指定的刀具号，由液压马达驱动刀盘，就近转位选刀。若电磁铁线圈 SDL-8 得电，则刀架正转；若电磁铁线圈 SDL-9 得电，则刀架反转。刀架转位后是否到达 T 代码指定的刀具位置，由一组刀号确认开关 PRS1～PRS4 与奇偶校验开关 PRS5 确认。如果指令的刀具到位，开关 PRS7 通电，发出液压马达停转信号，使电磁铁线圈 SDL-8 和 SDL-9 失电，液压马达停转。同时，电磁铁线圈 SDL-4 失电，刀盘夹紧，即完成了回转刀架的一次转位换刀动作。这时，开关 PRS6 通电，确认刀盘已夹紧，机床可以进行下一个动作。回转刀架转位换刀的流程图如图 3-25 所示。

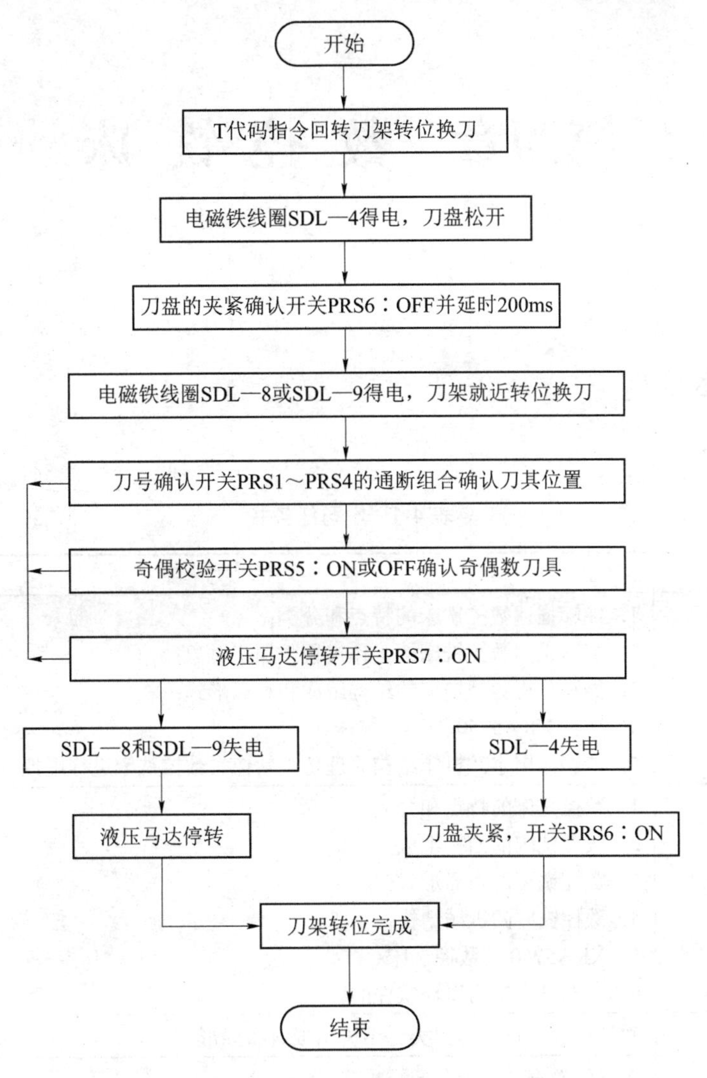

图 3-25 回转刀架转位换刀的流程图

第四章　数控铣床

学习任务书见表 4-1。

表 4-1　学习任务书

项目	说明
学习目标	1．能够描述数控铣床的特点和分类； 2．能够说明数控铣床的工作过程与加工对象； 3．能够分析数控铣床的结构组成和布局形式； 4．认识 XKA5750 型数控铣床； 5．能够应用宇龙机床结构原理仿真软件对数控铣床进行虚拟拆装
学习内容	1．数控铣床的特点和分类； 2．数控铣床的结构组成； 3．数控铣床的布局形式； 4．数控铣床的机械结构； 5．XKA5750 型数控铣床； 6．宇龙机床结构原理软件的应用
重点、难点	数控铣床的特点与分类、结构组成、布局形式
教学场所	多媒体教室、实训车间、机房
教学资源	教科书、课程标准、电子课件、数控铣床、宇龙机床结构原理仿真软件

第一节　概　　述

数控铣床是一种加工功能很强的数控机床，用途十分广泛，不仅可以加工各种平面、沟槽、螺旋槽、成形表面和孔，而且还能加工各种平面曲线和空间曲线等复杂型面，适合于各种模具、凸轮、板类及箱体类零件的加工。目前迅速发展起来的加工中心、柔性加工单元等都是在数控铣床、数控镗床的基础上产生的，两者都离不开铣削方式。由于数控铣削工艺最复杂，需要解决的技术问题也最多，因此，目前人们在研究和开发数控系统及自动编程语言的软件时，也一直把铣削加工作为重点。

一、数控铣床的组成

数控铣床与一般的数控机床一样，是由控制介质、输入装置、数控装置、驱动装置、检测装置、辅助控制装置和机床本体组成，如图 4-1 所示。

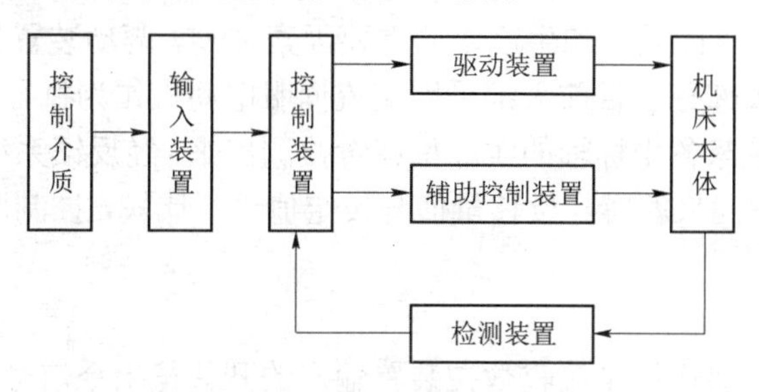

图 4-1 数控铣床方框

1）控制介质

数控铣床工作时，不是像传统的铣床那样由工人去操作，要对数控铣床进行控制，必须编制加工程序。加工程序上存储着加工零件所需的全部操作信息和刀具相对工件的位移信息等。加工程序可存储在控制介质（也称信息载体）上，常用的控制介质有穿孔带、磁带和磁盘等。信息是以代码的形式按规定的格式存储的。代码分别表示十进制的数字、字母或符号。

数控机床加工程序的编制简称数控编程。数控编程就是首先根据被加工零件图样要求的形状、尺寸、精度、材料及其他技术要求等，确定零件加工的工艺过程、工艺参数（包括加工顺序、切削用量和位移数据等），然后根据编程手册规定的代码和程序格式编写零件加工程序单的过程。对于较简单的零件，通常采用手工编程；对于形状复杂的零件，则要在专用的编程机或通用计算机上进行自动编程。

2）输入装置

输入装置的作用是将控制介质（信息载体）上的数控代码传递并存入数控系统内。根据控制介质的不同，输入装置可以是光电阅读机、磁带机或软盘驱动器等。数控加工程序也可通过键盘，用手工方式直接输入数控系统。数控加工程序还可由编程计算机用 RS-232C 或采用网络通信方式传送到数控系统中。

零件加工程序输入过程有两种不同的方式：一种是边读入边加工，另一种是一次将零件加工程序全部读入数控装置内部的存储器，加工时再从存储器中逐段调出进行加工。

3）数控装置

数控装置是数控铣床的中枢。在普通数控铣床中数控装置一般由输入装置、存储器、控制器、运算器和输出装置组成。数控装置从内部存储器中取出或接受输入装置送来的一段或几段数控加工程序，经过数控装置的逻辑电路或系统软件进行编译、运算和逻辑处理后，输出各种控制信息和指令，控制机床各部分的工作，使其进行规定的有序运动和动作。

零件的轮廓图形往往由直线、圆弧或其他非圆弧曲线组成，刀具在加工过程中必须按零件形状和尺寸的要求进行运动，即按图形轨迹移动。由于输入的零件加工程序只能是各线段轨迹的起点和终点坐标值等数据，不能满足要求，因此要进行轨迹插补，也就是在线段的起点和终点坐标值之间进行“数据点的密化”，求出一系列中间点的坐标值，并向相应坐标输出脉冲信号，控制各坐标轴（即进给运动各执行部件）的进给速度、进给方向和进给位移量等。

4）驱动装置和检测装置

驱动装置接受来自数控装置的指令信息，经功率放大后，严格按照指令信息的要求驱动机床的移动部件，以加工出符合图样要求的零件。因此，它的伺服精度和动态响应性能是影响数控铣床加工精度、表面质量和生产率的重要因素之一。驱动装置包括控制器（含功率放大器）和执行机构两大部分。目前大都采用交流伺服电动机作为执行机构。

检测装置将数控铣床各坐标轴的实际位移量检测出来，经反馈系统输入到机床的数控装置中。数控装置将反馈回来的实际位移量值与设定值进行比较，控制驱动装置按指令设定值运动。

5）辅助控制装置

辅助控制装置的主要作用是接收数控装置输出的开关量指令信号，经过编译、逻辑判别和运算，再经功率放大后驱动相应的电器，带动机床的机械、液压、气动等辅助装置完成指令规定的开关量动作。这些控制指令包括主轴运动部件的变速、换向和启停指令，刀具的选择和交换指令，冷却、润滑装置的启停，工件和机床部件的松开、夹紧，分度工作台转位分度等开关辅助动作。

由于 PLC 具有响应快、性能可靠、易于编程和修改程序并可直接驱动机床电气等特点，现已广泛用作数控铣床的辅助控制装置。

6）机床本体

机床主机是数控铣床的主体，包括床身、底座、立柱、横梁、滑座、工作台、主轴箱、进给机构、刀架等机械部件。它是在数控铣床上自动完成各种切削加工的机械部分。

数控铣床中的机床本体，在开始阶段使用通用机床，只是在自动变速、刀架或工作台自动转位和手柄等方面做些改变。实践证明，数控铣床除了由于切削用量大、连续加工发热量多等影响工件精度外，还由于是自动控制，在加工中不能像在通用机床上那样可以随时由人工进行干预，因此其设计要求比通用机床更严格，制造要求更精密。在数控铣床设计时，采用了许多新的加强刚性、减小热变形、提高精度等方面的措施，使得数控铣床的外部造型、整体布局、传动系统及刀具系统等方面都发生了很大的变化。

数控铣床主体的主要结构特点如下。

（1）采用具有高刚度、高抗振性及较小热变形的机床新结构。通常用提高结构系统的静刚度、增加阻尼、调整结构件质量和固有频率等方法来提高机床主体的刚度和抗振性，使机床主体能适应数控铣床连续自动地进行切削加工的需要。采取改善机床结构布局、减少发热、控制温升及采用热位移补偿等措施，可减少热变形对机床主体的影响。

（2）现代数控铣床广泛采用高性能的主轴伺服驱动和进给伺服驱动装置，使数控铣床的传动链缩短，可简化机床机械传动系统的结构。

（3）采用高传动效率、高精度、无间隙的传动装置和传动元件，如滚珠丝杠螺母副、塑料滑动导轨、直线滚动导轨、静压导轨等传动元件。

（4）另外，数控铣床还应包括辅助装置。辅助装置作为数控铣床的配套部件，是保证充分发挥数控铣床功能所必需的。常用的辅助装置包括气动、液压装置，排屑装置，冷却、润滑装置，回转工作台和数控分度头，防护、照明等各种辅助装置。

气动、液压装置是应用气动、液压系统，使机床完成自动换刀所需的动作，实现运动部件的制动和滑移齿轮变速移动，完成工作台的自动夹紧、松开，工件、刀具定位表面的自动吹屑等辅助功能的装置。

排屑装置的作用是将切屑从加工区域排出。排屑装置可以迅速有效地排除切屑是保证数控铣床高效率自动进行切削加工的一种必备的辅助装置。

回转工作台和数控分度头能按照数控装置发出的指令信号做连续的回转进给运动或回转分度运动，是加工中心、数控铣床中常用的辅助装置。

二、数控铣床的工作过程

数控铣床工作前，要预先根据被加工零件的要求，确定零件加工工艺过程、工艺参数，并按一定的规则形成数控系统能理解的数控加工程序，即将被加工零件的几何信息和工艺信息数字化，按规定的代码和格式编制成数控加工程序；然后用适当的方式将此加工程序输入到数控铣床的数控装置中。此时，即可启动机床运行数控加工程序。在运行数控加工程序的过程中，数控装置会根据数控加工程序的内容，发出各种控制命令，如起动主轴电动机、打开冷却液，并进行刀具轨迹计算，同时向特殊的执行单元发出数字位移脉冲并进行进给速度控制，正常情况下可直到程序运行结束，零件加工完毕为止。具体而言，数控铣床的工作过程，即加工零件的过程，如图 4-2 所示。其主要步骤如下：

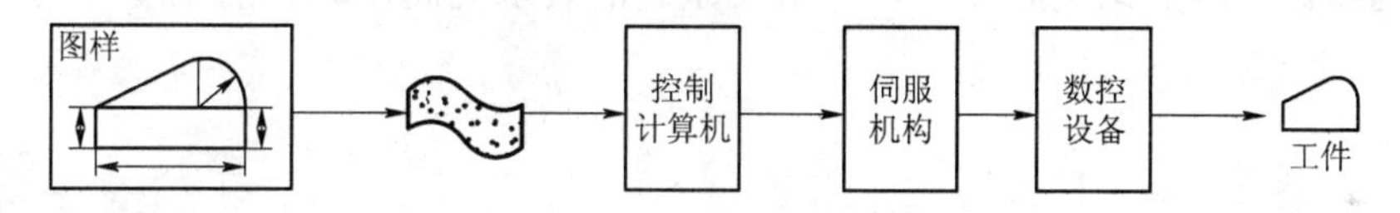

图 4-2　数控铣床加工过程

（1）根据被加工零件图中所规定的零件形状、尺寸、材料及技术要求等，制定工件加工的工艺过程，刀具相对工件的运动轨迹、切削参数及辅助动作顺序等，进行零件加工的程序设计。

（2）用规定的代码和程序格式编写零件加工程序单。

（3）按照加工程序单上的代码制作控制介质。

（4）通过输入装置把加工程序输入给数控装置。

（5）起动机床后，数控装置根据输入的信息进行一系列的运算和控制处理，将结果以脉冲形式送往机床的伺服系统（如步进电动机、直流伺服电动机、电液脉冲电动机等）。

（6）伺服系统驱动机床的运动部件，使机床按程序预定的轨迹运动，从而加工出合格的零件。

第二节　数控铣床的分类和应用

数控铣床是一种功能很强的数控机床，它加工范围广、工艺复杂、涉及的技术问题多。

一、数控铣床的分类

1．按主轴的布局形式分类

1）立式数控铣床

立式数控铣床的主轴和工作台垂直，主要用于加工水平面内的型面。一般规格较小的升降台数控铣床，其工作台宽度多在 400mm 以下，采用工作台移动、升降，主轴不动的方式，与普通立式升降台铣床差不多。中型立式数控铣床一般采用纵向和横向工作台移动方式，主轴沿垂向溜板上下运动。规格较大的数控铣床，如工作台宽度在 500mm 以上，往往采用龙门架移动式，这主要是考虑了扩大行程、缩小占地面积及刚性等技术问题的缘故。其主轴可以在龙门架的横向和垂向溜板上运动，而龙门架则沿床身做纵向运动，该类数控铣床的功能已逐渐向加工中心靠近，进而演变成柔性加工单元。

立式数控铣床多为三坐标联动机床，即可以同时控制三个坐标轴运动，如图 4-3 所示。有一些立式数控铣床只能同时控制三个坐标中的两个坐标联动，第三个坐标轴只能沿一个方向做等距离的周期移动，这种立式数控铣床称为两轴半控制铣床。此外，还有机床主轴可以绕 *X*、*Y*、*Z* 坐标轴中的其中一个或两个轴做数控摆角运动的四坐标和五坐标立式数控铣床。一般情况下，数控铣床上控制的坐标轴越多，机床的功能、加工范围及可选择的加工对象也越多，机床的结构越复杂，对数控系统的要求更高，编程的难度更大，设备价格也更高。

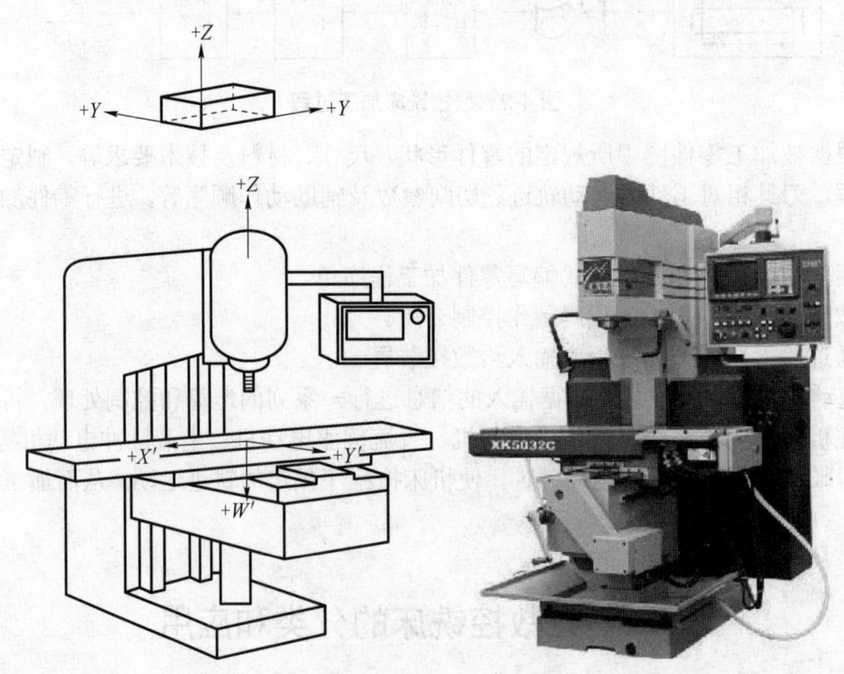

图 4-3　立式数控铣床

立式数控铣床在布局上也可以附加数控转盘。转盘水平时，可增加一个 C 轴；垂直放置时，可增加一个 A 轴或 B 轴；如果是万能数控转盘，则可以一次增加两个转动轴。

为了提高生产率，一般采用数控自动交换工作台，以减少零件装卸的生产准备时间或增加主轴数量，还可以增加靠模装置，以扩大加工范围，或采用气动或液压夹具来实现自动化装夹，以提高生产率。

立式数控铣床一般适用于加工平面凸轮、样板、形状复杂的平面或立体零件，以及模具的内型腔、外型腔等。

2. 卧式数控铣床

卧式数控铣床的主轴轴线平行于水平面，为了扩大加工范围、扩充功能，常采用增加数控转盘或万能数控转盘来实现四、五坐标加工，可以省去很多专用夹具或专用角度成形铣刀，适合加工箱体类零件及在一次安装中改变工位的零件，如图 4-4 所示。

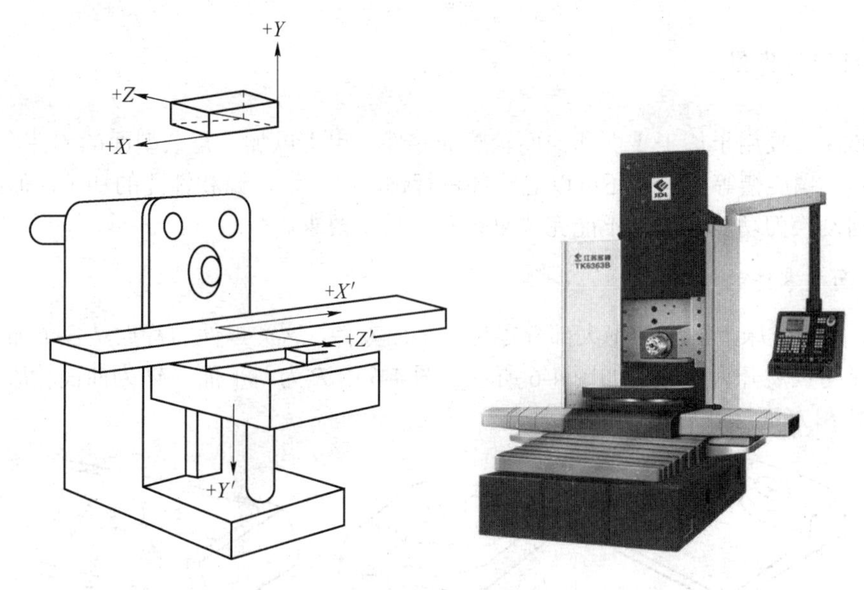

图 4-4 卧式数控铣床

3. 立卧两用式数控铣床

立卧两用式数控铣床的主轴方向可以更换或作 90° 旋转，在一台机床上既能进行立式加工，又能进行卧式加工，如图 4-5 所示。主轴方向的更换方法有手动和自动两种，可以配上数控万能主轴头，主轴头可以任意转换方向，柔性极好。该类铣床适合加工复杂的箱体类零件。

另外，数控铣床如果按照体积来分可以分为小型数控铣床、中型数控铣床和大型数控铣床。如果按控制坐标的联动轴数分可分为两轴半控制数控铣床、三轴控制数控铣床和多轴控制数控铣床。

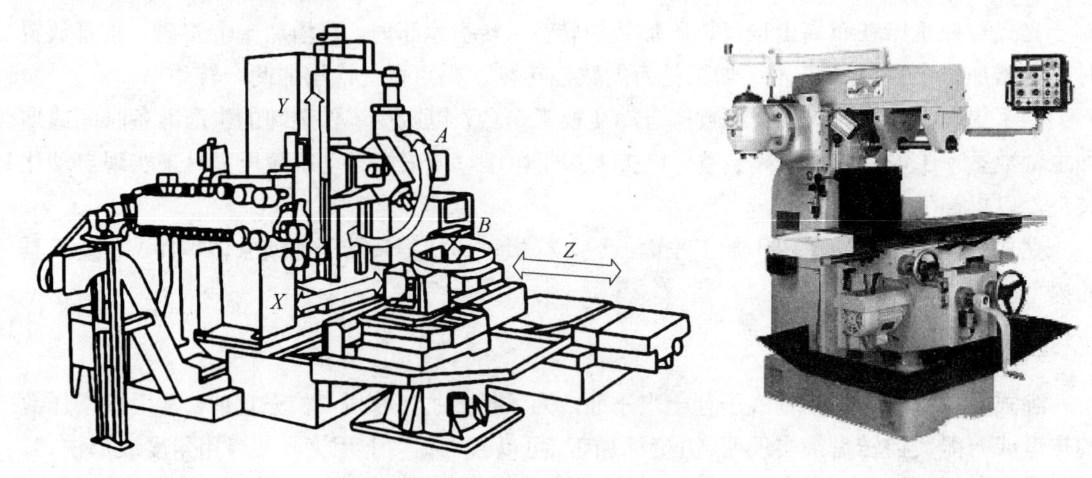

图 4-5　立卧两用式数控铣床

二、数控铣床的应用

数控铣床主要用于加工平面和曲面轮廓的零件，也可以加工复杂型面的零件，如凸轮、样板、模具、螺旋槽等，同时还可以对零件进行钻、扩、铰、锪和镗孔的加工，但因数控铣床不具备自动换刀功能，所以不能完成复杂孔的加工要求。

1. 平面类零件的加工

目前，数控铣床上加工的绝大部分零件是平面零件，这类零件的特点是各个加工表面是平面或者是可以展开为平面，如图 4-6 所示。图 4-6 中 *P* 为斜平面，*M* 为曲面轮廓，*N* 为正圆台面，*M* 和 *N* 面展开后也是平面。

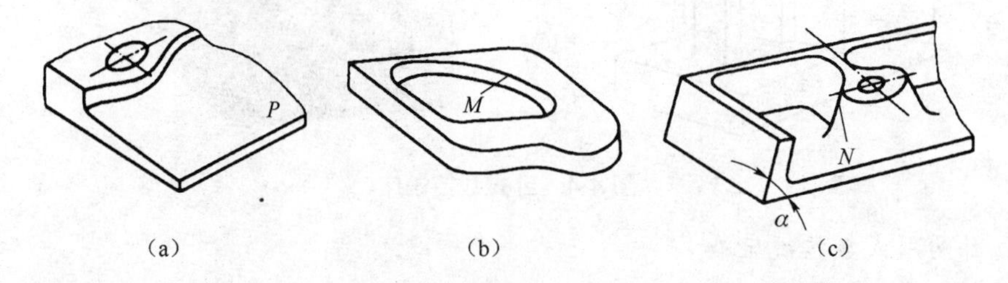

图 4-6　平面类零件

平面类零件的加工，可以在三坐标数控铣床上，用两轴坐标联动来完成。其中斜平面加工可分别采用以下方法。

（1）加工面与水平面成定角的斜平面。

① 将斜平面垫平后加工，如图 4-6（a）所示的 *P* 平面。

② 将主轴转过适当定角后加工。

③ 采用专用角度成形铣刀加工，如图 4-6（c）所示的 *N* 平面。

（2）加工面与水平面夹角连续变化的斜平面（变斜角）可利用数控铣床的摆角加工功能进行加工。

2. 曲面零件的加工

加工面为空间曲面的零件称为曲面零件。这类零件的特点是其加工面不仅不能展开为平面，而且它的加工面与铣刀始终是点接触。在加工中常用球铣刀进行加工，常用的加工方法如下。

（1）在三坐标数控铣床上，用两轴半坐标联动加工曲面，如图 4-7 所示。这种加工方法用于较简单的曲面零件加工。

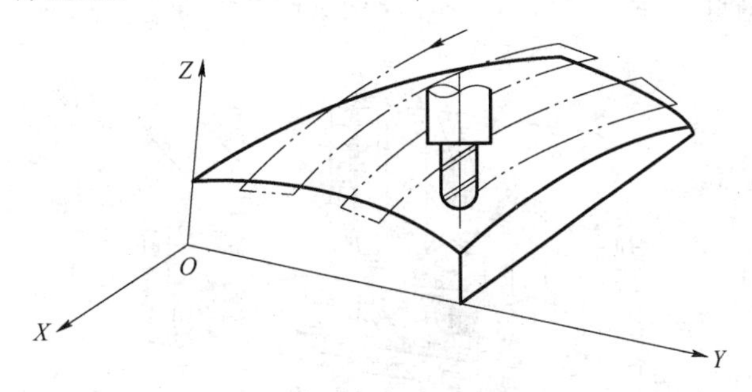

图 4-7　两轴半坐标联动加工曲面

（2）在三坐标或多坐标数控铣床上，用三轴坐标联动或多轴坐标联动加工曲面。这种加工方法适用于发动机、模具、螺旋桨等复杂曲面零件的加工。

由此可见，平面类零件结构简单，工艺简单，厚度不大，根据课上所学知识判定可以用普通三轴联动立式数控铣床就可以进行加工。

第三节　数控铣床的组成与布局形式

数控铣床是机械和电子技术相结合的产物，它的机械结构随着电子控制技术在铣床上的应用，以及对铣床性能提出的技术要求，而逐步发展变化。

一、数控铣床的组成

数控铣床主要由以下几个部分组成。

（1）主传动系统。它包括动力源、传动件及主运动执行件（主轴）等，其功用是将驱动装置的运动及动力传给执行件，以实现主切削运动。

（2）进给传动系统。它包括动力源、传动件及进给运动执行件（工作台、刀架）等，其功用是将伺服驱动装置的运动与动力传给执行件，以实现进给切削运动。

（3）基础支承件。它是指床身、立柱、导轨、滑座、工作台等，用于支承机床的各主要部件，并使它们在静止或运动中保持相对正确的位置。

（4）辅助装置。辅助装置视数控铣床的不同而异，如自动换刀系统、液压气动系统、润滑冷却装置等。

图 4-8 所示为 XK5040A 型数控铣床的外形。床身 6 固定在底座 1 上，用于安装与支承机床各部件；操纵台 10 上有显示器、机床操作按钮和各种开关及指示灯；纵向工作台 16、横向溜板 12 安装在升降台 15 上，通过纵向进给伺服电动机 13、横向进给伺服电动机 14 和垂直升降进给伺服电动机 4 的驱动，完成 *X*、*Y*、*Z* 坐标进给；强电柜 2 中装有机床电气部分的接触器、继电器等；变压器箱 3 安装在床身立柱的后面；数控柜 7 内装有机床数控系统；保护开关 8、11 可控制纵向行程限位；挡铁 9 为纵向参考点设定挡铁；主轴变速手柄和按钮板 5 用于手动调整主轴的正转、反转、停止及切削液开停等。

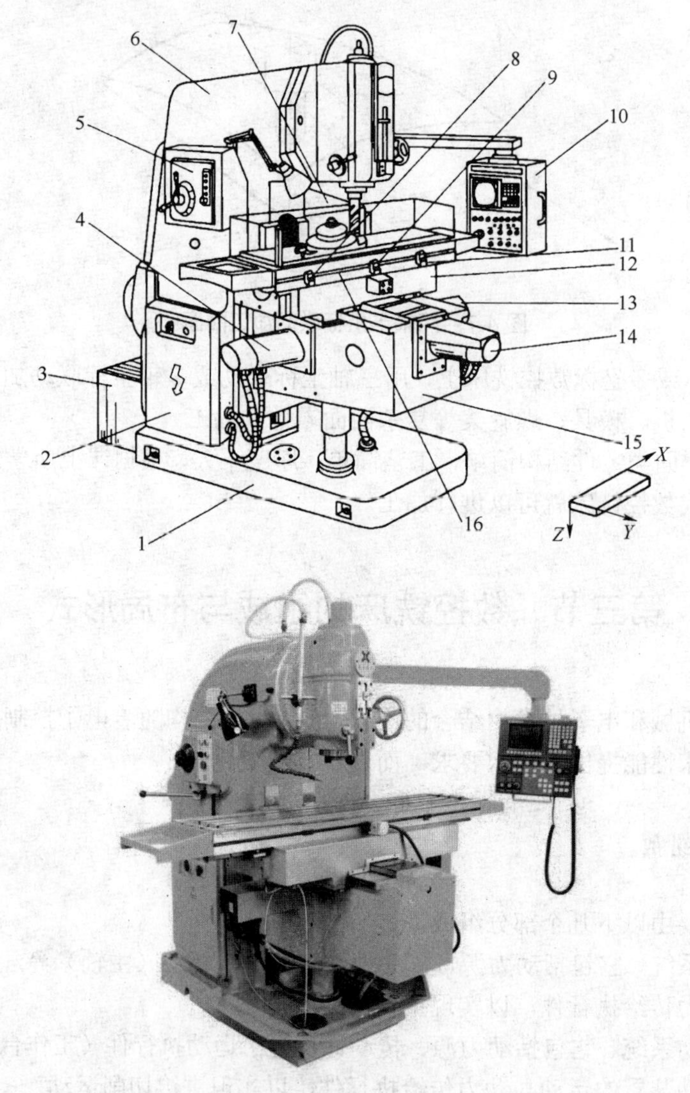

图 4-8　XK5040A 型数控铣床的外形

1—底座；2—强电柜；3—变压器箱；4—垂直升降进给伺服电动机；
5—主轴变速手柄和按钮板；6—床身；7—数控柜；8、11—保护开关；9—挡铁；10—操纵台；
12—横向溜板；13—纵向进给伺服电动机；14—横向进给伺服电动机；15—升降台；16—纵向工作台

二、数控铣床的布局形式

1. 卧式数控铣床的布局形式

卧式数控铣床的布局形式种类较多，其主要区别在于立柱的结构形式和 *X*、*Z* 坐标轴的移动方式（*Y* 轴移动方式无区别）。常用的立柱有单立柱和框架结构双立柱两种形式，如图 4-9（a）、（b）所示；*Z* 坐标轴的移动方式有两种，即工作台移动式，如图 4-9（a）、（b）所示；立柱移动式，如图 4-9（c）所示。以上基本形式通过不同组合，可以派生其他多种变形，如 *X*、*Z* 两轴都采用立柱移动式，工作台完全固定的结构形式；或 *X* 轴为立柱移动、*Z* 轴为工作台移动的结构形式等。

在图 4-9 所示的三种中、小规格卧式数控镗铣床常见的布局形式中，图 4-9（a）所示的结构形式和传统的卧式镗床相同，多见于早期的数控机床或数控化改造的机床；图 4-9（b）所示结构采用了框架结构双立柱、*Z* 轴工作台移动式布局，是中、小规格卧式数控机床常用的结构形式；图 4-9（c）所示结构采用 T 形床身、框架结构双立柱、立柱移动式（*Z* 轴）布局，是卧式数控铣床的典型结构。

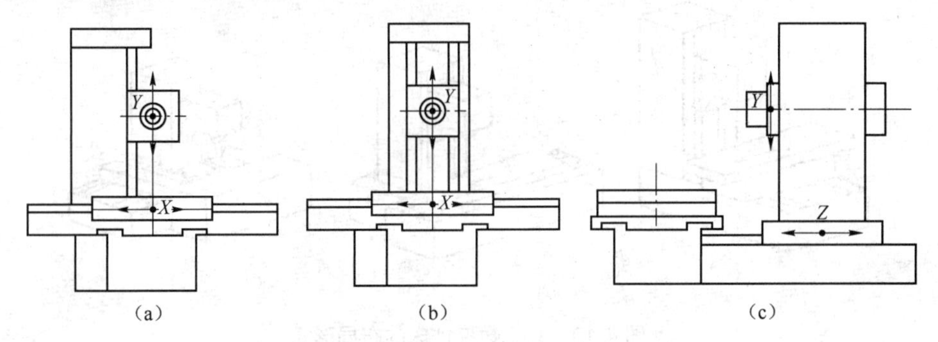

图 4-9 卧式数控铣床常见的布局形式

框架结构双立柱采用了对称结构，主轴箱在两立柱中间上、下运动，与传统的主轴箱侧挂式结构相比，大大提高了结构刚度。另外，主轴箱是从左、右两导轨的内侧进行定位，热变形产生的主轴中心变位被限制在垂直方向上，因此，可以通过对 *Y* 轴的补偿，减小热变形的影响。

T 形床身布局可以使工作台沿床身做 *X* 向移动时，在全行程范围内，工作台和工件完全支承在床身上，因此，机床刚性好，工作台承载能力强，加工精度容易得到保证。这种结构可以很方便地增加 *X* 轴行程，便于机床品种的系列化、零部件的通用化和标准化。

立柱移动式结构的优点：首先，这种形式减少了机床的结构层次，使床身上只有回转工作台和工作台，共三层结构，它比传统的四层十字工作台，更容易保证大件结构刚性；同时降低了工件的装卸高度，提高了操作性能。其次，*Z* 轴的移动在后床身上进行，进给力与轴向切削力在同一平面内，承受的扭曲力小，镗孔和铣削精度高。此外，由于 *Z* 轴导轨的承重是固定不变的，不随工件质量的改变而改变，因此有利于提高 *Z* 轴的定位精度和精度的稳定性。但是，由于 *Z* 轴承载较重，对提高 *Z* 轴的快速性不利，这是其不足之处。

2. 立式数控铣床的常用布局形式

立式数控铣床是数控铣床中数量最多的一种，应用范围也最为广泛。小型数控铣床一般都采用工作台移动、升降及主轴转动方式，与普通立式升降台铣床结构相似；中型立式数控铣床一般采用纵向和横向工作台移动方式，且主轴沿垂直溜板上下运动；大型立式数控铣床，因要考虑到扩大行程、缩小占地面积及刚性等技术问题，往往采用龙门架移动式，其主轴可以在龙门架的横向与垂直溜板上运动，而龙门架则沿床身做纵向运动。

从机床数控系统控制的坐标数量来看，目前三坐标立式数控铣床仍占大多数。一般可进行三坐标联动加工，但也有部分机床只能进行三坐标中的任意两个坐标联动加工（常称为两个半坐标加工）。此外，还有机床主轴可以绕 X、Y、Z 坐标轴中其中一个或两个轴做数控摆角运动的四坐标和五坐标立式数控铣床。一般来说，机床控制的坐标轴越多，特别是要求联动的坐标轴越多，机床的功能、加工范围及可选择的加工对象也越多。但随之而来的是机床的结构更复杂，对数控系统的要求更高，编程的难度更大，设备的价格也更高。图 4-10 所示是立式数控铣床常见的三种布局形式。由溜板和工作台来实现平面上 X、Y 两个坐标轴的移动，主轴箱沿立柱导轨上下实现 Z 坐标移动。

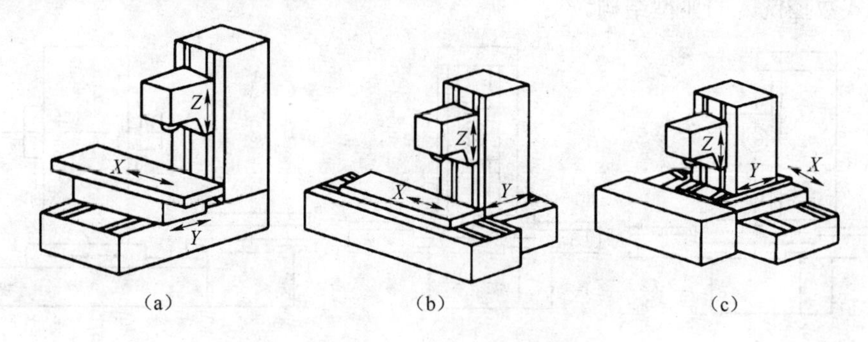

图 4-10　立式数控铣床的布局形式

3. 高速数控铣床的布局形式

高速加工是提高机床加工效率最有效的方法之一。近年来，高速加工铣床已成为机床制造业的主要发展方向，高速加工铣床的性能，已成为衡量机床制造厂家产品性能水平的主要标志之一。

高速加工铣床需要同时满足高移动速度，高加速度、高主轴转速及高精度加工的要求，在结构布局上需要集高速、高精度和高刚度于一体。在机床总体布局上必须考虑到高速加工铣床的特殊性。

图 4-11 所示是两种高速加工铣床的布局形式。图 4-11（a）是立式数控铣床采用固定门式立柱的布局形式，图 4-11（b）是卧式数控铣床采用“内外双框架”即“箱中箱”（box in box）结构的布局形式。

这两种布局形式在总体上的共同特点：运动部件质量轻，结构刚性好。机床进给系统的结构全部或部分移出工作台外，以最大限度减轻移动部件的质量和惯量。这些是高速加工机床结构布局设计的总原则。

图 4-11（a）所示的立式数控铣床采用了固定门式立柱的布局形式，但它已脱离传统的门式结构仅仅为了满足大行程或重型加工需要的理念，目的是为了提高机床的整体刚性和快速性以满足高速加工的要求。它通过在上面架设 *X* 轴导轨，利用滑座实现 *X* 轴移动，降低了运动部件的质量，而且运动部件的质量和加工工件的质量无关。机床的 *Y* 轴采用上置式结构，虽然滑座仍为两层，但与传统的立柱移动式布局相比，移动部件中已经去除了立柱本身的质量，达到了减重的目的。

图 4-11（b）所示的卧式布局高速数控铣床，采用了“内外双框架”即“箱中箱”结构。外框架固定，上设 *X* 轴导轨，通过内框的移动实现 *X* 轴的运动；*Z* 轴的运动通过安装在主轴箱内的滑枕实现。与传统的立柱移动式布局比较，这两轴在移动部件中都去除了立柱本身的质量，质量不到原来的 1/3，而且 *X* 轴上、下均有导轨支承，彻底改变了传统立柱悬臂式弯曲的状况，提高了整体刚度。另外，*X*、*Y* 轴的对称布局形式，也提高了机床的热稳定性，使机床的加工精度得到了提高。

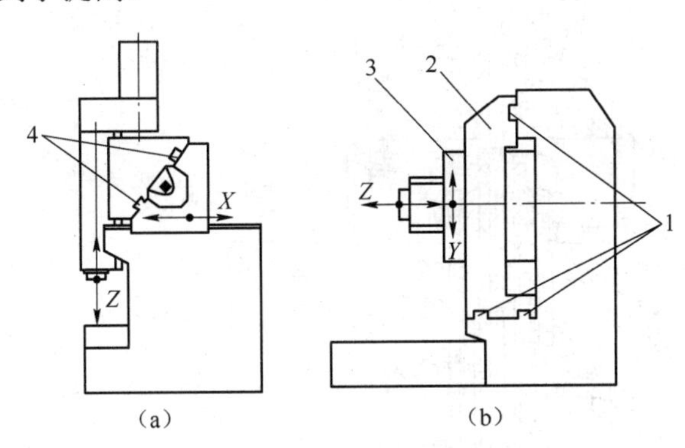

图 4-11 高速铣工铣床的布局

（a）固定门式立柱；（b）“内外双框架”

1—轴导轨；2—内框；3—主轴箱；4—*Y* 轴导轨

第四节 数控铣床的主轴结构

一、刀具自动装卸及切屑清除装置

主轴组件除具有较高的精度和刚度外，还带有刀具自动装卸装置和主轴孔内的切屑清除装置，如图 4-12 所示。

主轴前端有 7∶24 的锥孔，用于装夹锥柄刀具。端面键 13 既可定位刀具，又可传递转矩。为了实现刀具的自动装卸，主轴内设有刀具自动夹紧装置。从图 4-12 中可以看出，该机床是由拉紧机构拉紧锥柄刀夹尾端的轴颈来实现刀夹的定位及夹紧的。夹紧刀夹时，液压缸上腔接通回油，弹簧 11 推活塞 6 上移，使其处于图示位置，拉杆 4 在蝶形弹簧 5 的作用下向上移动。由于此时装在拉杆前端径向孔中的四个钢球 12 进入主轴孔中直径较小的 d_2 处如图 4-12（b）所示，被迫径向收拢而卡进拉钉 2 的环形凹槽内，因此刀杆被拉杆拉紧，依靠摩擦力紧固在主轴上。换刀前需将刀夹松开时，压力油进入液压缸上腔，活塞 6 推动拉杆 4 向下移动，蝶形弹簧 5 被压缩；当钢球 12 随拉杆一起下移至进入主轴孔中直径较大的 d_1 处时，它将不再约束拉钉的头部，拉杆前端内孔的台肩端面碰到拉钉，把刀夹顶松。此时行程开关 10 发出信号，换刀机械手随即将刀具取下。与此同时，压缩空气由管接头 9 经活塞和拉杆的中心通孔吹入主轴装刀孔内，把切屑或脏物清除干净，以保证刀具的装夹精度。机械手把新刀装上主轴后，液压缸 7 接通回油，蝶形弹簧又拉紧刀夹。刀夹拉紧后，行程开关 8 发出信号。

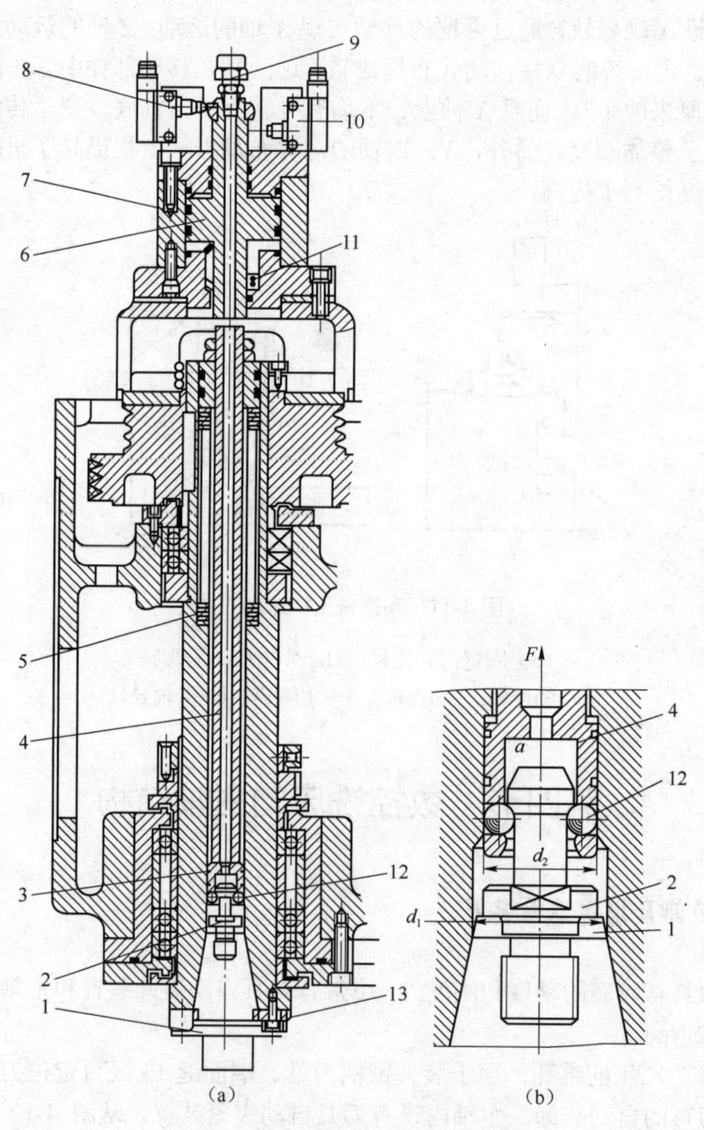

图 4-12　数控铣床的主轴部件

1—刀架；2—拉钉；3—主轴；4—拉杆；5—蝶形弹簧；6—活塞；7—液压缸；8、10—行程开关；9—管接头；11—弹簧；12—钢球；13—端面键自动清除主轴孔中的切屑和尘埃是换刀操作中的一个不容忽视的问题。如果在主轴锥孔中掉进了切屑或其他污物，在拉紧刀杆时，主轴锥孔表面和刀杆的锥柄就会被划伤，使刀杆发生偏斜，破坏刀具的正确定位，影响加工零件的精度，甚至使零件报废。为了保证主轴锥孔的清洁，常用压缩空气吹屑。图 4-12（a）中活塞 6 的芯部钻有压缩空气通道，当活塞向下移动时，压缩空气经拉杆 4 吹出，将锥孔清理干净。喷气小孔设计有合理的喷射角度，并均匀分布，以提高吹屑效果。

二、主轴准停装置

在数控镗床、数控铣床及镗铣为主的加工中心上，由于需要进行自动换刀，要求主轴每次停在一个固定的准确位置上，以保证换刀时主轴上的端面键能对准刀夹上的键槽，同时使每次装刀时刀夹与主轴的相对位置不变，提高刀具的重复安装精度，提高孔加工时孔径的一致性。准停装置分机械式和电气式两种。机械式准停装置比较准确可靠，但结构较复杂。

1. 机械式准停控制

机械式准停控制如图 4-13 所示，带有 V 形槽的定位盘与主轴端面保持一定的位置关系，以确定定位位置。当指令为准停控制 M19 时，首先使主轴减速至可以设定的低速转动，当检测到无触点开关有效信号后，立即使主轴电动机停转，此时主轴电动机与主轴传动件依靠惯性继续空转，同时准停液压缸定位销伸出，并压向定位盘。当定位盘 V 形槽与定位销正对时，由于准停液压缸的压力，定位销插入 V 形槽中，LS_2 准停到位信号有效，表明准停动作完成。这里 LS_1 为准停释放信号。采用这种准停方式，必须有一定的逻辑互锁，即当 LS_2 有效时，才能进行换刀等动作。只有当 LS_1 有效时，才能起动主轴电动机正常运转。上述准停功能通常由数控系统的 PLC 完成。

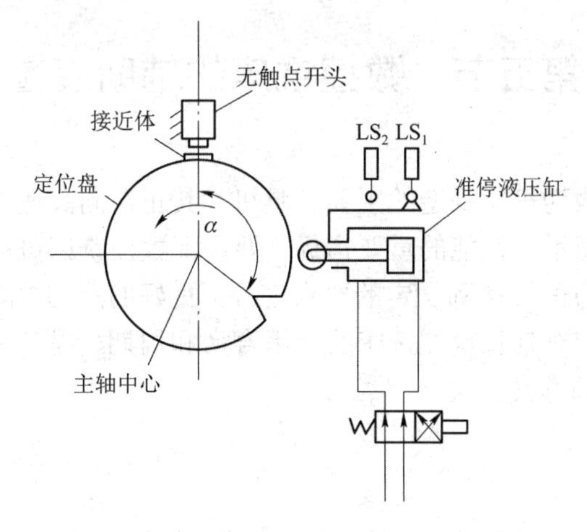

图 4-13　机械式准停控制

机械准停还有其他方式，如端面螺旋凸轮准停等，但它们的基本原理是一样的。

2. 电气式准停控制

现代的数控铣床一般都采用电气式准停装置，利用磁力传感器检测定向。只要数控系统发出指令信号，主轴就可以准确地定向。其装置结构如图 4-14 所示。

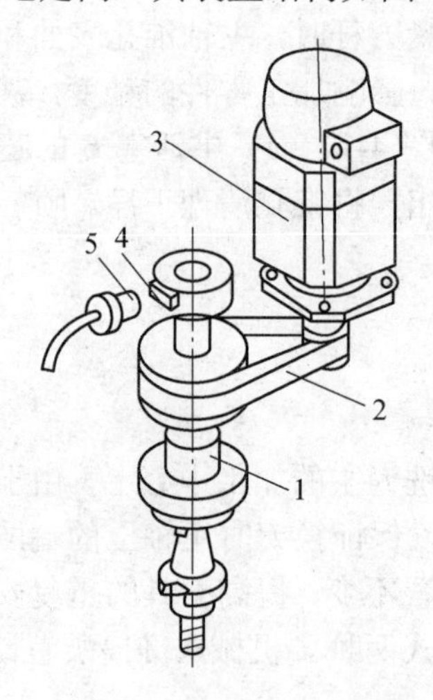

图 4-14 电气式准停控制

1—主轴；2—同步带；3—主轴电动机；4—永久磁铁；5—磁传感器

在主轴上安装的永久磁铁 4 与主轴一起旋转，在距离永久磁铁 4 旋转轨迹外 1～2mm 处固定有一个磁传感器 5，当铣床主轴需要停车换刀时，数控装置发出主轴停转的指令，主轴电动机 3 立即降速，使主轴以很低的转速回转，当永久磁铁 4 对准磁传感器 5 时，磁传感器发出准停信号，此信号经放大后，通过定向电路使电动机准确地停止在规定的周向位置上。这种准停装置结构简单，发磁体与磁传感器间没有接触摩擦，准停的定位精度可达±1°，能满足一般换刀要求，而且定向时间短，可靠性较高。

第五节 数控铣床的辅助装置

目前，数控铣床已成为机械制造的主要工具机，其正在向高速度、大功率、高精度的方向发展，可靠性已成为衡量其性能的重要指标。要保证数控铣床可靠、稳定地工作，除了在机械结构和数控系统等方面要达到一定的要求之外，良好的冷却、润滑、温控和排屑装置也是不可忽视的部分，它们对延长数控铣床的使用寿命和周期、提高切削加工效率、保证数控铣床正常运行具有重要的意义。

一、数控回转工作台

数控铣床是一种高效率的加工设备，当零件装夹在工作台上以后，为了尽可能完成较多工艺内容，除了要求机床有沿 X、Y、Z 三个坐标轴的直线运动之外，还要求工作台在圆周方向有进给运动和分度运动。这些运动通常用回转工作台实现。

数控回转工作台的主要功能有两个：一是实现工作台的进给分度运动，即在非切削时，装有工件的工作台在整个圆周（360°范围内）进行分度旋转；二是实现工作台圆周方向的进给运动，即在进行切削时，与 X、Y、Z 三个坐标轴进行联动，加工复杂的曲面零件。

图 4-15 给出了 JCS-013 型卧式数控铣床的数控回转工作台。该数控回转工作台由传动系统、间隙消除装置及蜗轮夹紧装置等组成。

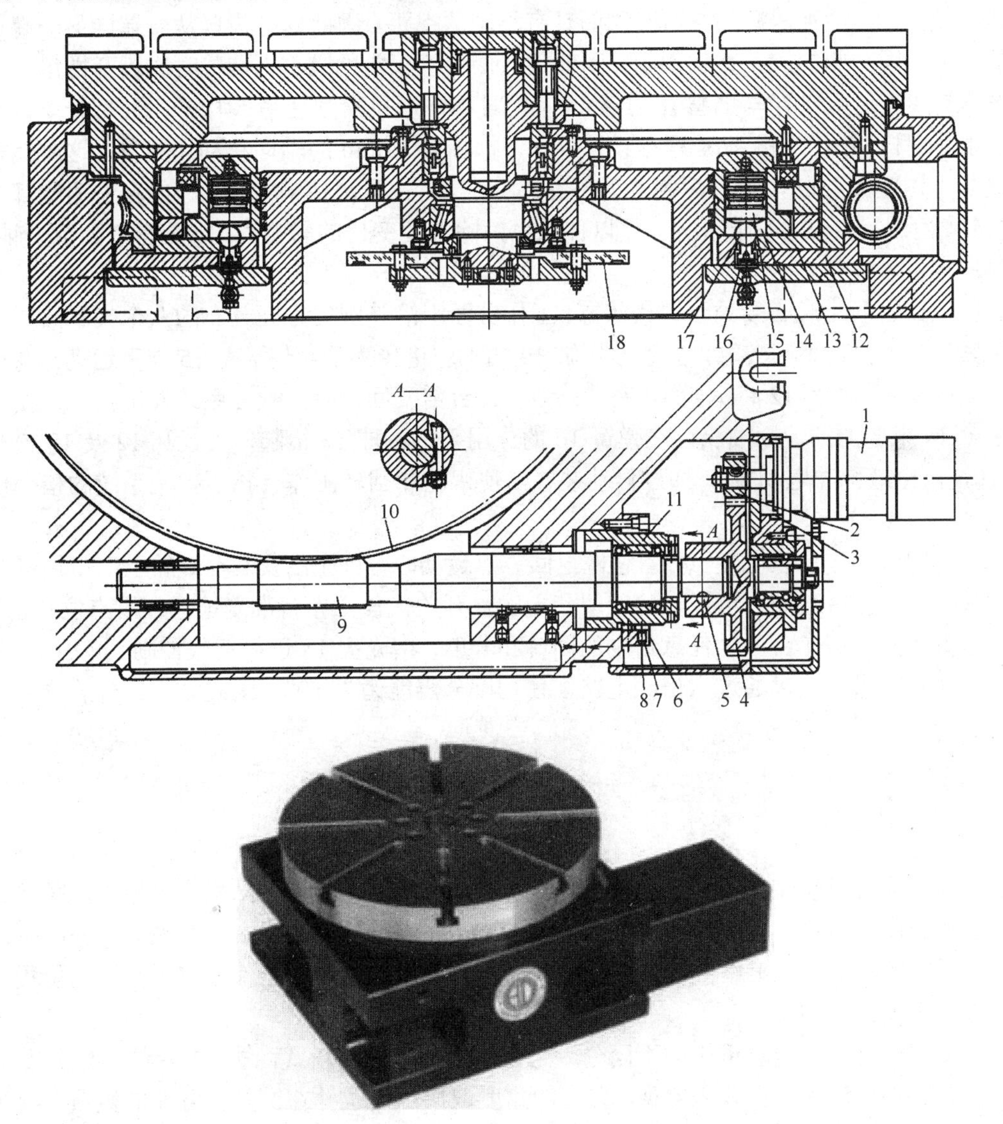

图 4-15　JCS-013 型数控铣床的数控回转工作台

1—电液脉冲电动机；2、4—齿轮；3—偏心环；5—楔形拉紧圆柱销；6—压块；7—螺母；8—锁紧螺钉；9—蜗杆；10—蜗轮；11—调整套；12、13—夹紧瓦；14—夹紧液压缸；15—活塞；16—弹簧；17—钢球；18—光栅

当数控回转工作台接到数控系统的指令后，首先把蜗轮 10 松开，然后起动电液脉冲电动机 1，按指令脉冲来确定工作台的回转方向、回转速度及回转角度大小等参数。工作台的

运动由电液脉冲电动机 1 驱动，经齿轮 2 和 4 带动蜗杆 9，通过蜗轮 10 使工作台回转。为了尽量消除传动间隙和反向间隙，齿轮 2 和齿轮 4 相啮合的侧隙是靠偏心环 3 来消除的；齿轮 4 与蜗杆 9 是靠楔形拉紧圆柱销 5（*A*—*A* 剖面）来连接的，这种连接方式能消除轴与套的配合间隙。为了消除蜗杆副的传动间隙，采用了双螺距渐厚蜗杆，通过移动蜗杆的轴向位置来调整间隙。这种蜗杆的左右两侧面具有不同的螺距，因此蜗杆齿厚从一端向另一端逐渐增厚。由于同一侧的螺距是相同的，因此仍然保持着正常的啮合。调整时先松开螺母 7 上的锁紧螺钉 8，使压块 6 与调整套 11 松开，同时将楔形拉紧圆柱销 5 松开；然后转动调整套 11，带动蜗杆 9 做轴向移动。根据设计要求，蜗杆有 10mm 的轴向移动调整量，这时蜗杆副的侧隙可调整 0.2mm，调整后锁紧调整套 11 和楔形拉紧圆柱销 5。蜗杆的左右两端都由双列滚针轴承支承，左端为自由端，可以伸长以消除温度变化的影响；右端装有双列推力轴承，能轴向定位。

当工作台静止时必须处于锁紧状态。工作台面用沿其圆周方向分布的八个夹紧液压缸进行夹紧。当工作台不回转时，夹紧液压缸 14 的上腔进压力油，使活塞 15 向下运动，通过钢球 17、夹紧瓦 13 及 12 将蜗轮 10 夹紧；当工作台需要回转时，数控系统发出指令，使夹紧液压缸 14 上腔的油流回油箱。在弹簧 16 的作用下，钢球 17 抬起，夹紧瓦 12 及 13 松开蜗轮 10，由电液脉冲电动机 1 通过传动装置，使蜗轮和回转工作台按照控制系统的指令作回转运动。

数控回转工作台设有零点，当它做返回零点运动时，首先由安装在蜗轮上的撞块碰撞限位开关，使工作台减速；再通过感应块和无触点开关，使工作台准确地停在零点位置上。

该数控回转工作台可做任意角度的回转和分度，由光栅 18 进行读数控制。光栅 18 在圆周上有 21600 条刻线，通过六倍频电路，使刻度分辨能力为 10″，因此，工作台的分度精度可达±10″。

二、分度工作台

分度工作台只能完成分度运动，不能实现圆周进给运动。由于结构上的原因，通常分度工作台的分度运动只限于完成规定的角度（如 45°、60° 或 90° 等），即在需要分度时，按照数控系统的指令，将工作台及其工件回转规定的角度，以改变工件相对于主轴的位置，完成工件各个表面的加工。

分度工作台按其定位机构的不同分为定位销式和端面齿盘式两类。前者的定位分度主要靠工作台的定位销和定位孔来实现，分度的角度取决于定位孔在圆周上分布的数量。端面齿盘式分度工作台是利用一对上下啮合的齿盘，通过上下齿盘的相对旋转来实现工作台的分度，分度的角度范围依据齿盘的齿数而定。

图 4-16 所示为定位销式分度工作台的结构。这种工作台的定位分度主要靠定位销和定位孔来实现。分度工作台 1 嵌在长方形工作台 10 之中。在不单独使用分度工作台时，两个工作台可以作为一个整体使用。在分度工作台 1 的底部均匀分布着八个圆柱定位销 7，在底座 21 上有一个定位孔衬套 6 及供定位销移动的环形槽。其中只有一个圆柱定位销 7 进入定位孔衬套 6 中，其他七个圆柱定位销都在环形槽中。因为圆柱定位销之间的分布角度为 45°，

故只能实现 45° 等分的分度运动。

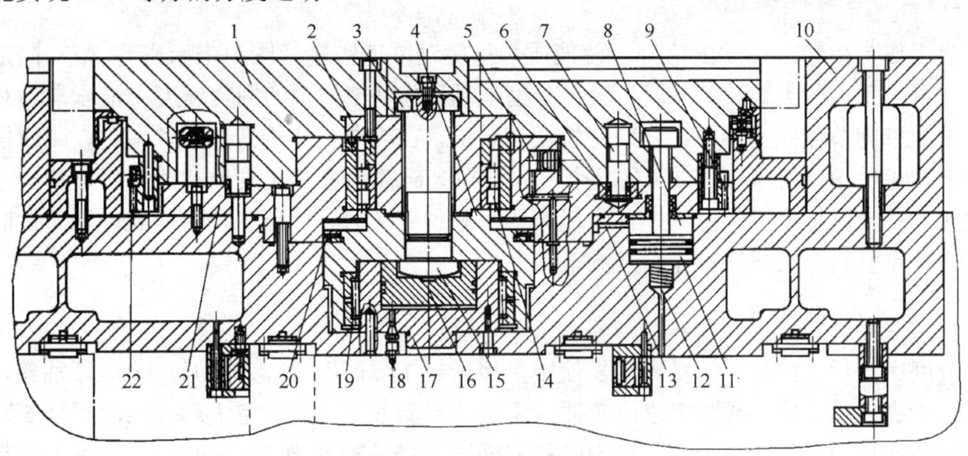

图 4-16 定位销式分度工作台的结构

1—分度工作台；2—锥套；3—六角头螺钉；4—支座；5—消隙液压缸；6—定位孔衬套；7—圆柱定位销；8—锁紧液压缸；9—大齿轮；10—长方形工作台；11—锁紧缸活塞；12—弹簧；13—环形油槽；14、19、20—轴承；15—螺栓；16—活塞；17—中央液压缸；18—油管；21—底座；22—挡块

定位销式分度工作台做分度运动时，其工作过程分为三个步骤。

1. 松开锁紧机构并拔出定位销

分度时机床的数控系统发出指令，由电气控制的液压缸使六个均布的锁紧液压缸 8（图中只标出一个）中的压力油，经环形油槽 13 流回油箱，锁紧缸活塞 11 被弹簧 12 顶起，分度工作台 1 处于松开状态。同时消隙液压缸 5 也卸荷，液压缸中的压力油经回油路流回油箱。油管 18 中的压力油进入中央液压缸 17，使活塞 16 上升，并通过螺栓 15、支座 4 把推力轴承 20 向上抬起 15mm，顶在底座 21 上。分度工作台 1 用四个螺钉与锥套 2 相连，而锥套 2 用六角头螺钉 3 固定在支座 4 上，当支座 4 上移时，通过锥套 2 使分度工作台 1 抬高 15mm，固定在工作台面上的圆柱定位销 7 从定位孔衬套 6 中拔出。

2. 工作台回转分度

当工作台抬起之后发出信号，使液压马达驱动减速齿轮（图中未示出），带动固定在分度工作台 1 下面的大齿轮 9 转动，进行分度运动。分度工作台的回转速度由液压马达和液压系统中的单向节流阀来调节，分度初做快速转动，在将要到达规定位置前减速，减速信号由固定在大齿轮 9 上的挡块 22（共八个周向均布）碰撞限位开关发出。挡块碰撞第一个限位开关时，发出信号使工作台降速，碰撞第二个限位开关时，分度工作台停止转动。此时，相应的圆柱定位销 7 正好对准定位孔衬套 6。

3. 工作台下降并锁紧

分度完毕后，数控系统发出信号使中央液压缸 17 卸荷，油液经油管 18 流回油箱，分度工作台 1 靠自重下降，圆柱定位销 7 插入定位孔衬套 6 中。定位完毕后消隙液压缸 5 通入压力油，活塞顶向分度工作台 1，以消除径向间隙。经环形油槽 13 来的压力油进入锁紧液压缸 8 的上腔，推动锁紧缸活塞 11 下降，通过锁紧缸活塞 11 上的 T 形头将工作台锁紧。至此分度工作进行完毕。

分度工作台 1 的回转部分支承在加长形双列圆柱滚子轴承 14 和滚针轴承 19 上，轴承 14 的内孔带有 1∶12 的锥度，用来调整径向间隙。轴承内环固定在锥套 2 和支座 4 之间，并可带着滚柱在加长的外环内做 15mm 的轴向移动。滚针轴承 19 装在支座 4 内，能随支座 4 上升或下降并作为另一端的回转支承。支座 4 内还装有推力轴承 20，使分度工作台回转很平稳。

定位销式分度工作台的定位精度取决于定位销和定位孔的精度，最高可达±5″。定位销和定位孔衬套的制造和装配精度要求都很高，硬度的要求也很高，而且耐磨性要好。

第六节　数控铣床的冷却系统

数控铣床的冷却系统按照其作用主要分为机床的冷却和切削时对刀具、工件的冷却两部分。

一、机床的冷却和温度控制

数控铣床属于高精度、高效率、高成本投入的机床，所以，在工厂中为了尽早地收回成本，充分发挥其作用，一般要求采取 24h 不停机连续工作制，为了保证长时间工作机床加于精度的一致性、电气及控制系统的工作稳定性和机床的使用寿命，数控铣床对环境温度和各部分的发热、冷却及温度控制均有相应的要求。

环境温度对数控铣床加工精度及工作稳定性有不可忽视的影响。对精度要求较高和整批零件尺寸一致性要求较高的加工，应保持数控铣床工作环境的恒温。一般数控铣床（半闭环控制，最小分辨率在 0.001mm 级）对工作环境温度的要求为 0℃～45℃，环境温度变化不大于 1.1℃/min。

数控铣床的电控系统是整台机床的控制核心，其工作时的可靠性及稳定性对数控铣床的正常工作起着决定性作用，并且电控系统中间的绝大部分元器件在通电工作时均会产生热量，如果没有充分适当的散热，容易造成整个系统的温度过高，影响其可靠性、稳定性及元器件的寿命。数控铣床的电控系统一般采用在发热量大的元器件上加装散热片与采用风扇强制循环通风的方式进行热量的扩散，降低整个电控系统的温度。该方式具有灰尘易进入控制箱、温度控制稳定性差、湿空气易进入的缺点。所以，在一些较高档的数控铣床上一般采用专门的电控箱冷气机进行电控系统的温度、湿度调节。

在数控铣床的机械本体部分，主轴部件及传动机构为最主要的发热源。对于主轴轴承和传动齿轮等零件，特别是中等以上预紧的主轴轴承，如果工作时温度过高很容易产生润滑油黏度降低、轴承胶合磨损破坏等后果，所以数控铣床的主轴部件及传动装置通常设有工作温度控制装置。

图 4-17 所示为一数控铣床采用专用的主轴温控机，利用它对主轴的工作温度进行控制。图 4-17（a）所示为主轴温控机的工作原理图，循环液压泵 2 将主轴头内的润滑油（L-AN32 机油）通过管道抽出，经过过滤器 4 过滤后送入主轴头内，温度传感器 5 检测润滑油液的温度，并将温度信号传给温控机控制系统，控制系统根据操作人员在温控机上的预设值，来控制冷却器的开停。冷却润滑系统的工作状态由压力继电器 3 检测，并将此信号传送到数控系统的 PLC。数控系统把主轴传动系统及主轴的正常润滑作为主轴系统工作的充要条件，如果压力继电器 3 无信号发出，则数控系统 PLC 发出报警信号，且禁止主轴起动。图 4-17（b）所示为温控机操作面板。操作人员可以设定油温和室温的差值，温控机根据此差值进行控制，面板上设置有循环液压泵，冷却机工作、故障等多个指示灯，供操作人员识别温控机的工作状态。主轴头内高负载工作的主轴传动系统与主轴同时得到冷却。

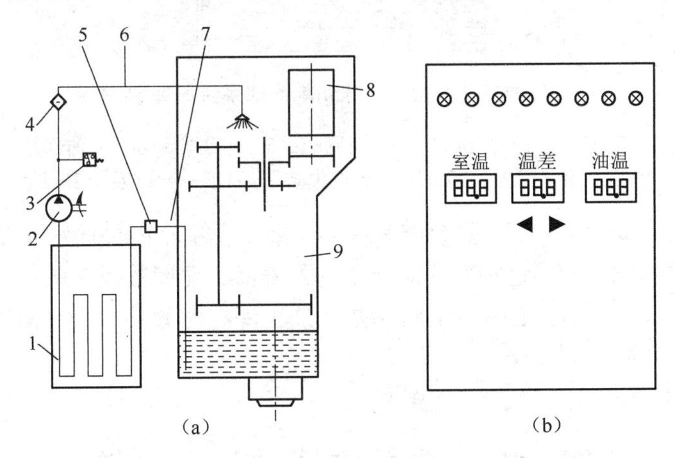

图 4-17　主轴温控机

（a）工作原理图；（b）操作面板图

1—冷却器；2—循环液压泵；3—压力继电器；4—过滤器；5—温度传感器；
6—出油管；7—进油管；8—主轴电动机；9—主轴头

二、工件切削冷却

数控铣床在进行高速大功率切削时伴随大量的切削热产生，使刀具、工件和机床的温度上升，进而影响刀具的寿命、工件加工质量和机床的精度。在数控铣床中，良好的工件切削冷却具有重要的意义，切削液不仅具有对刀具、工件、机床的冷却作用，还起到在刀具与工件之间的润滑、排屑清理、防锈等作用。

图 4-18 所示为某数控铣床切削冷却系统原理图。机床在工作过程中可以根据加工程序的要求，由两条管道喷射切削液，不需要切削液时，可通过切削液开/停按钮关闭切削液。通常在 CAM 生成的程序代码中会自动加入切削液开关指令。手动加工时机床操作面板上的切削液开/停按钮可起动切削液电动机，送出切削液。

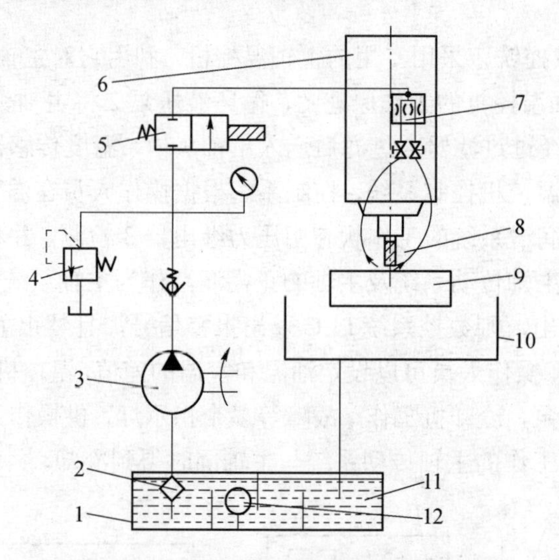

图 4-18　某数控铣床切削冷却系统原理图

1—冷却液箱；2—过滤器；3—液压泵；4—溢流阀；5—电磁阀；6—主轴部件；7—分流阀；8—冷却液喷嘴；9—工件；10—冷却液收集装置；11—冷却液；12—液位指示计

为了充分提高冷却效果，在一些数控铣床上还采用了主轴中央通水和使用内冷却刀具的方式进行主轴和刀具的冷却。这种方式对提高刀具寿命、发挥数控铣床良好的切削性能、切屑的顺利排出等方面具有较好的作用，特别是在加工深孔时效果尤为突出，所以目前应用越来越广泛。

第七节　数控铣床的润滑系统

一、润滑的作用

在数控铣床中，润滑主要有以下几个方面的作用。

1. 减小摩擦

在两个具有相对运动的接触表面之间存在着摩擦，使零件、部件产生磨损，增大运动阻力，剧烈的摩擦甚至会使接触表面发热损坏。把润滑油或者润滑脂加入到摩擦表面后，可以降低摩擦因数，从而减小摩擦。

2. 减小磨损

润滑油或润滑脂在相对运动件之间可以形成一层油膜，避免了两个接触的相对运动件的直接接触，可以减小磨损。

3. 降低温度

流动的润滑油可以把摩擦产生的大量热量带走，起到降低润滑表面温度的作用。

4. 防止锈蚀

润滑油在摩擦表面形成的保护油膜，阻挡了金属与空气或其他氧化物的直接接触，在一定程度上防止了金属零件的锈蚀。

5. 形成密封

润滑脂除具有主要的润滑作用外，还具有防止润滑剂的流出和外界尘屑进入摩擦表面的作用，避免了摩擦、磨损的加剧。

二、润滑系统的类型和应用

数控铣床的润滑按照其工作方法一般分为分散润滑和集中润滑两种。分散润滑是指在数控铣床的各个润滑点用独立、分散的润滑装置进行润滑；集中润滑是指利用一个统一的润滑系统对多个润滑点进行润滑。按照润滑介质的不同，机床上的润滑又可以分为油润滑和脂润滑两种，其中油润滑又分为滴油润滑、油浴润滑（包括溅油润滑和油池润滑）、油雾润滑、循环油润滑及油气润滑等。

数控铣床良好的润滑对于提高各相对运动件的寿命、保持良好的动态性能和运动精度等具有较大的意义。在数控铣床的运动部件中，既有高速的相对运动，也有低速的相对运动，既有重载的部位，也有轻载的部位，所以在数控铣床中通常采用分散润滑与集中润滑、油润滑与脂润滑相结合的综合润滑方式对各个需要润滑的部位进行润滑。数控铣床中润滑系统主要包括主轴传动部分、轴承、丝杠和导轨等部件的润滑。

在数控铣床的主轴传动部分中，齿轮和主轴轴承等零件由于转速较高、负载较大、温升剧烈，因此一般采用润滑油强制循环的方式，对这些零件进行润滑的同时完成对主轴系统的冷却。这些润滑和冷却兼具的系统对油的过滤要求较为严格，否则容易影响齿轮、轴承等零件的使用寿命，一般在此系统中采用沉淀、过滤、磁性精过滤等手段保持油的洁净，并要求经过规定的时间后进行油的清理更换。

轴承、丝杠和导轨是决定数控铣床各个坐标轴运动精度的主要部件。为了维持它们的运动精度并减小摩擦及磨损，必须采用适当的润滑，具体采用何种润滑方式取决于数控铣床的工作状况及结构要求。对负载不大、极限转速或移动速度不高的数控铣床一般采用脂润滑。采用脂润滑可以减少设置专门的润滑系统，避免润滑油的泄漏污染和废油的处理，而且脂润滑具有一定的密封作用，降低外部灰尘、水汽等对轴承、丝杠和导轨副的影响。对一些负载较大、极限转速或移动速度较高的数控铣床一般采用油润滑，采用油润滑既能起到润滑相对运动件的作用，又可以起到一定的冷却作用。在数控铣床的轴承、丝杠和导轨部位，无论是采用油润滑还是脂润滑，都必须保持润滑介质的洁净无污染，应按照相应润滑介质要求和工况定期地清理润滑元器件，更换或补充润滑介质。

第八节　典型数控铣床

XKA5750 型数控铣床是北京第一机床厂生产的带有万能铣头的立卧两用式数控铣床，可以实现三坐标联动，能够铣削具有复杂曲线轮廓的零件，如凸轮、模具、样板、叶片、弧形槽等零件。

一、机床的基本构成及基本运动

图 4-19 是 XKA5750 型数控铣床的外形图，该机床由机床本体部分和控制部分构成。在图 4-19 所示的坐标系中，数控铣床存在以下三种运动：工作台 13 由伺服电动机 15 带动在升降滑座 16 上做纵向移动（X 轴方向）；伺服电动机 2 带动升降滑座 16 做垂直升降运动（Z 轴方向）；滑枕 8 做横向送给运动（Y 轴方向）。

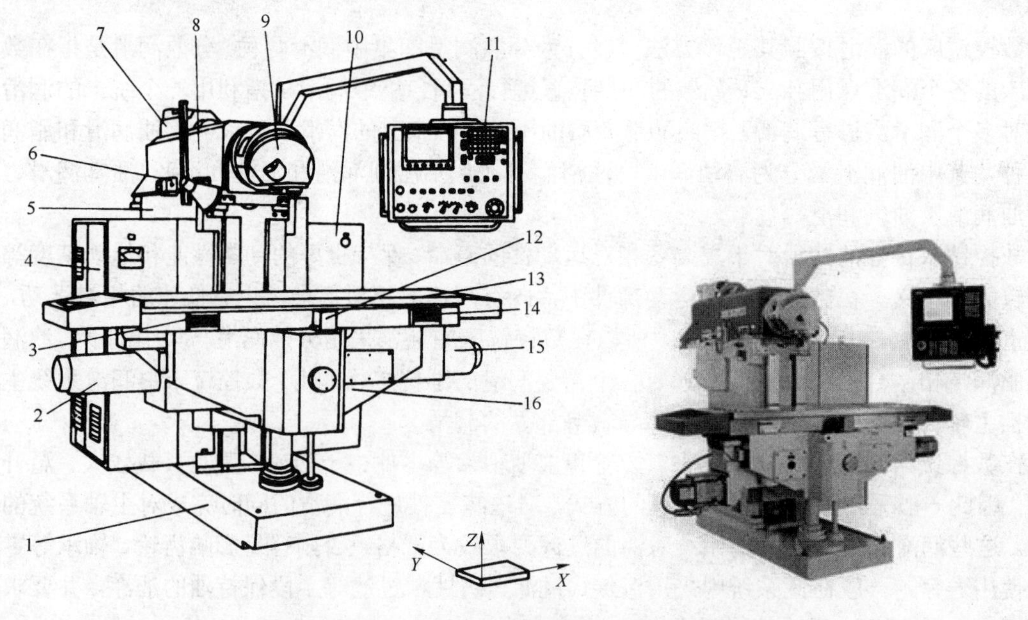

图 4-19　XKA5750 型数控铣床的外形图

1—底座；2、14、15—伺服电动机；3、5—床身；6—横向限位开关；7—后壳体；8—滑枕；9—万能铣头；4、10—数控柜；11—操作面板；12—纵向限位开关；13—工作台；16—升降滑座

XKA5750 型数控铣床是立卧两用的数控铣床，其万能铣头不仅可以将铣头主轴调整到立式或卧式位置，而且还可以在前半球面内使主轴中心线处于任意空间角度。万能铣头立卧两个加工位置如图 4-20 所示。

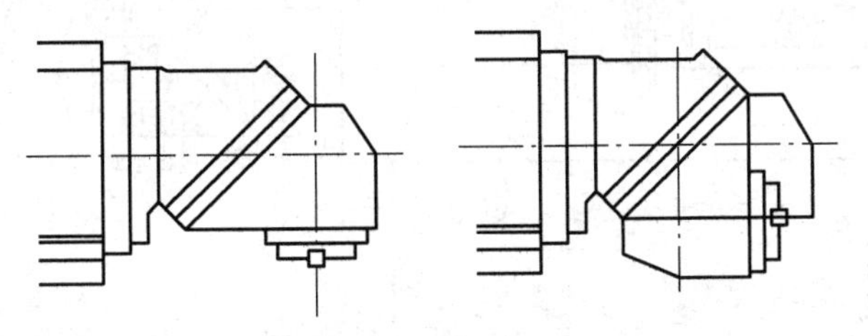

图 4-20 万能铣头立卧两个加工位置

二、机床的主要技术参数

机床的主要技术参数如下：工作面积（宽×长）为 500mm×1600mm，工作台纵向行程为 1200mm，滑枕横向行程为 700mm，工作台垂直行程为 500mm，主轴锥孔为 ISO50，主轴端面到工作台面的距离为 50～550mm，主轴中心线到床身立导轨面的距离为 28～728mm，主轴转速为 50～2500r/min，进给速度：纵向（*X* 向）6～3000mm/min、横向（*Y* 向）6～3000mm/min、垂向（*Z* 向）3～1500mm/min，快速移动速度为纵向和横向 6000mm/min、垂向 3000mm/min，主轴电动机功率为 11kW，进给电动机转矩为纵向和横向 9.3N・m、垂向 13N・m，润滑电动机功率为 60W，冷却电动机功率为 125W，机床外形尺寸（长×宽×高）为 2393mm×2264mm×2180mm，控制轴数为 3（可选 4 轴），最大同时控制轴数为 3，最小设定单位为 0.001mm/0.0001in，插补功能为直线/圆弧，编程功能为多种固定循环、用户定程序，程序容量为 64KB，显示方法为 9in 单色 CRT。

三、机床的传动系统

1. 主传动系统

图 4-21 是 XKA5750 型数控铣床的传动链示意图。主运动是铣床主轴的旋转运动，由装在滑枕后部的 AC 伺服电动机驱动，电动机的运动通过速比为 1∶2.4 的一对弧齿同步齿形带轮传到滑枕的水平轴 I 上，再经过万能铣头的两对弧齿锥齿轮副（33/34、26/25）将运动传到主轴Ⅳ，主轴的转速范围为 50～2500r/min（电动机转速范围 120～6000r/min），主轴转速在 625r/min（电动机转速在 1500r/min）以下时为恒转矩输出；主轴转速在 625～1875r/min 内为恒功率输出；超过 1875r/min 后输出功率下降，转速到 2500r/min 时，输出功率下降到额定功率的 1/3。

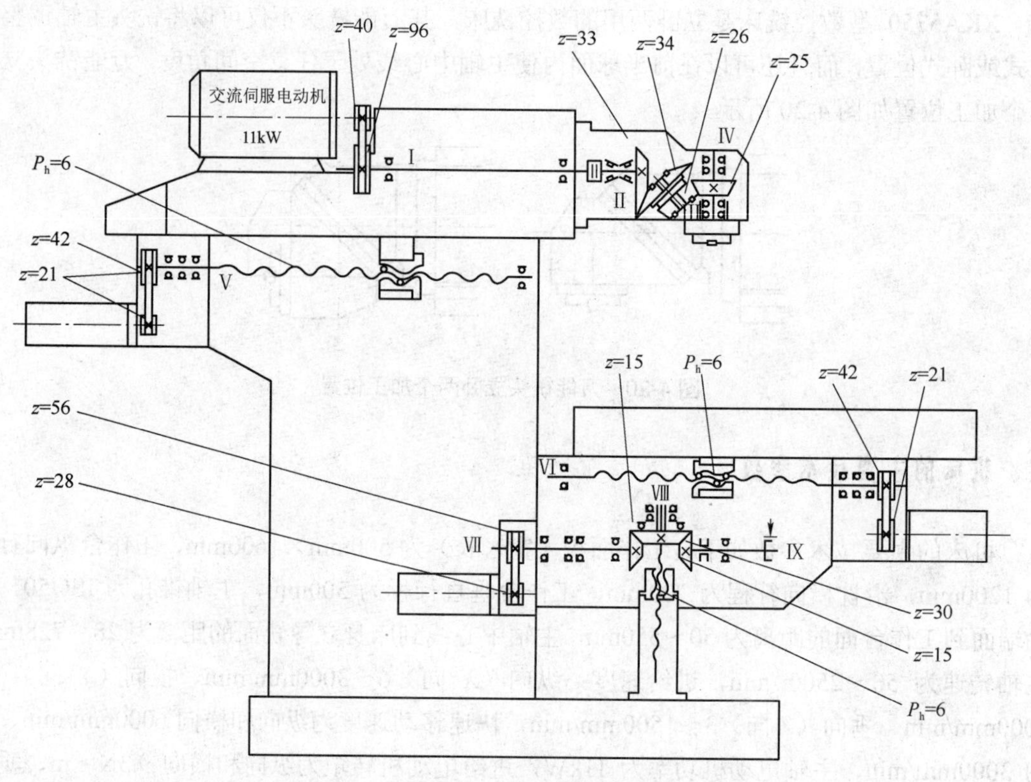

图 4-21 XKA5750 型数控铣床的传动链示意图

2．送给传动系统

工作台的纵向（*X* 向）进给和滑枕的横向（*Y* 向）进给传动系统，都是由交流伺服电动机通过速比为 1∶2 的一对同步圆弧齿形带轮，将运动传动至导程为 6mm 的滚珠丝杠。升降台的垂直（*Z* 向）进给运动为交流伺服电动机通过速比为 1∶2 的一对同步齿形带轮将运动传到轴Ⅷ，再经过一对弧齿锥齿轮传到垂直滚珠丝杠上，带动升降台运动。垂直滚珠丝杠上的弧齿锥齿轮还带动轴Ⅸ上的锥齿轮，经单向超越离合器与自锁器相连，防止升降台因自重而下滑。

四、典型部件结构

1．万能铣头部件

万能铣头部件的结构如图 4-22 所示，主要由前、后壳体 12、5，法兰 3，传动轴Ⅱ、Ⅲ，主轴Ⅳ及两对弧齿锥齿轮组成。万能铣头用螺栓和定位销安装在滑枕前端。铣削主运动由滑枕上的传动轴Ⅰ（图 4-21）的端面键传到轴Ⅱ，端面键与连接盘 2 的径向槽相配合，连接盘与传动轴Ⅱ之间由两个平键 1 传递运动。传动轴Ⅱ右端为弧齿锥齿轮，通过传动轴Ⅲ上的两个锥齿轮 22、21 和用花键连接方式装在主轴Ⅳ上的锥齿轮 27，将运动传到主轴上。主轴为空心轴，前端有 7∶24 的内锥孔，用于刀具或刀具心轴的定心；通孔用于安装拉紧刀具的拉杆通过。主轴端面有径向槽，并装有两个端面键 18，用于主轴向刀具传递转矩。

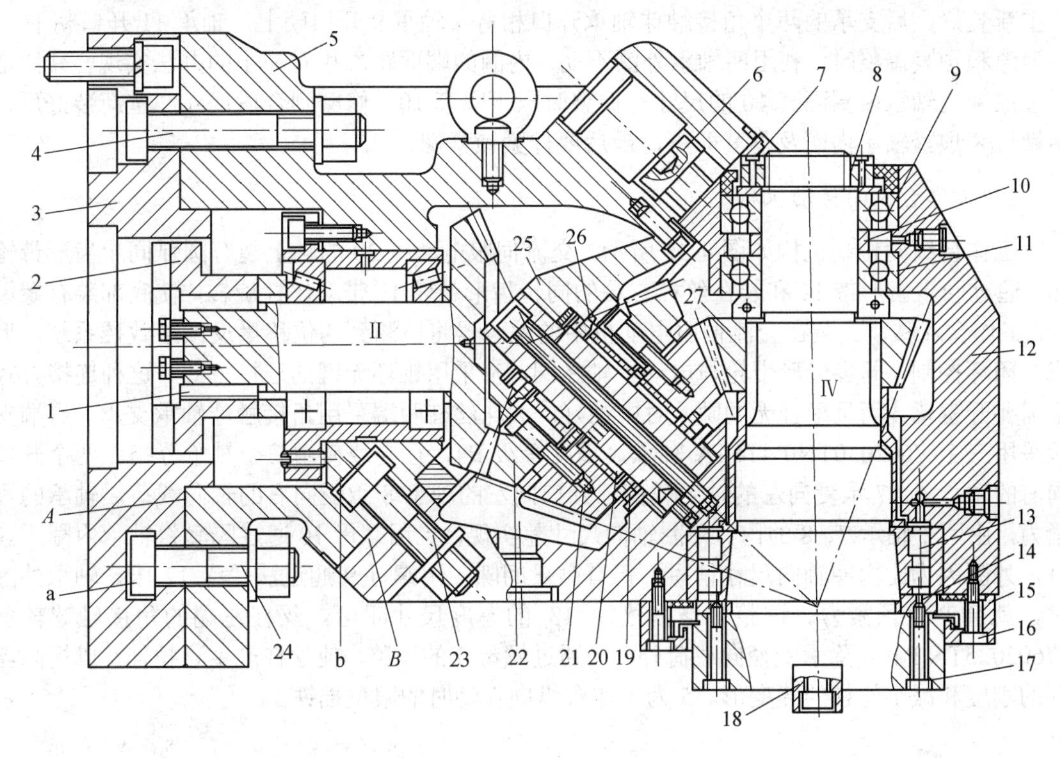

图 4-22　万能铣头部件的结构

1—平键；2—连接盘；3、15—法兰；4、6、23、24—T 形螺栓；5—后壳体；7—锁紧螺钉；8—螺母；9、11—角接触球轴承；10—隔套；12—前壳体；13—轴承；14—半圆环垫片；16、17—螺钉；18—端面键；19、25—推力圆柱滚子轴承；20、26—滚针轴承；21、22、27—锥齿轮；a、b—T 形圆环槽

万能铣头能通过两个互成 45° 的回转面 *A* 和 *B* 调节主轴Ⅳ的方位，在法兰 3 的回转面 *A* 上开有 T 形圆环槽 a，松开 T 形螺栓 4 和 24，可使铣头绕水平传动轴Ⅱ转动，调整到要求位置时将 T 形螺栓拧紧即可；在万能铣头后壳体 5 的回转面 *B* 内，也开有 T 形圆环槽 b。松开 T 形螺栓 6 和 23，可使铣头主轴绕与水平轴线成 45° 夹角的传动轴Ⅲ转动。绕两个轴线转动的综合结果，可使主轴轴线处于前半球面的任意角度。

万能铣头作为直接带动刀具的运动部件，不仅要能传递较大的功率，更要具有足够的旋转精度、刚度和抗振性。万能铣头除在零件结构、制造和装配精度要求较高外，要选用承载力和旋转精度都较高的轴承。两个传动轴都选用了 D 级精度的轴承，轴上为一对 D7029 型圆锥滚子轴承，一对 D6354906 型向心滚针轴承 20、26，承受径向载荷，轴向载荷由两个型号分别为 D9107 和 D9106 的推力圆柱滚子轴承 19 和 25 承受。主轴上前后支承均为 C 级精度轴承，前支承是 C3182117 型双列圆柱滚子轴承，只承受径向载荷；后支承为两个 C36210 型角接触球轴承 9 和 11，既承受径向载荷，也承受轴向载荷。为了保证旋转精度，主轴轴承不仅要消除间隙，而且要有预紧力，轴承磨损后也要进行间隙调整。前轴承消除间隙和预紧的调整是靠改变轴承内圈在锥形颈上的位置，使内圈外胀实现的。调整时，先拧下四个螺钉 16，卸下法兰 15，再松开螺母 8 上的锁紧螺钉 7，拧松螺母 8 将主轴Ⅳ向前推动 2mm 左右，然后拧下两个螺钉 17，将半圆环垫片 14 取出，根据间隙大小磨薄垫片，最后将上述零件重新装好。后支承的两个角接触球轴承开口相背（轴承 9 开口朝上，轴承 11 开口朝下），做消隙和预紧调整时，利用两轴承外圈不动，内圈的端面距离相对减小的办法实现，具体是通过控制两轴承内圈隔套 10 的尺寸。调整时取下隔套 10，修磨到合适尺寸，重新装好后，用螺母 8 顶紧轴承内圈及隔套即可，最后要拧紧锁紧螺钉 7。

2. 工作台纵向传动机构

工作台纵向传动机构如图 4-23 所示。交流伺服电动机 20 的轴上装有圆弧同步齿形带轮 19，通过同步齿形带 14 和装在丝杠右端的同步齿形带轮 11 带动丝杠旋转，使底部装有螺母 1 的工作台 4 移动。装在交流伺服电动机中的编码器将检测到的位移量反馈给数控系统，形成半闭环控制。同步齿形带轮与电动机轴之间，都采用锥环无键的连接方式，这种连接方式不需要开键槽，而且配合无间隙，对中性好。滚珠丝杠两端采用角接触球轴承支承，右端支承采用三个 7602030TN/P4TFTA 轴承，精度等级 P4，径向载荷由三个轴承分担。两个开口向右的轴承 6、7 承受向左的轴向载荷，开口向左的轴承 8 承受向右的轴向载荷。轴承的预紧力，由两个轴承 7、8 的内、外圈轴向尺寸差实现，当用螺母 10 通过隔套将轴承内圈压紧时，外圈因为比内圈轴向尺寸稍短，仍有微量间隙，用螺钉 9 通过法兰盘 12 压紧轴承外圈时，就会产生预紧力。调整时修磨垫片 13 的厚度尺寸即可。丝杠左端的角接触球轴承（7602025TN/P4），除承受径向载荷外，还通过螺母 3 的调整，使丝杠产生预拉伸，以提高丝杠的刚度和减小丝杠的热变形。5 为工作台纵向移动时的限位挡铁。

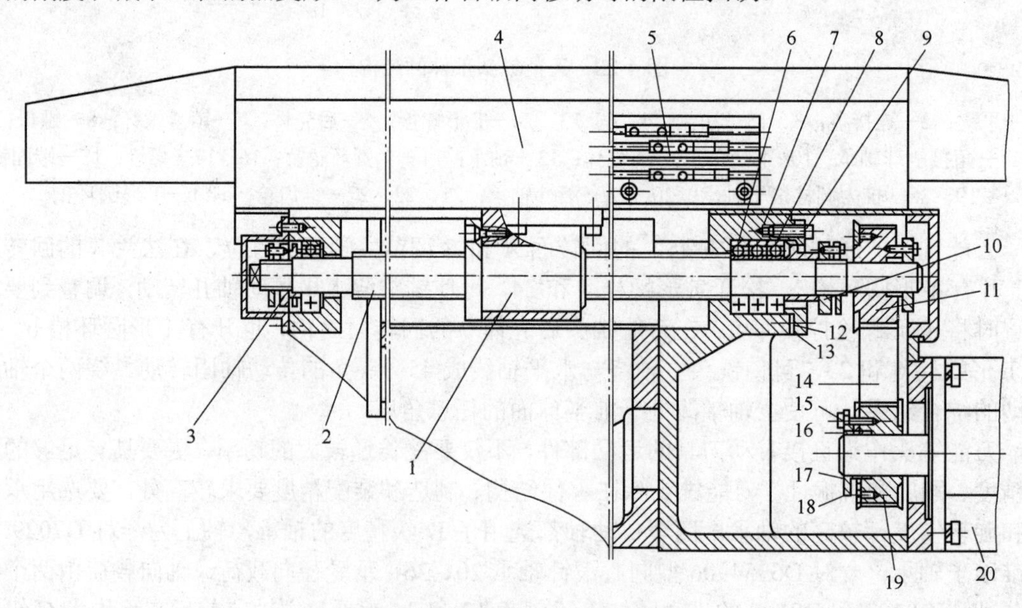

图 4-23 工作台纵向传动机构

1、3、10—螺母；2—丝杠；4—工作台；5—限位挡铁；6、7、8—轴承；9、15—螺钉；
11—同步齿形带轮；12—法兰盘；13—垫片；14—同步齿形带；16—外锥环；17—内锥环；18—端盖；
19—圆弧同步齿形带轮；20—交流伺服电动机

3. 升降台传动机构及自动平衡机构

升降台升降传动部分及自动平衡机构如图4-24所示。交流伺服电动机1经一对齿形带轮2、3将运动传到传动轴Ⅶ，轴Ⅶ右端的锥齿轮7带动锥齿轮8使垂直滚珠丝杠旋转，升降台上升下降。传动轴Ⅶ有左、中、右三点支承，轴向定位由中间支承的一对角接触球轴承来保证，由螺母4锁定轴承与传动轴的轴向位置，并对轴承预紧，预紧量用修磨两轴承的内外圈之间的隔套5、6的厚度来保证。传动轴的轴向定位由螺钉25调节。垂直滚珠丝杠螺母副的螺母24由支承套23固定在机床底座上，丝杠通过锥齿轮8与升降台连接，其支承由深沟球轴承9和角接触球轴承10承受径向载荷；由D级精度的推力圆柱滚子轴承11承受轴向载荷。图4-24中轴Ⅸ的实际安装位置在水平面内，与轴Ⅶ的轴线呈90°相交（图4-24中为展开画法），其右端为自动平衡机构。因滚珠丝杠无自锁能力，当垂直放置时，在部件自重作用下，移动部件会自动下移。因此除升降台驱动电动机带有制动器外，还在传动机构中装有自动平衡机构，一方面防止升降台因自重下落，另外还可平衡上升下降时的驱动力。XKA5750型数控铣床其结构由单向超越离合器和自锁器组成。工作原理为丝杠旋转的同时，通过锥齿轮12和轴Ⅸ带动单向超越离合器的星轮21转动。当升降台上升时，星轮转向使滚子13与超越离合器的外环14脱开，外环14不随星轮21转动，自锁器不起作用；当升降台下降时，星轮21的转向使滚子在星轮与外环之间，使外环随轴一起转动，外环与两端固定不动的摩擦环15、22（由防转销20固定）形成相对运动，在蝶形弹簧19的作用下，产生摩擦力，增加升降台下降时的阻力，起自锁作用，并使上下运动的力量平衡。调整时，先拆下端盖17，松开螺钉16，适当旋紧螺母18，压紧蝶形弹簧19，即可增大自锁力。调整前需用辅助装置支承升降台。

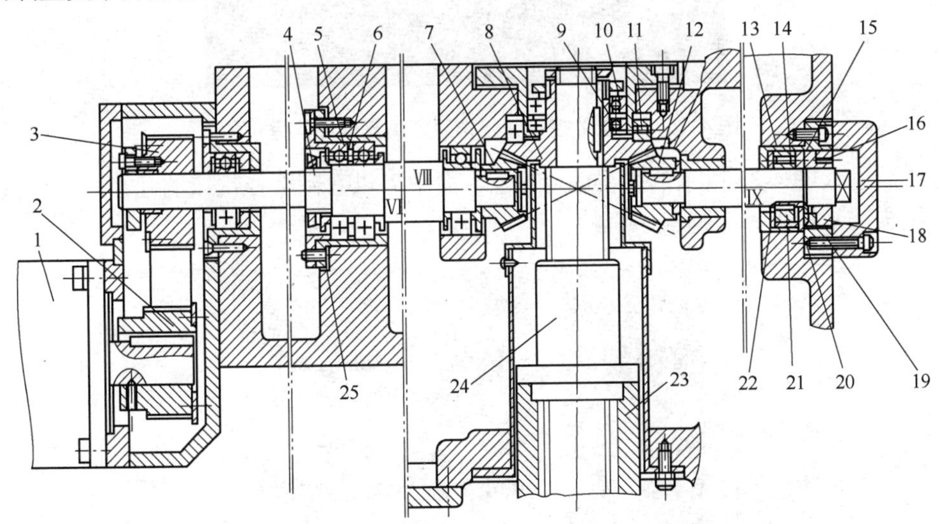

图4-24　升降台升降传动及自动平衡机构

1—交流伺服电动机；2、3—齿形带轮；4、18、24—螺母；5、6—隔套；7、8、12—锥齿轮；9—深沟球轴承；10—角接触球轴承；11—滚子轴承；13—滚子；14—外环；15、22—摩擦环；16、25—螺钉；17—端盖；19—蝶形弹簧；20—防转销；21—星轮；23—支承套

第九节 数控铣床虚拟拆装

宇龙机床结构原理仿真软件是一款数控铣床虚拟拆装软件，可以对数控铣床整体部分进行总体拆装，也可以对铣头、立柱、上拖板、下拖板、底座等部件进行拆装。通过对软件反复模拟操作，可以达到实际操作的要求，更加了解数控铣床的机械结构。

一、软件运行

图 4-25 所示是宇龙数控机床结构原理仿真软件的登录界面，可单击“快速登录”按钮或用“用户名 admin，密码 admin”进行登录。

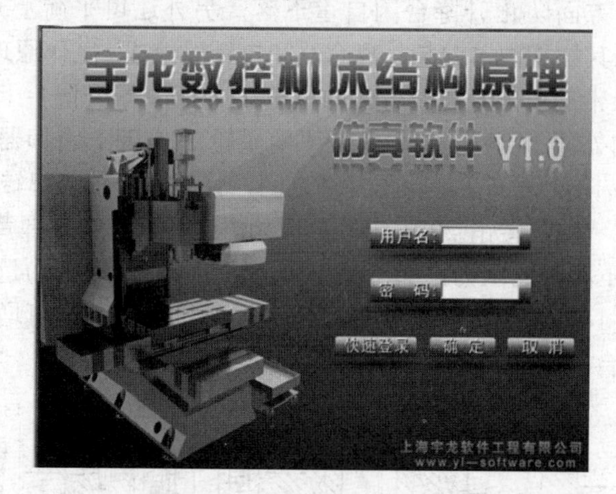

图 4-25 宇龙数控机床结构原理仿真软件的登录界面

登录后进入图 4-26 所示的主界面，在主界面中可以看到数控铣床的几个主要机械部件：底座、铣头、下拖板、上拖板、立柱。

图 4-26 宇龙机床结构原理仿真软件的主界面

二、软件操作

在宇龙机床结构原理仿真软件的主界面中单击任何一个铣床部件，会弹出图 4-27 所示的消息框，点选“拆除”或“装配”单选按钮并单击“确定”按钮就可以对该部件进行拆卸或装配操作。

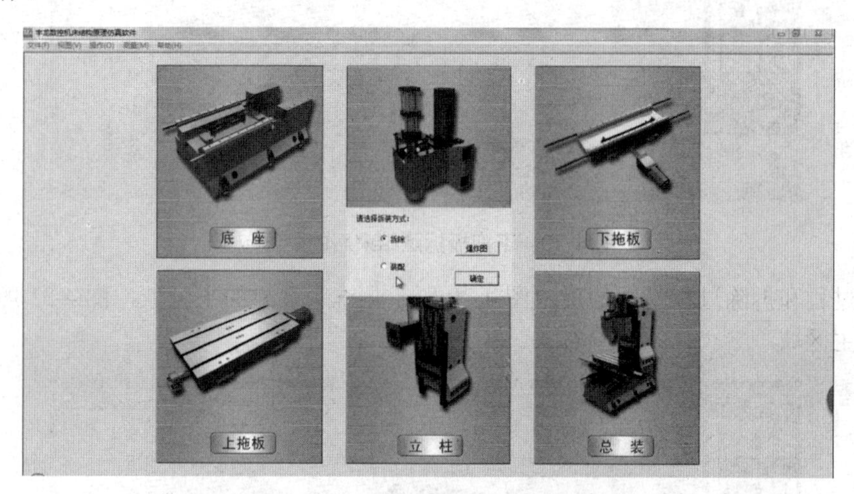

图 4-27 弹出的消息框

如果在消息框中单选“拆除”单选按钮，会进入图 4-28 所示的拆除主区域（以下拖板为例）。

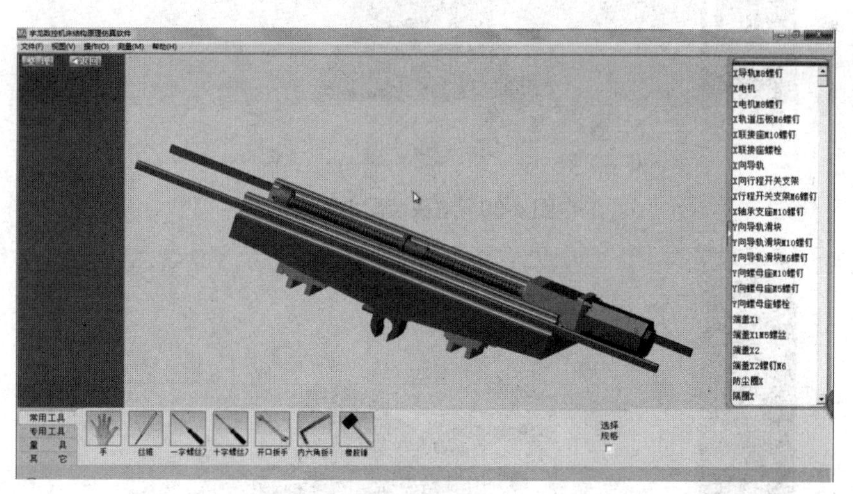

图 4-28 下拖板拆除主区域

下拖板拆除主区域中显示的是待拆的下拖板，在主区域中软件展示出了拆装工具及待拆除的零件，软件操作比较简单，单击就可以完成所有的拆装过程。图 4-29 所示是下拖板拆除结束后的主区域。

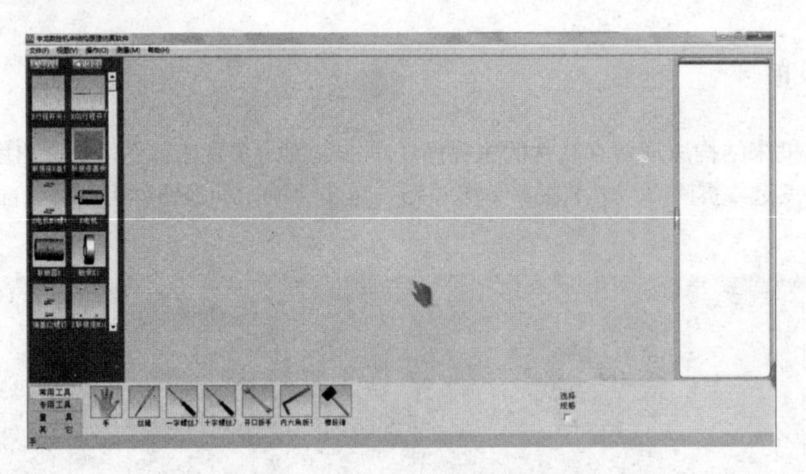

图 4-29　下拖板拆除结束后的主区域

装配过程和拆除过程基本相反，图 4-30 所示是铣头装配的主区域，图 4-31 所示是铣头装配后的主区域。

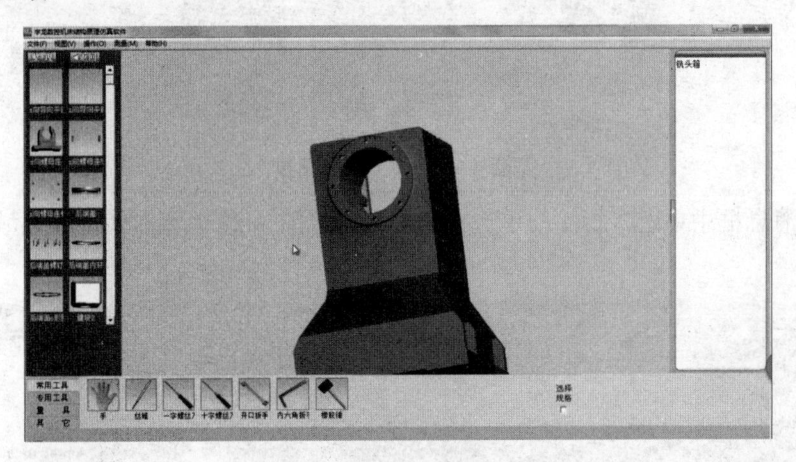

图 4-30　铣头装配主区域

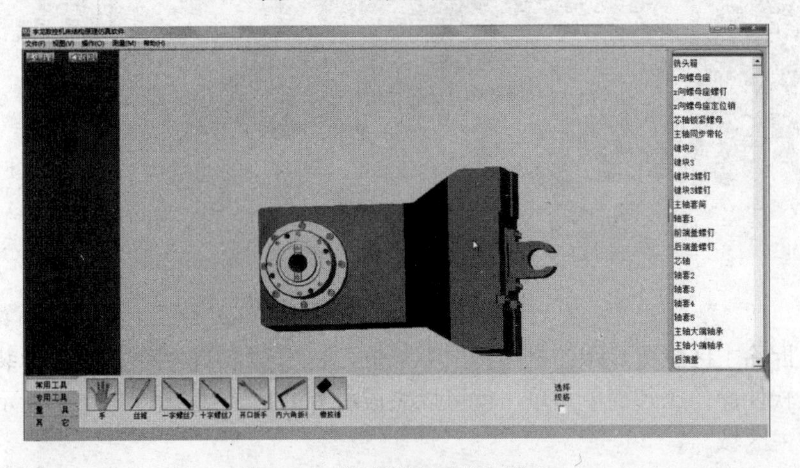

图 4-31　铣头装配后的主区域

三、软件操作的注意事项

零部件的拆除和装配都有一定的顺序，如果不按顺序进行拆装会出现拆装不下去的情况，此时，操作者可以选择“帮助”选项查看拆装流程图，按照流程图的顺序进行拆装。下面以底座为例进行拆装的介绍。

底座拆除的操作步骤如下：

（1）用“常用工具”选项中的内六角扳手工具拆下行程开关支架_Y 螺钉。

（2）用“常用工具”选项中的手工具拆下行程开关支架_Y。

（3）用“常用工具”选项中的一字螺丝刀工具拆下盖板_Y 螺钉。

（4）用“常用工具”选项中的手工具拆下盖板_Y。

（5）用“常用工具”选项中的内六角扳手工具拆下电动机_Y 螺钉。

（6）用“常用工具”选项中的手工具拆下电动机_Y。

（7）用“常用工具”选项中的手工具拆下联轴器_Y。

（8）用“常用工具”选项中的内六角扳手工具拆下连接座_Y 螺钉。

（9）用“常用工具”选项中的手工具拆下连接座_Y 销子。

（10）用“常用工具”选项中的内六角扳手工具拆下轴承支座_Y 螺钉。

（11）用“常用工具”选项中的手工具拆下轴承支座_Y 销子。

（12）用“常用工具”选项中的内六角扳手工具拆下端盖_Y 螺钉。

（13）用“常用工具”选项中的手工具拆下连接座 Y。

（14）用“常用工具”选项中的手工具拆下轴承_Y3。

（15）用“常用工具”选项中的手工具拆下 *Y* 向丝杠组件。

（16）进入组件区域分解 *Y* 向丝杠组件。

（17）用“常用工具”选项中的手工具拆下丝杠螺母。

（18）用“常用工具”选项中的手工具拆下预紧螺母_Y。

（19）用“常用工具”选项中的手工具拆下隔圈_Y。

（20）用“常用工具”选项中的手工具拆下轴承_Y1。

（21）用“常用工具”选项中的手工具拆下外隔圈_Y。

（22）用“常用工具”选项中的手工具拆下内隔圈_Y。

（23）用“常用工具”选项中的手工具拆下轴承_Y2。

（24）用“常用工具”选项中的手工具拆下端盖_Y。

（25）用“常用工具”选项中的手工具拆下防尘圈_Y。

（26）用“常用工具”选项中的手工具拆下丝杠_Y。

（27）回主区域用“常用工具”选项中的手工具拆下轴承座组件。

（28）进入组件区域分解轴承座组件。

（29）用“常用工具”选项中的内六角扳手工具拆下端盖_Y2 螺钉。

（30）用“常用工具”选项中的手工具拆下端盖_Y2。

（31）用“常用工具”选项中的手工具拆下轴承支座。

（32）返回主区域用“常用工具”选项中的内六角扳手工具拆下导轨_Y2 螺钉。

（33）用“常用工具”选项中的内六角扳手工具拆下导轨压板_Y1 螺钉。

（34）用“常用工具”选项中的手工具拆下导轨压板 Y1。

（35）用“常用工具”选项中的内六角扳手工具拆下导轨压板_Y2 螺钉。

（36）用“常用工具”选项中的手工具拆下导轨压板 Y2。

（37）用“常用工具”选项中的手工具拆下导轨 Y2。

（38）用“常用工具”选项中的内六角扳手工具拆下导轨_Y1 螺钉。

（39）用“常用工具”选项中的内六角扳手工具拆下导轨压板_Y3 螺钉。

（40）用“常用工具”选项中的手工具拆下导轨压板 Y3。

（41）用“常用工具”选项中的内六角扳手工具拆下导轨压板_Y4 螺钉。

（42）用“常用工具”选项中的手工具拆下导轨压板 Y4。

（43）用“常用工具”选项中的手工具拆下导轨 Y1。

（44）用“常用工具”选项中的手工具依次拆下垫脚（六件且注意顺序和屏幕左下角提示的零件名称）。

（45）用“常用工具”选项中的开口扳手工具依次拆下调节螺母（六件且注意顺序和屏幕左下角提示的零件名称）。

（46）用“常用工具”选项中的手工具依次拆下调节螺杆（六件且注意顺序和屏幕左下角提示的零件名称）。

（47）用“常用工具”选项中的手工具拆下底座。

（48）底座拆除完毕。

底座装配的操作步骤如下：

（1）用“常用工具”选项中的手工具装入底座。

（2）用“常用工具”选项中的手工具依次装入调节螺杆（六件且注意顺序和屏幕左下角提示的零件名称）。

（3）用“常用工具”选项中的开口扳手工具依次装入调节螺母（六件且注意顺序和屏幕左下角提示的零件名称）。

（4）用“常用工具”选项中的手工具依次装入垫脚（六件且注意顺序和屏幕左下角提示的零件名称）。

（5）用“常用工具”选项中的手工具装入导轨 Y1。

（6）用“常用工具”选项中的手工具装入导轨压板 Y4。

（7）用“常用工具”选项中的内六角扳手工具装入导轨压板_Y4 螺钉。

（8）用“常用工具”选项中的手工具装入导轨压板 Y3。

（9）用“常用工具”选项中的内六角扳手工具装入导轨压板_Y3 螺钉。

（10）用“常用工具”选项中的内六角扳手工具装入导轨_Y1 螺钉。

（11）用“常用工具”选项中的手工具装入导轨 Y2。

（12）用“常用工具”选项中的手工具装入导轨压板 Y2。

（13）用“常用工具”选项中的内六角扳手工具装入导轨压板_Y2 螺钉。

（14）用“常用工具”选项中的手工具装入导轨压板 Y1。

(15) 用“常用工具”选项中的内六角扳手工具装入导轨压板_Y1 螺钉。
(16) 用“常用工具”选项中的内六角扳手工具装入导轨_Y2 螺钉。
(17) 进入组建区域用“常用工具”选项中的手工具装入轴承支座。
(18) 用“常用工具”选项中的手工具装入端盖_Y2。
(19) 用“常用工具”选项中的内六角扳手工具装入端盖_Y2 螺钉。
(20) 回到主区域装入轴承座组件到底座上。
(21) 进入组建区域用“常用工具”选项中的手工具装入丝杠_Y。
(22) 用“常用工具”选项中的手工具装入防尘圈_Y。
(23) 用“常用工具”选项中的手工具装入端盖_Y。
(24) 用“常用工具”选项中的手工具装入轴承_Y2。
(25) 用“常用工具”选项中的手工具装入内隔圈_Y。
(26) 用“常用工具”选项中的手工具装入外隔圈_Y。
(27) 用“常用工具”选项中的手工具装入轴承_Y1。
(28) 用“常用工具”选项中的手工具装入隔圈_Y。
(29) 用“常用工具”选项中的手工具装入预紧螺母_Y。
(30) 用“常用工具”选项中的手工具装入丝杠螺母。
(31) 返回主区域用“常用工具”选项中的手工具装入 *Y* 向丝杠组件到轴承支座上。
(32) 用“常用工具”选项中的手工具装入轴承_Y3 到轴承支座上。
(33) 用“常用工具”选项中的手工具装入连接座。
(34) 用“常用工具”选项中的内六角扳手工具装入端盖_Y 螺钉。
(35) 用“常用工具”选项中的手工具装入轴承支座_Y 销子。
(36) 用“常用工具”选项中的内六角扳手工具装入轴承支座_Y 螺钉。
(37) 用“常用工具”选项中的手工具装入连接座_Y 销子。
(38) 用“常用工具”选项中的内六角扳手工具装入连接座_Y 螺钉。
(39) 用“常用工具”选项中的手工具装入联轴器_Y。
(40) 用“常用工具”选项中的手工具装入电动机_Y。
(41) 用“常用工具”选项中的内六角扳手工具装入电动机_Y 螺钉。
(42) 用“常用工具”选项中的手工具装入盖板_Y。
(43) 用“常用工具”选项中的一字螺丝刀工具拧紧盖板_Y 螺钉。
(44) 用“常用工具”选项中的手工具装入行程开关支架_Y。
(45) 用“常用工具”选项中的内六角扳手工具装入行程开关支架_Y 螺钉。
(46) 底座装配完毕。

底座水平调整的操作步骤如下：

在“底座装配”模块下，选择“测量”→“底座水平调整”命令。

(1) 使用手工具安装水平仪。
(2) 使用扳手工具调节底座螺母。
(3) 观察水平仪水泡位置变化。
(4) 反复调整各个螺母的松紧，直到水平仪 1 和 2 的水泡居于中心位置。

（5）使用手工具拆下水平仪。

（6）结束。

底座导轨调整的操作步骤如下：

在“底座装配”模块下，选择“测量”→“底座导轨调整”命令。

（1）使用手工具安装直尺。

（2）使用手工具安装百分表 1。

（3）使用手工具单击百分表 1，选择“测量直尺”选项。

（4）观测百分表 1 数据。

（5）使用橡胶锤工具调整直尺的位置，并反复测量直尺，直到百分表 1 的两个数据相等。

（6）使用手工具单击百分表 1，选择测量侧面。

（7）记录百分表 1 数据，使用手工具立起直尺。

（8）使用手工具单击百分表 1，选择“测量”选项。

（9）记录百分表 1 的数据。

（10）使用手工具拆除百分表 1。

（11）使用手工具安装百分表 2。

（12）使用手工具单击百分表 2，选择“测量”选项。

（13）记录百分表 2 的数据。

（14）使用手工具拆除百分表 2。

（15）使用手工具拆除直尺。

（16）使用手工具安装桥板。

（17）使用手工具安装百分表 3。

（18）使用手工具单击百分表 3，选择“测量平行”选项。

（19）记录百分表 3 的数据。

（20）使用手工具拆除百分表 3。

（21）使用手工具拆除桥板。

（22）结束。

丝杠座调整的操作步骤如下：

在“底座装配”模块下，选择“测量”→“丝杠座调整”命令。

（1）使用手工具安装连接座。

（2）使用内六角扳手工具安装连接座前端螺钉。

（3）使用内六角扳手工具安装连接座后端螺钉。

（4）使用手工具安装连接座芯轴。

（5）使用内六角扳手工具安装连接座心轴螺钉。

（6）使用手工具安装连接座百分表。

（7）使用手工具单击连接座百分表，选择“调节”选项。

（8）使用手工具单击连接座百分表，选择“测量”选项。

（9）使用内六角扳手工具调节连接座螺钉松紧。

（10）使用橡胶锤工具调整连接座位置。

（11）反复测量连接座百分表，直到测得两组数据各自相等。

（12）使用手工具拆除连接座百分表。

（13）使用内六角扳手工具拆除连接座心轴螺钉。

（14）使用手工具拆除连接座心轴。

（15）使用手工具安装轴承座。

（16）使用内六角扳手工具安装轴承座前端螺钉。

（17）使用内六角扳手工具安装轴承座后端螺钉。

（18）使用手工具安装轴承座心轴。

（19）使用内六角扳手工具安装轴承座心轴螺钉。

（20）使用手工具安装轴承座百分表。

（21）使用手工具单击轴承座百分表，选择“调节”选项。

（22）使用手工具单击轴承座百分表，选择“测量”选项。

（23）使用内六角扳手工具调节轴承座螺钉的松紧。

（24）使用橡胶锤工具调整轴承座的位置。

（25）反复测量轴承座百分表，直到测得两组数据各自相等。

（26）使用手工具拆除轴承座百分表。

（27）使用内六角扳手工具拆除轴承座心轴螺钉。

（28）使用手工具拆除轴承座心轴。

（29）结束。

轴承间隙测量的操作步骤如下：

在“底座装配”模块下，选择“测量”→“轴承间隙测量”命令。

（1）使用手工具安装测量座。

（2）使用手工具放置轴承 1。

（3）使用手工具放置重块。

（4）使用手工具放置百分表。

（5）使用手工具单击百分表，选择“调节”选项。

（6）使用手工具单击百分表，选择“测量”选项。

（7）记录百分表数据。

（8）使用手工具单击轴承，选择转到 90°。

（9）再次使用百分表测量并记录数据，轴承转过三次 90°后，将四次测得的数据计算得到等平均值 X（轴承 1）。

（10）使用手工具拆除重块。

（11）使用手工具拆除轴承 1。

（12）使用手工具放置轴承 2。

（13）使用手工具放置重块。

（14）使用手工具单击百分表，选择“调节”选项。

（15）使用手工具单击百分表，选择“测量”选项。

（16）记录百分表数据。

（17）使用手工具单击轴承，选择转到 90°。

（18）再次使用百分表测量并记录数据，轴承转过三次 90°后，将四次测得的数据计算得到等平均值 Y（轴承 2）。

（19）计算数值 $Z=X+Y+0.03$。

（20）使用手工具单击内、外隔圈，选择“修磨”选项并输入数值 Z。

（21）结束。

端盖的配磨操作步骤如下：

在“底座装配”模块下，选择“测量”→“端盖的配磨”命令。

（1）使用手工具放置连接座。

（2）使用手工具安装轴承 1。

（3）使用手工具安装内隔圈。

（4）使用手工具安装外隔圈。

（5）使用手工具安装轴承 2。

（6）使用手工具安装端盖。

（7）使用塞尺（量具）单击端盖，选择“测量”选项。

（8）记录测量所得数值 X。

（9）计算数值 $Y=X-0.02$。

（10）使用手工具拆除端盖。

（11）使用手工具单击端盖，选择“修磨”选项，并输入数值 Y 后单击“确定”按钮。

（12）结束。

第五章　加 工 中 心

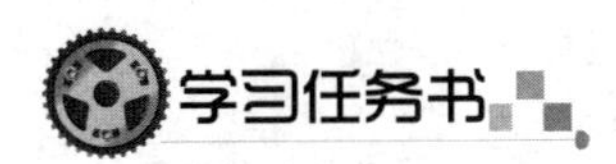

学习任务书见表 5-1。

表 5-1　学习任务书

项目	说明
学习目标	1．能够阐明加工中心的基本特征，加工中心的用途、机床组成； 2．能够描述加工中心的分类、发展； 3．能够叙述立式加工中心和卧式加工中心的布局用途、结构； 4．认识 JCS-018A 型立式加工中心
学习内容	1．加工中心的基本特征、分类、发展； 2．加工中心的布局、用途； 3．JCS-018A 型数控加工中心
重点、难点	数控加工中心的特点与分类、结构组成、布局形式
教学场所	多媒体教室、实训车间
教学资源	教科书、课程标准、电子课件、数控加工中心

第一节　概　　述

加工中心是在数控铣床的基础上发展起来的。它和数控铣床有很多相似之处，但主要区别在于增加了刀库和自动换刀装置，是一种备有刀库并能自动更换刀具对工件进行多工序加工的数控机床。通过在刀库上安装不同用途的刀具，加工中心可在一次装夹中实现零件的铣、钻、镗、铰、攻螺纹等多工序加工。随着工业的发展，加工中心将逐渐取代数控铣床，成为一种主要的加工机床。加工中心具有以下特点。

1．工序高度集中

加工中心备有刀库，能自动换刀，并能对工件进行多工序加工。现代加工中心更大程度地使工件在一次装夹后实现多表面、多特征、多工位的连续、高效、高精度加工，即工序集中。这是加工中心最突出的特点。

2. 加工精度高

加工中心同其他数控机床一样具有加工精度高的特点，由于加工中心采用工序集中的加工手段，一次安装即可加工出零件上大部分待加工表面，避免了工件多次装夹所产生的装夹误差，在保证高工件尺寸精度的同时获得了各加工表面之间高的相对位置精度。另外，加工中心整个加工过程由程序控制自动执行，避免了人为操作所产生的偶然误差。加工中心省去了齿轮、凸轮、靠模等传动部件，最大限度地减少了由于制造及使用磨损所造成的误差，结合加工中心完善的位置补偿功能及高的定位精度和重复定位精度，使工件加工精度更高，加工质量更加稳定。

3. 适应性强

加工中心对加工对象的适应性强。加工中心加工工件的信息都由一些外部设备提供，如软盘、光盘、USB 接口介质等，或者由计算机直接在线控制（DNC）。当加工对象改变时，除了更换相应的刀具和解决毛坯装夹方式外，只需要重新编制（更换）程序，输入新的程序就能实现对新的零件的加工，缩短了生产准备周期，节约了大量工艺装备费用。这给结构复杂零件的单件、小批量生产及新产品试制带来了极大的方便，同时，它还能自动加工普通机床很难加工或无法加工的精密复杂零件。

4. 生产效率高

零件加工所需要的时间包括机动时间和辅助时间两部分，加工中心能够有效地减少这两部分时间。加工中心主轴转速和进给量的调节范围大，每一道工序都能选用最有利的切削用量，良好的结构刚性允许加工中心进行大切削量的强力切削，有效地节省了机动时间。加工中心移动部件的快速移动和定位均采用了加速和减速措施，选用了很高的空行程运动速度，消耗在快进、快退和定位的时间要比一般机床少得多。同时加工中心更换待加工零件时几乎不需要重新调整机床，零件安装在简单的定位夹紧装置中，用于停机进行零件安装调整的时间可以大大节省。加工中心加工工件时，工序高度集中，减少了大量半成品的周转、搬运和存放时间，进一步提高了生产效率。

5. 经济效益好

加工中心加工零件时，虽分摊在每个零件上的设备费用较昂贵，但在单件、小批量生产的情况下，可以节省许多其他方面的费用。由于是数控加工，加工中心不必准备专用钻模等工艺装备，因此加工之前节省了划线工时，零件安装到机床上之后可以减少调整、加工和检验时间。另外，由于加工中心的加工稳定，减少了废品率，使生产成本进一步下降。

6. 劳动强度低，工作条件好

加工中心的加工零件是按事先编好的程序自动完成的，操作者除了操作键盘、装卸零件、进行关键工序的中间测量及观察机床的运行之外，不需要进行繁重的重复性手工操作，劳动强度可大为减轻；同时，加工中心的结构均采用全封闭设计，操作者在外部进行监控，切屑、冷却液等对工作环境的影响微乎其微，工作条件较好。

7. 有利于生产管理的现代化

利用加工中心进行生产，能准确地计算出零件的加工工时，并有效地简化检验、工夹具和半成品的管理工作，这些特点有利于使生产管理现代化。当前有许多大型CAD/CAM集成软件已经开发了生产管理模块，实现了计算机辅助生产管理。加工中心使用数字信息与标准代码输入，最适宜计算机联网及管理。当前较为流行的FMS、CIMS、MRP Ⅱ、ERP等都离不开加工中心的应用。

当然加工中心的应用也还存在一定的局限性，如加工中心加工工序高度集中，无时效处理，工件加工后有一定的残余内应力；设备昂贵，初期投入大；设备使用维护费用高，对管理及操作人员专业素质要求较高等。

第二节　加工中心的基本构成

加工中心自问世至今世界各国出现了各种类型的加工中心，虽然外形结构各异，但从总体看来主要由以下各部分构成。

（1）基础部件。加工中心的基础部件由床身、立柱和工作台等大件组成。它们可以是铸铁件，也可以是焊接钢结构件，均要承受加工中心的静载荷及在加工时的切削载荷。加工中心的基础部件必须是刚度很高的部件，也是加工中心质量和体积最大的部件。

（2）主轴组件。主轴组件由主轴电动机、主轴箱、主轴和主轴支承等零部件组成。其起动、停止和转动等动作均由数控系统控制，并通过装在主轴上的刀具参与切削运动，是切削加工的功率输出部件。主轴是加工中心的关键部件，其结构的优劣对加工中心的性能有很大的影响。

（3）控制系统。单台加工中心的数控部分由CNC装置、PLC、伺服驱动装置及电动机等部分组成。它们是加工中心执行顺序控制动作和完成加工过程的控制中心。

（4）伺服系统。伺服系统的作用是把来自数控装置的信号转换为机床移动部件的运动，其性能是决定机床的加工精度、表面质量和生产效率的主要因素之一。加工中心普遍采用半闭环、闭环和混合环三种控制方式。

（5）自动换刀装置。自动换刀装置由刀库、机械手和驱动机构等部件组成。刀库是存放加工过程所使用的全部刀具的装置。刀库有盘式、鼓式和链式等多种形式，容量从几把到几百把不等。当需要换刀时，根据数控系统指令，由机械手（或通过别的方式）将刀具从刀库取出装入主轴中。机械手的结构根据刀库与主轴的相对位置及结构的不同有多种形式。有的加工中心不用机械手而利用主轴箱或刀库的移动来实现换刀。尽管加工中心的换刀过程、选刀方式、刀库结构、机械手类型等各不相同，但都是在数控装置及PLC控制下，由电动机、液压或气动机构驱动刀库和机械手实现刀具的选择与交换的。当机构中装入接触式传感器时，还可实现对刀具和工件误差的测量。

（6）自动托盘更换系统。有的加工中心为进一步缩短非切削时间，配有两个自动交换工件托盘，一个安装在工作台上进行加工，另一个则位于工作台外进行装卸工件。当完成一个托盘上的工件加工后，便自动交换托盘，进行新零件的加工，这样可减少辅助时间，提高加工工效。

（7）辅助系统。辅助系统包括润滑、冷却、排屑、防护、液压和随机检测系统等部分。辅助系统虽不直接参与切削运动，但可对加工中心的加工效率、加工精度和可靠性起到保障作用，因此，也是加工中心不可缺少的部分。

第三节　加工中心的分类

一、按加工范围分类

按加工范围，加工中心可分为车削加工中心、钻削加工中心、镗铣加工中心、磨削加工中心和电火花加工中心等。一般镗铣加工中心简称加工中心，其余种类的加工中心要有前面的定语。

二、按布局方式分类

1. 立式加工中心

立式加工中心是指主轴轴心线为垂直状态设置的加工中心，其结构形式多为固定立柱式，工作台为长方形，无分度回转功能，具有三个直线运动坐标（沿 X、Y、Z 轴方向），适合加工盘类零件。例如，在工作台上安装一个水平轴的数控回转台，就可用于加工螺旋线类零件。JCS-018A 型立式加工中心的外形如图 5-1 所示。立式加工中心的结构简单、占地面积小、价格低。

立式加工中心的几种布局结构如图 4-10 所示，主轴箱沿立柱导轨上下移动实现 Z 坐标的移动。

2. 卧式加工中心

卧式加工中心如图 5-2 所示，它是指主轴轴线为水平状态设置的加工中心，通常都带有可进行分度回转运动的正方形分度工作台。卧式加工中心一般具有 3～5 个运动坐标，常见的是三个直线运动坐标（沿 X、Y、Z 轴方向）加一个回转运动坐标（回转工作台）。它能够使工件在一次装夹后完成除安装面和顶面以外的其余四个面的加工，最适合箱体类工件的加工。

卧式加工中心有多种形式，如固定立柱式和固定工作台式。固定立柱式的卧式加工中心的立柱固定不动，主轴箱沿立柱做上下运动，而工作台可在水平面内做前、后、左、右四个方向的移动；固定工作台式的卧式加工中心，安装工件的工作台是固定不动的（不做直线运动），沿坐标轴三个方向的直线运动由主轴箱和立柱的移动来实现。与立式加工中心相比，卧式加工中心的结构复杂、占地面积大、质量大、价格较高。

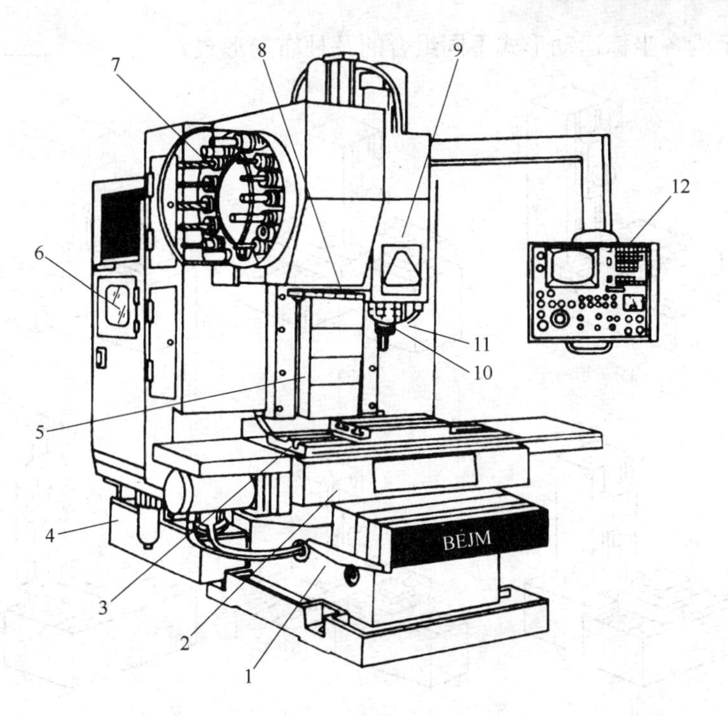

图 5-1　JCS-018A 型立式加工中心的外形

1—床身；2—滑座；3—工作台；4—润滑油箱；5—立柱；6—数控柜；7—刀库；8—机械手；9—主轴箱；10—主轴；11—控制柜；12—操作面板

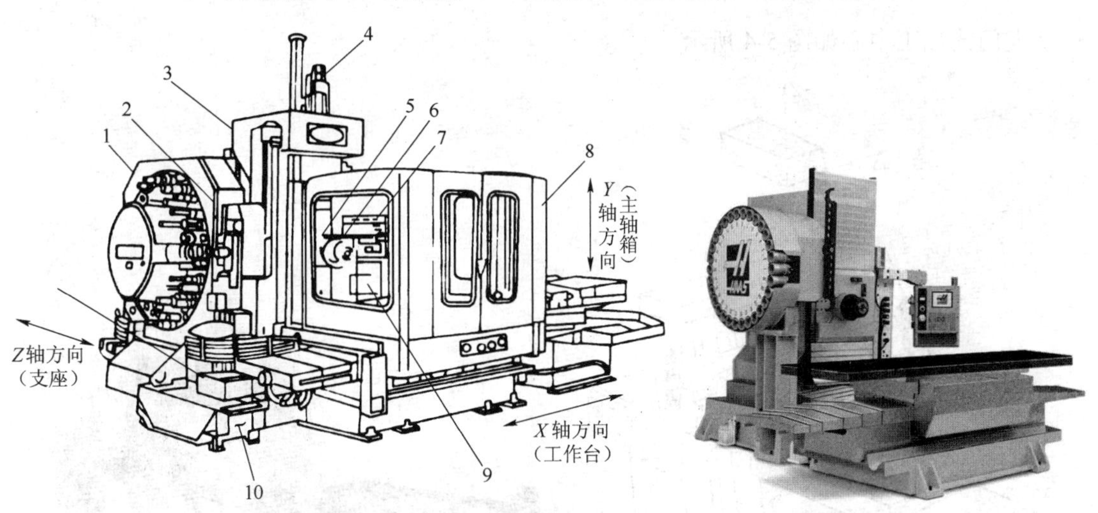

图 5-2　卧式加工中心

1—刀库；2—换刀装置；3—支座；4—Y 轴伺服电动机；5—主轴箱；6—主轴；7—数控装置；8—防溅挡板；9—回转工作台；10—切屑槽

图 5-3 所示为各坐标运动形式不同组合的几种布局形式。

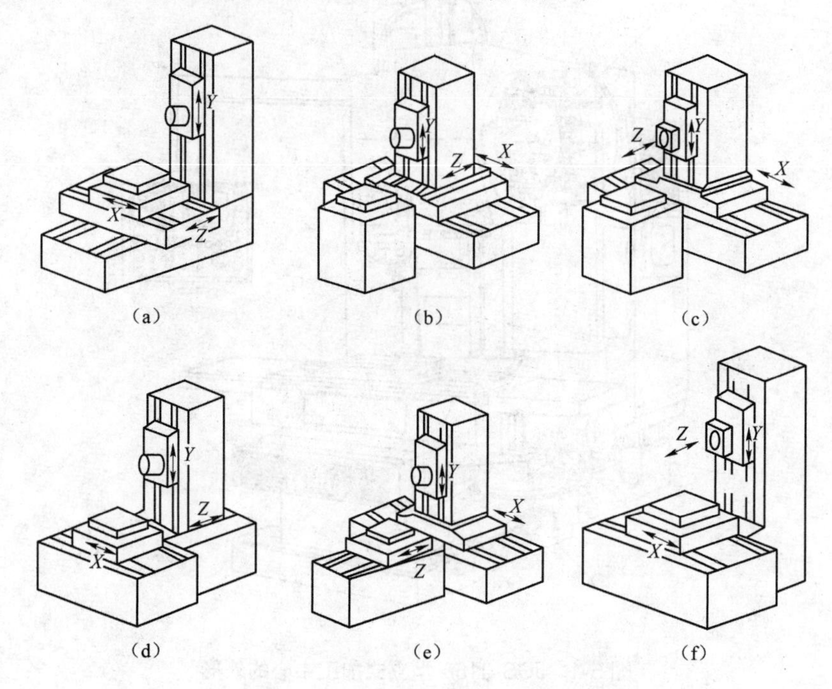

图 5-3　卧式加工中心的几种布局形式

3. 龙门式加工中心

龙门式加工中心如图 5-4 所示。

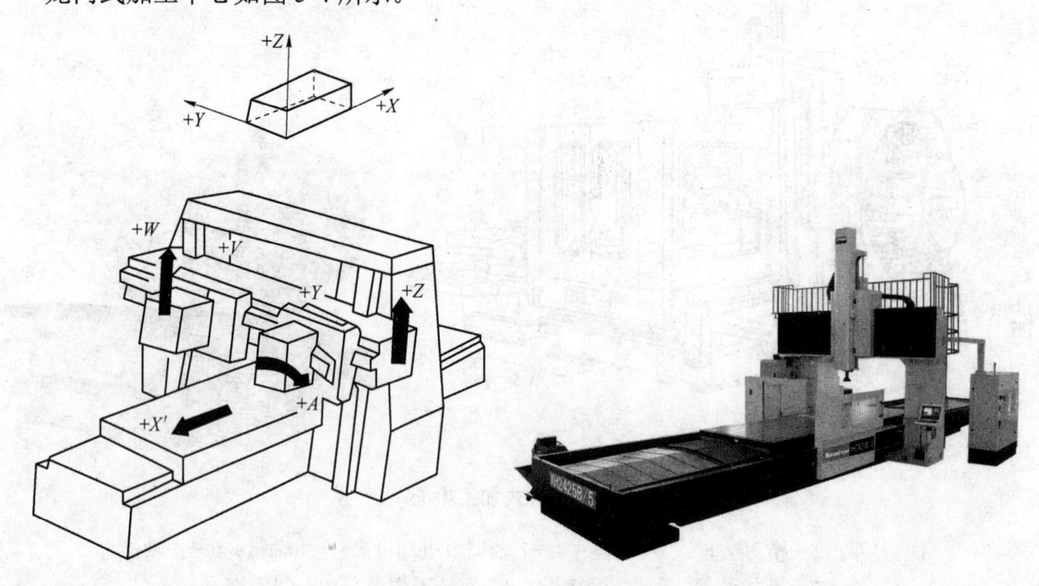

图 5-4　龙门式加工中心

龙门式加工中心的形状与龙门式铣床相似，主轴多为垂直状态设置。它带有自动换刀装置及可更换的主轴头附件，数控装置的软件功能也较齐全，能够一机多用。龙门式布局具有结构刚性好的特点，容易实现热对称性设计，尤其适用于加工大型或形状复杂的工件，如航天工业及大型汽轮机上的某些零件的加工。

4. 万能加工中心

万能加工中心（复合加工中心）具有立式和卧式加工中心的功能，工件一次装夹后就能完成除安装面外的所有侧面和顶面（五个面）的加工，也称为五面加工中心，如图 5-5 所示。常见的万能加工中心有两种形式：一种主轴可实现立、卧转换，如图 5-6（a）所示；另一种主轴不改变方向，工作台带动工件旋转 90° 来完成对工件五个表面的加工，如图 5-6（b）所示。

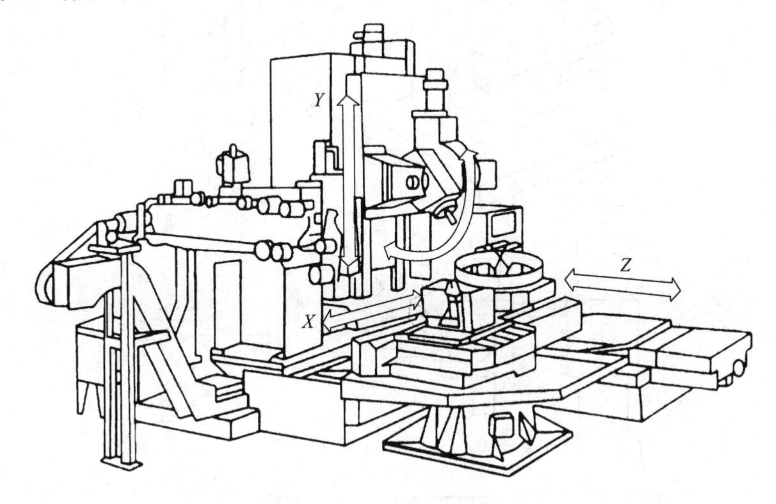

图 5-5 万能加工中心

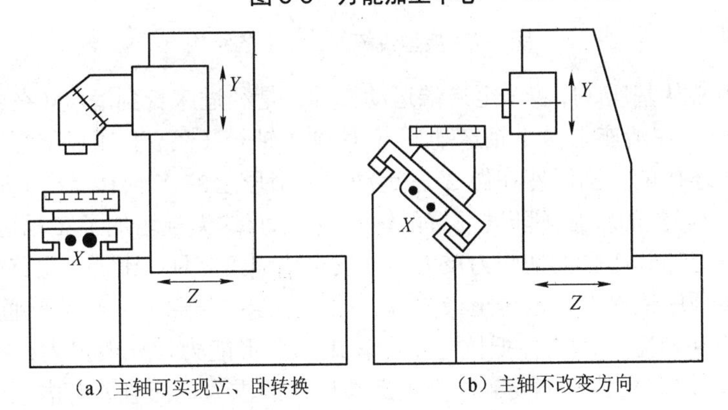

图 5-6 不同形式的万能加工中心

（a）主轴可实现立、卧转换；（b）主轴不改变方向

由于万能加工中心结构复杂、占地面积大、造价高，因此它的使用数量和生产数量远不如其他类型的加工中心。

5. 虚轴加工中心

虚轴加工中心是最近出现的一种全新概念的机床，它和传统的机床相比，在机床的机构、本质上有了巨大的飞跃。它的出现被认为是机床发展史上的一次重大变革。

1）传统加工中心的串联机构

虚轴加工中心与传统加工中心相比有许多优异的性能。一般传统机工中心可看作是一个空间串联机构，如图 5-7 所示，它的横梁、立柱等部件往往承受弯曲载荷，而弯曲载荷一般会比拉压载荷造成更大的应力和变形，所以，为了提高机床刚性，必须采用大截面的构件。另外，当机床运动自由度增多时，需增加相应的串联运动链，机床的机械结构变得十分复杂。

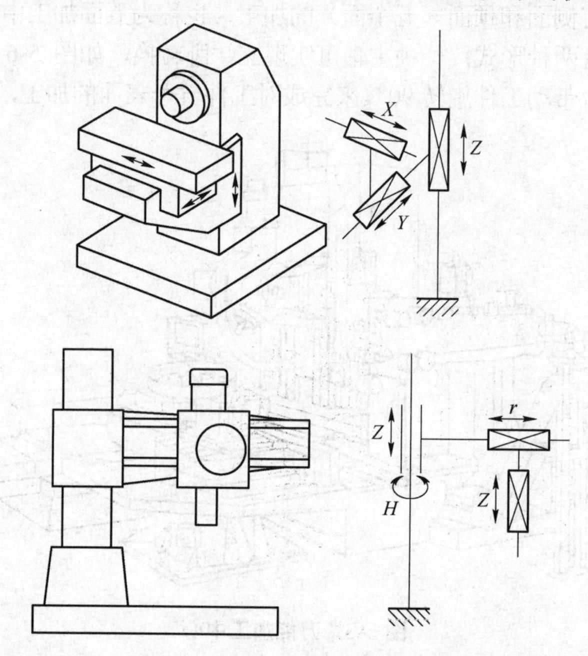

图 5-7　典型传统加工中心的结构

传统加工中心从基座（床身）至末端运动部件，是经过床身到滑座（在床身上做 X 轴运动）、滑座到立柱（在滑座上做 Y 轴运动）、立柱到主轴箱（在立柱上做 Z 轴运动）的先后顺序，逐级串联相连接的。当滑座在做 X 轴运动时，滑座上的 Y 轴和立柱上的 Z 轴也做了相应的空间运动，即后置的轴必须随同前置的轴一起运动。这无疑增加了 X 轴运动部件的质量。

加工时主轴上刀具所受的切削力反力，也依次传递给立柱、滑座，最终传递给床身，即末端所受的力按顺序依次串联地传至最前端。此外，这些作用力一般是不通过构件重心的，必然会产生弯矩和转矩，而构件抵抗弯矩和转矩的变形能力，一般仅为抵抗拉、压变形的 1/6～1/5。因此，前端构件不但要额外负担后端构件的重力，而且要考虑承受切削力。这样一来，为了达到机床高刚度的要求，每部分结构件都得考虑以上因素，使其具有相应体积和材料。总之，传统加工中心的串联结构特性，必然会导致移动部件的质量大、系统刚度低，而成为机床致命的弱点，特别是当机床运动速度高和工件质量大时，这些弱点更为突出。

2）虚轴加工中心的并联机构

虚轴加工中心的基本结构是一个运动平台、一个固定平台和六根长度可变的连杆，如图 5-8 所示。运动平台上装有机床主轴和刀具，固定平台（或者与固定平台固连的工作台）上安装工件，六根连杆实际是六个滚珠丝杠螺母副，它们将两个平台连在一起，同时将伺服电动机的旋转运动转换为直线运动，从而不断改变六根连杆的长度，带动动平台产生六自由度的空间运动，使刀具在工件上加工出复杂的三维曲面。由于这种加工中心上没有导轨、转台等表征坐标轴方向的实体构件，故称为虚轴机床（Virtual Axis Machine Tool）；根据其结构特点又称为并联运动机床（Parallel Kinematic Machine，PKM）；同时，由于其奇异的外形，西方刊物上还常称其为“六足虫”（Hexapod）。德国 Mikromat 公司的 6x 型虚轴加工中心如图 5-9 所示。

如前所述，虚轴加工中心实际是一个空间并联连杆机构，其六根杆即为六根并联连杆，它们是机床的驱动部件和主要承力部件，由于这六根杆均为二力杆，只承受拉载荷、压载荷，因此其应力、变形显著减小，刚性大大提高。由于不必要采用大截面的构件，运动部件的质量减小，从而可采用较高的运动速度和加速度。据介绍，虚轴加工中心刚性约为传统加工中心的 5 倍，又降低了工件的装卸高度，提高了操作性能。其次，Z 轴的移动在后床身上进行，进给力与轴向切削力在同一平面内，承受的扭曲力小，镗孔和铣削精度高。此外，由于 Z 轴导轨的承重是固定不变的，不随工件质量的改变而改变，有利于提高 Z 轴的定位精度和精度的稳定性。但是，由于 Z 轴承载较重，对提高 Z 轴的快速性不利，这是其不足之处。

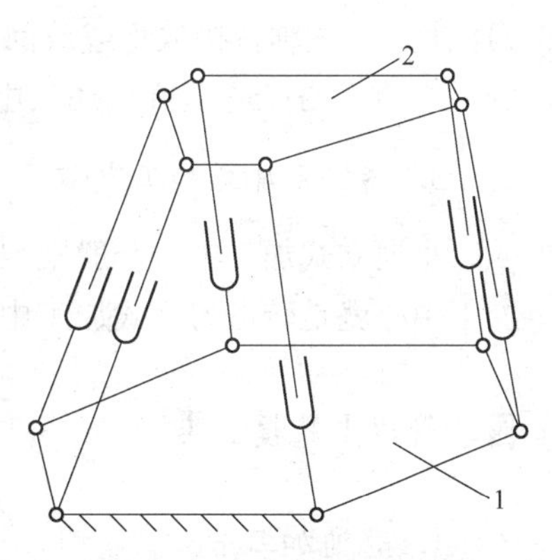

图 5-8 并联机构的工作原理

1—固定平台；2—运动平台

虚轴加工中心如图 5-9 所示。它改变了以往传统加工中心的结构，通过连杆的运动，实现主轴多自由度运动，完成工件复杂曲面的加工。

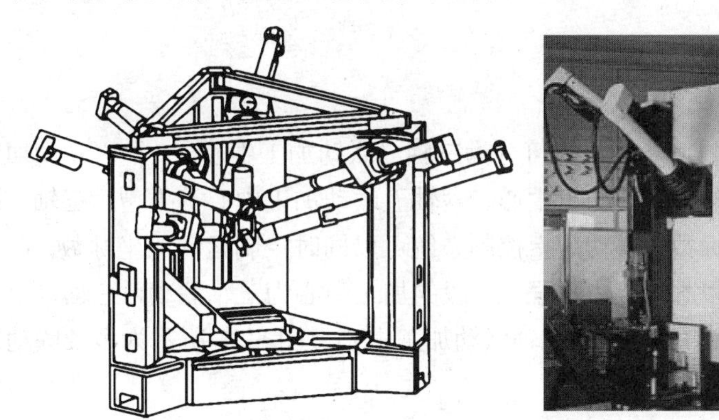

图 5-9 德国 Mikromat 公司的 6x 型虚轴加工中心

三、按换刀形式分类

1. 带刀库、机械手的加工中心

带刀库、机械手的加工中心的换刀装置（Automatic Tool Changer）是由刀库和机械手组成的，并由机械手来完成换刀工作。这是加工中心最普遍采用的形式，JCS-018A 型立式加工中心就属于这一类型。

2. 无机械手的加工中心

无机械手的加工中心的换刀是通过刀库和主轴箱的配合动作来完成的，一般是采用把刀库放在主轴箱可以运动到的位置，或者是整个刀库或某一刀位能移动到主轴箱可以到达的位置的办法。刀库中刀具存放位置方向与主轴装刀方向一致。换刀时，主轴运动到刀位上的换刀位置，由主轴直接取走或放回刀具。采用 BT-40 号以下刀柄的小型加工中心多为这种无机械手式的，XH754 型卧式加工中心就是这一类型。

3. 转塔刀库式加工中心

小型立式加工中心一般采用转塔刀库形式，它主要以孔加工为主。ZH5120 型立式钻削加工中心就是转塔刀库式加工中心。

四、按加工精度分类

1. 普通加工中心

普通加工中心，分辨率为 1μm，最大进给速度为 15～25m/min，定位精度为 10μm 左右。

2. 高精度加工中心

高精度加工中心，分辨率为 0.1μm，最大进给速度为 15～100m/min，定位精度为 2μm 左右。定位精度介于 2～10μm，以 5μm 较多，称为精密级加工中心。

五、按数控系统功能分类

加工中心根据数控系统控制功能的不同可分为三轴二联动加工中心、三轴三联动加工中心、四轴三联动加工中心、五轴四联动加工中心、六轴五联动加工中心等类型，三轴、四轴等是指加工中心具有的运动坐标数，联动是指控制系统可以同时控制运动的坐标数。同时可控轴数越多，加工中心的加工和适应能力越强。一般的加工中心为三轴联动，三轴以上的为高档加工中心，价格昂贵。图 5-10 所示为三轴联动加工中心。图 5-11 所示为多轴联动加工中心。

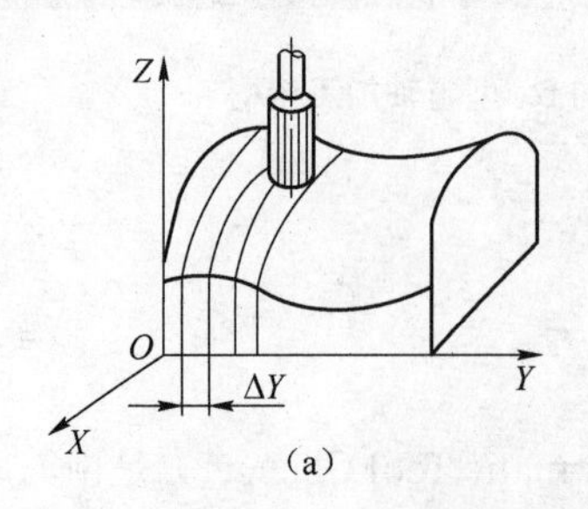

（a）

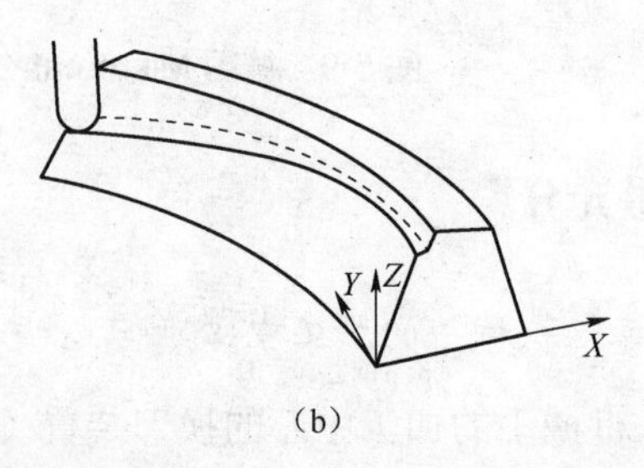

（b）

图 5-10　三轴联动加工中心

（a）三轴二联动；（b）三轴三联动

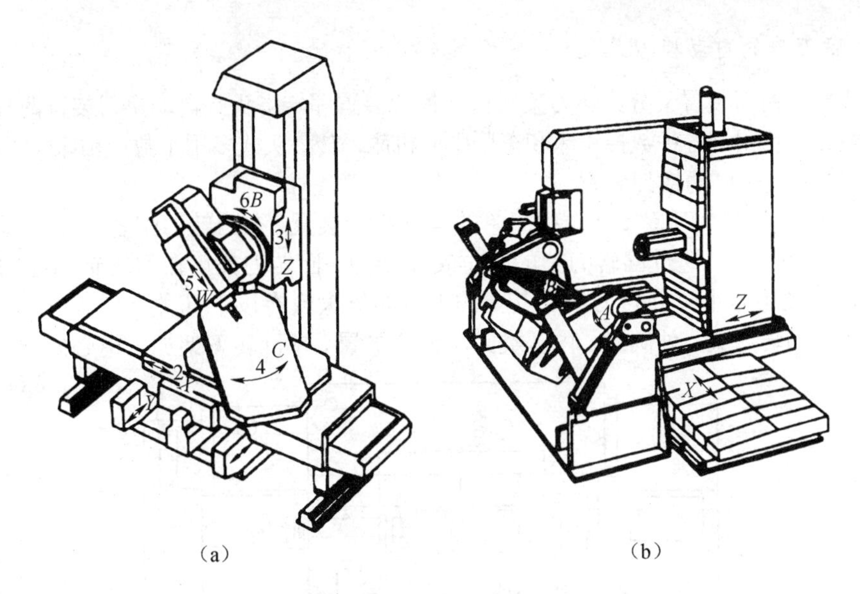

图 5-11 多轴联动加工中心

（a）可实现三轴至六轴控制的加工中心；（b）五轴联动加工中心

六、按工作台的数量和功能分类

按工作台的数量和功能分类，有单工作台加工中心、双工作台加工中心和多工作台加工中心（图 5-12）。多工作台加工中心有两个以上可更换的工作台，通过运送轨道可把加工完的工件连同工作台（托盘）一起移出加工部位，再把装有待加工工件的工作台（托盘）送到加工部位。

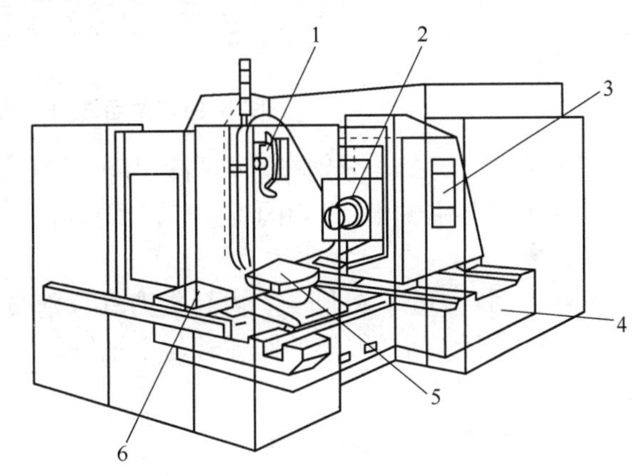

图 5-12 多工作台加工中心

1—机械手；2—主轴头；3—操作面板；4—底座；5、6—托盘

第四节 自动换刀机构

一、自动换刀装置的分类

加工中心自动换刀装置根据其组成结构可分为转塔式自动换刀装置、无机械手式自动换刀装置和有机械手式自动换刀装置。其中，转塔式自动换刀装置不带刀库，而后两种带刀库。

1. 不带刀库的自动换刀装置

转塔式自动换刀装置又分回转刀架式自动换刀装置和转塔头式自动换刀装置两种。回转刀架式自动换刀装置用于各种数控车床和车削中心机床，转塔头式多用于数控钻床、镗床、铣床。

1）回转刀架式自动换刀装置

回转刀架式自动换刀装置是一种简单的自动换刀装置。在回转刀架各刀座安装或夹持着各种不同用途的刀具，通过回转刀架的转位实现换刀。回转刀架可在回转轴的径向和轴向安装刀具。在加工中心上，回转刀架和其上的刀具布置大致有以下几种类型。

（1）一个回转刀架，外圆类、内孔类刀具混合放置。单回转刀架加工中心如图 5-13 所示。

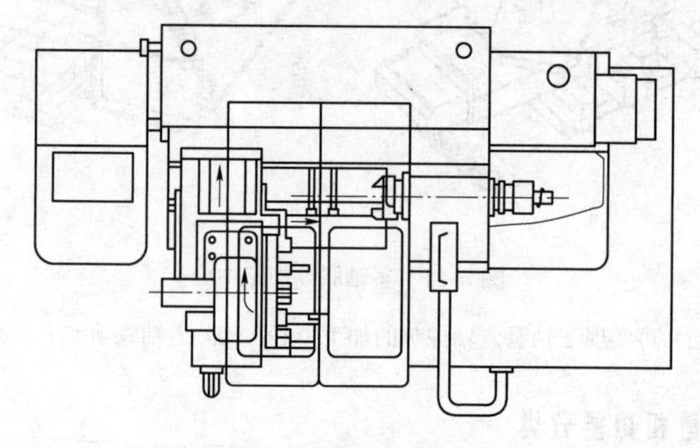

图 5-13　单回转刀架加工中心

（2）两个回转刀架，分别布置外圆和内孔类刀具。双回转刀架加工中心如图 5-14 所示，上刀架的回转轴与主轴平行，用于装外圆类刀具；下刀架的回转轴与主轴垂直，用于装内孔类刀具。

（3）双排回转刀架，外圆类、内孔类刀具分别布置在刀架的一侧面。双排回转刀架的外形如图 5-15 所示。回转刀架的回转轴与主轴倾斜，每个刀位上可装两把刀具，用于加工外圆和内孔。

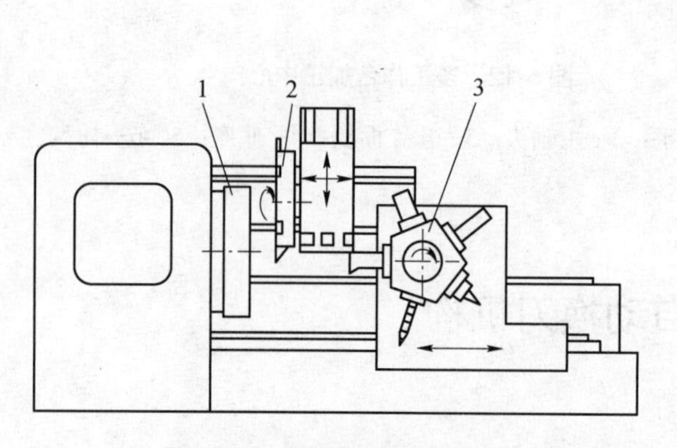

图 5-14　双回转刀架加工中心

1—主轴；2—上刀架；3—下刀架

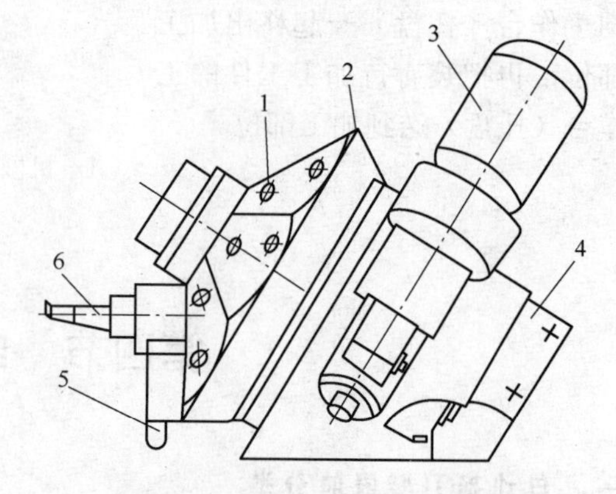

图 5-15　双排回转刀架的外形

1—刀类安装孔；2—转塔头；3—驱动电动机；4—底座；5—外圆刀具；6—内孔刀具

回转刀架的工位数最多可达 20 多个，但最常用的是 8 工位、10 工位、12 工位和 16 工位四种。由于工位数越多，刀间夹角越小，非加工位置刀具与工件相碰而产生干涉的可能性就越大，因此在刀架上布刀时要考虑这种情况，避免发生干涉现象。

回转刀架在结构上必须具有良好的强度和刚度，以承受粗加工时的切削力，减小刀架在切削力作用下的位移变形，提高加工精度。回转刀架还要选择可靠的定位方案和定位结构，以保证回转刀架在每次转位之后具有高的重复定位精度。

CK3263 系列数控车床回转刀架的结构如图 5-16 所示。回转刀架的升起、转位、夹紧等动作都是由液压驱动的。当数控装置发出换刀指令以后，液压油进入液压缸 1 的右腔，通过活塞推动刀架中心轴 2 将刀盘 3 左移，使端面齿盘 4 和 5 脱离啮合状态，为转位做好准备。端面齿盘处于完全脱开位置时，啮合状态行程开关 ST2 发出转位信号，液压马达带动转位凸轮 6 旋转，凸轮依次推动回转盘 7 上的分度柱销 8 使回转盘通过键带动中心轴及刀盘做分度转动。凸轮每转过一周拨过一个柱销，使刀盘旋转一个工位（1/n 周，n 为刀架工位数，也等于柱销数）。刀架中心轴的尾端固定着一个有 n 个齿的凸轮，每当中心轴转过一个工位时，凸轮压合计数行程开关 ST1 一次，开关将此信号送入控制系统。当刀盘旋转到预定工位时，控制系统发出信号使液压马达制动，转位凸轮停止运动，刀架处于预定位状态。与此同时，液压缸 1 左腔进油，通过活塞将刀架中心轴和刀盘拉回，端面齿盘啮合，刀盘完成精定位和夹紧动作。刀盘夹紧后，刀架中心轴尾部将啮合状态行程开关 ST2 压下，发出转位结束信号。

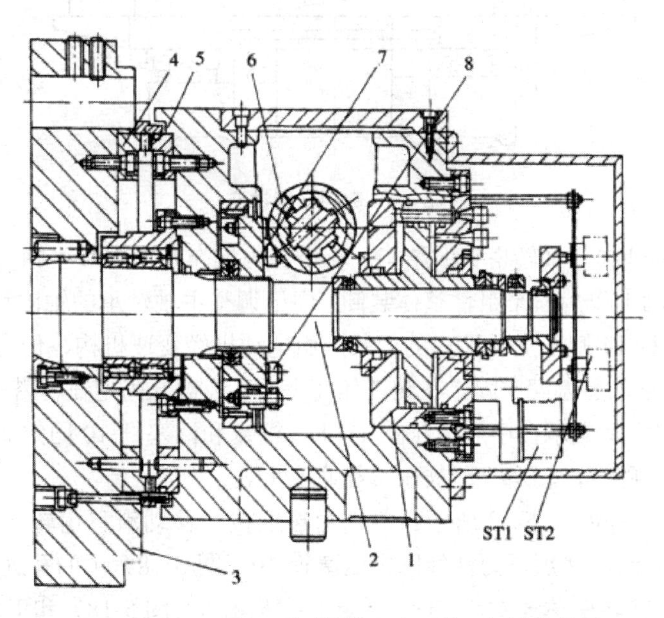

图 5-16　CK3263 系列数控车床回转刀架结构简图

1—液压缸；2—刀架中心轴；3—刀盘；4、5—端面齿盘；6—转位凸轮；7—回转盘；8—分度柱销；ST1—计数行程开关；ST2—啮合状态行程开关

2）转塔头式自动换刀装置

在使用转塔头式自动换刀装置的加工中心的转塔刀架上装有主轴头，转塔转动时更换主轴头实现自动换刀。在转塔各个主轴头上，预先安装有各工序所需的旋转刀具。图 5-17 所示为数控钻镗铣床，其可绕水平轴转位的转塔自动换刀装置上装有八把刀具，但只有处于最下端“工作位置”上的主轴与主传动链接通并转动。待该工序加工完毕，转塔按照指令转过一个或几个位置，待完成自动换刀后，再进入下一步的加工。

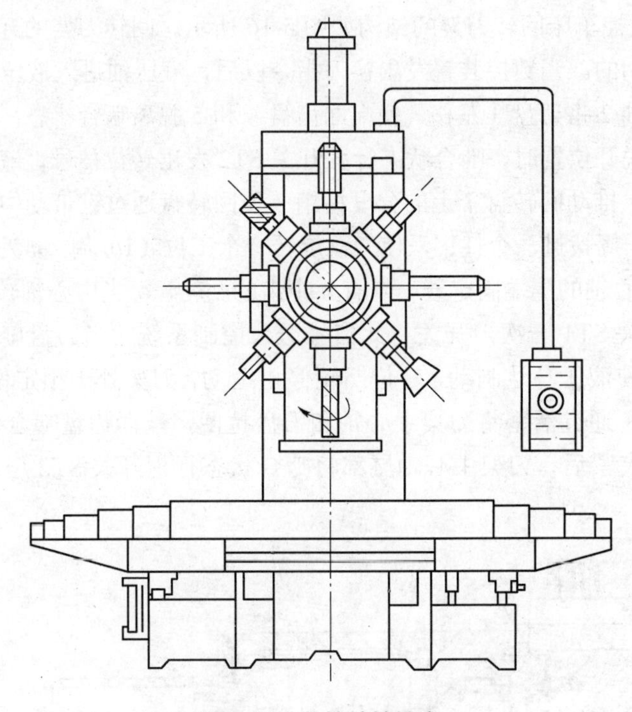

图 5-17　数控钻镗铣床

图 5-18 所示为卧式八轴转塔头的结构。转塔头内均布八根刀具主轴，结构完全相同，前轴承座 2 连同主轴 1 作为一个组件整体装卸，便于调整主轴轴承的轴向和径向间隙。按压操纵杆 12，通过顶杆 14 卸下主轴孔内的刀具。由电动机经变速机构、传动齿轮、滑移齿轮 4 到齿轮 13 传动主轴。上齿盘 5 固定在转塔体 8 上，下齿盘 6 固定在转塔底座上。转塔体 8 由两个推力球轴承 7、9 支承在中心液压缸 11 上，活塞和活塞杆 10 固定在转塔头底座上。当压力油进入油缸下腔时，转塔头即被压紧在底座上。

转塔头的转位过程如图 5-19 所示。首先由液压拨叉移动滑移齿轮 4（图 5-18），使它脱开齿轮 13（图 5-18），然后压力油经固定活塞杆 10（图 5-18）中的孔进入中心液压缸 11（图 5-18）的上腔，使转塔体 8（图 5-18）抬起，上齿盘 5（图 5-18）和下齿盘 6（图 5-18）脱开。当转塔头体 1 抬起时，与其连在一起的大齿轮 2 也上移，与轴 4 上的齿轮 3 啮合。当推动转塔头转位液压缸活塞移动时，活塞杆齿条 5 经齿轮传动轴 4，使转塔头转位。

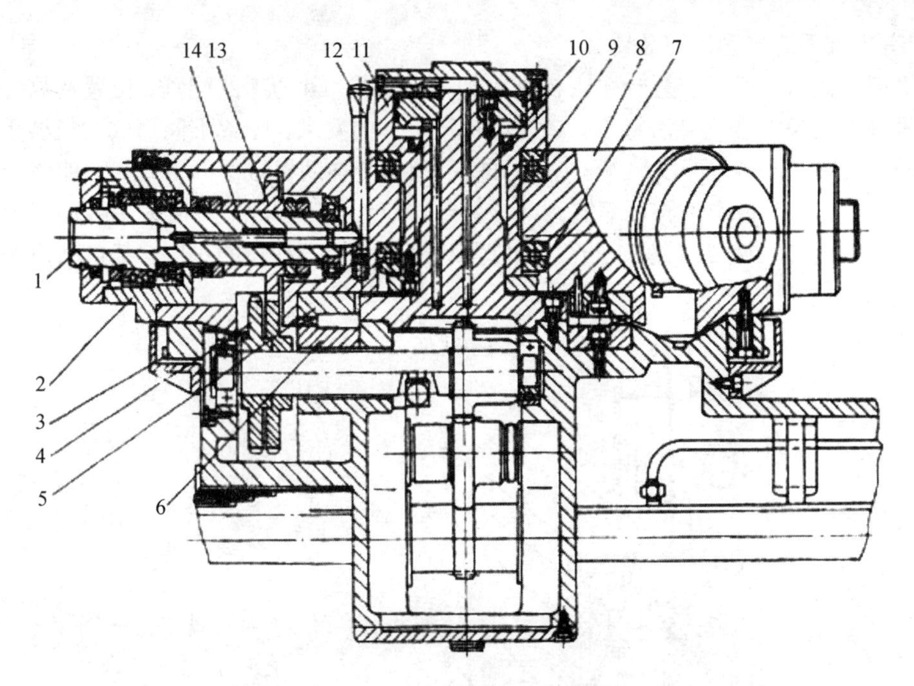

图 5-18 卧式八轴转塔头的结构

1—主轴；2—前轴承座；3—大齿轮；4—滑移齿轮；5、6—上、下齿盘；7、9—推力球轴承；8—转塔体；10—活塞杆；11—中心液压缸；12—操纵杆；13—齿轮；14—顶杆

同时，轴 4 下端的小齿轮通过齿轮 8、棘爪 15、棘轮 14、小轴 12 使杠杆 11 转动。当转塔头下一个刀具主轴转到工作位置时，杠杆 11 端部的金属电刷从两同心圆环上的某一组电触点转动，与下一组电触点相接，这样就可识别和记忆转塔头工作主轴的号码，并给机床控制系统发出信号。活塞杆齿条 5 每次移动，只能使转塔头做一次固定角度的分度运动，因此只适于顺序换刀。当活塞杆齿条 5 到达行程终点时，固定在齿轮 8 上并随之转动的挡杆 7 按压微动开关 6，发出信号使转塔头体下降压紧，转塔头定位夹紧时，大齿轮 2 下降与齿轮 3 脱开，此时大齿轮 2 下端面使一微动开关发出信号，使通向齿条油缸的油路换向，齿条活塞杆复位，这时齿轮 8 上的挡杆 7 按压微动开关 13，发出转塔头转位完毕的信号。液压拨叉重新将滑移齿轮 4（图 5-18）移到与齿轮 13（图 5-18）啮合的位置，使在工作位置的刀具主轴接通主运动链。

2. 带有刀库的自动换刀装置

1）无机械手式自动换刀装置

无机械手式自动换刀装置一般把刀库放在主轴箱可以运动到的位置，或整个刀库、某一刀位能移动到主轴箱可以到达的位置。同时刀库中刀具的存放方向一般与主轴箱的装刀方向一致。换刀时，由主轴和刀库的相对运动进行换刀动作，利用主轴取走或放回刀具。图 5-20 为几种无机械手式自动换刀装置的固定立柱式卧式加工中心。图 5-21 为固定立柱式卧式加工中心无机械手式自动换刀装置的换刀过程。

2）有机械手式自动换刀装置

有机械手式自动换刀装置一般由机械手和刀库组成。其刀库的配置、位置及数量的选用要比无机械手式换刀装置灵活得多。它可以根据不同的要求，配置不同形式的机械手，可以是单臂的、双臂的，甚至可以配置一个主机械手和一个辅助机械手的形式。它能够配备多至数百把刀具的刀库。换刀时间可缩短到几秒甚至零点几秒。因此，目前大多数加工中心都装配了有机械手式自动换刀装置。由于刀库位置和机械手换刀动作的不同，其自动换刀装置的结构形式也多种多样。

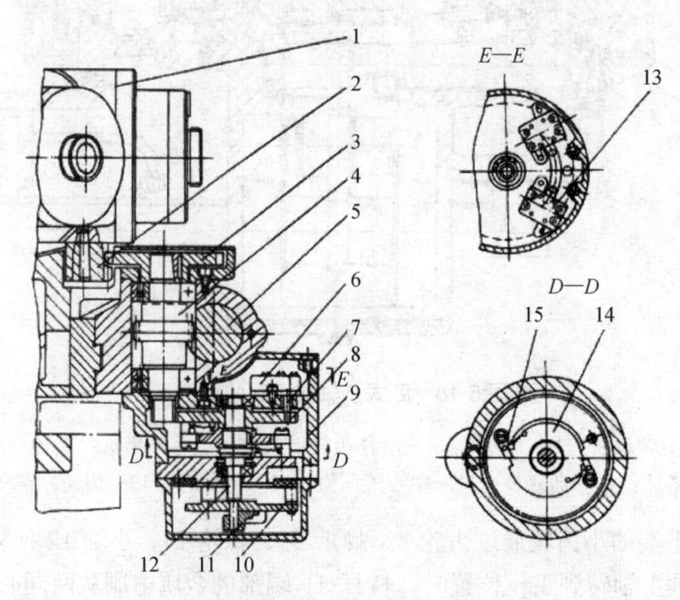

图 5-19　转塔头的转位过程

1—转塔头体；2—大齿轮；3、8—齿轮；4—轴；5—活塞杆齿条；6、13—微动开关；7—挡杆；9—壳体；10—盘；11—杠杆；12—小轴；14—棘轮；15—棘爪

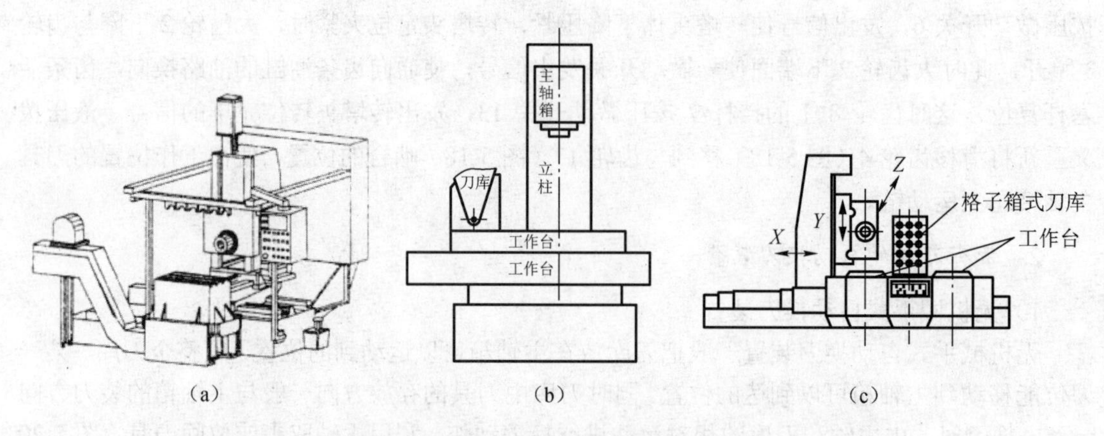

图 5-20　几种无机械手式自动换刀装置的固定立柱式卧式加工中心

（a）种类一；（b）种类二；（c）种类三

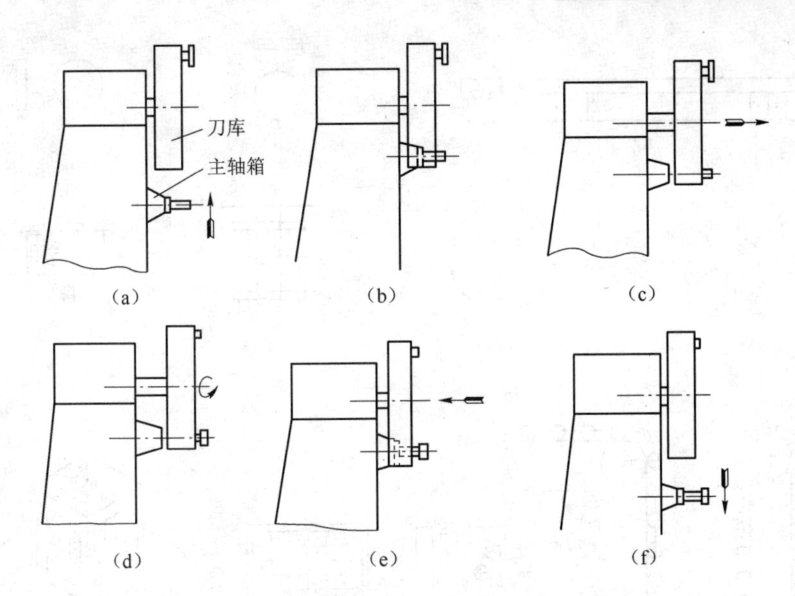

图 5-21　固定立柱式卧式加工中心无机械手式自动换刀装置的换刀过程

（a）步骤一；（b）步骤二；（c）步骤三；（d）步骤四；（e）步骤五；（f）步骤六

二、刀库

1. 刀库的类型

刀库的形式和容量主要是为了满足机床的工艺范围。图 5-22 所示为常见的几种刀库的结构形式。

1）直线刀库

直线刀库如图 5-22（a）所示，刀具在刀库中直线排列，结构简单，存放刀具数量有限（一般为 8～12 把），多用于数控车床，数控钻床也有采用。

2）圆盘刀库

圆盘刀库如图 5-22（b）～（g）所示，其存刀量少则 6～8 把，多则 50～60 把，并且有多种形式。

图 5-22（b）所示刀库，刀具径向布置，占有较大空间，一般置于机床立柱上端。图 5-22（c）所示刀库，刀具轴向布置，常置于主轴侧面，刀库轴心线可垂直放置，也可水平放置，其使用较为广泛。

图 5-22（d）所示刀库，刀具为伞状布置，多斜放于立柱上端。

3）链式刀库

链式刀库也是较常使用的一种形式，如图 5-22（h）、（i）所示。这种刀库的刀座固定在链节上，常用的有单排链式刀库［图 5-22（h）］，一般存刀量小于 30 把，个别能达到 60 把。若要进一步增加存刀量，则可使用加长链条的链式刀库［图 5-22（i）］。图 5-23 所示为多排链式刀库。

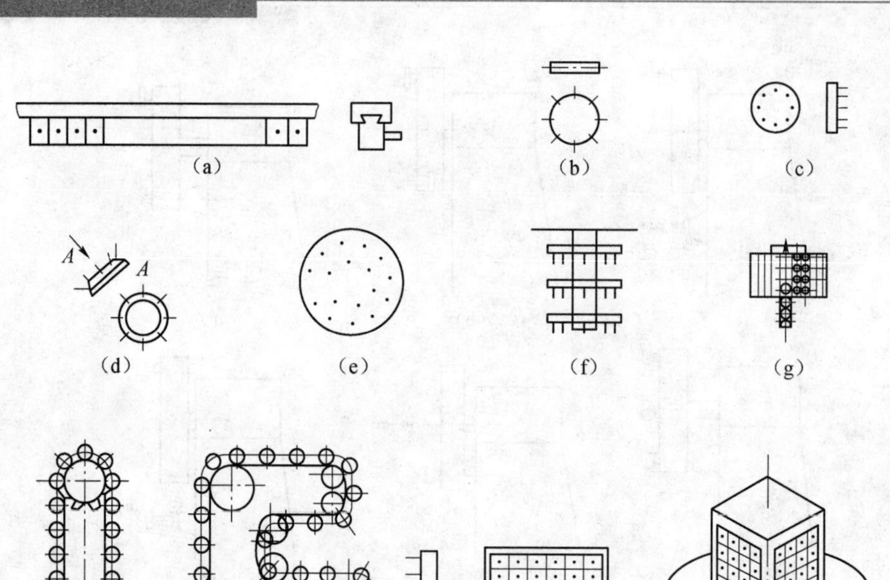

图 5-22　常见的几种刀库的结构形式

(a) 直线刀库；(b) 刀具径向布置的圆盘刀库；(c) 刀具轴向布置的圆盘刀库；
(d) 刀具伞状布置的圆盘刀库；(e) 刀具多圈布置的圆盘刀库；(f) 多层圆盘刀库；(g) 多排圆盘刀库；
(h) 单排链式刀库；(i) 加长链条的链式刀库；(j) 单面格子箱式刀库；(k) 多面格子箱式刀库

4）其他刀库

刀库的形式还有很多，值得一提的是格子箱式刀库，如图 5-22 (j)、(k) 所示，其刀库容量较大，可使整箱刀库与机外交换。为减少换刀时间，换刀机械手通常利用前一把刀具加工工件的时间，预先取出要更换的刀具，当然所配的数控系统应具备该项功能。这种刀库占地面积小、结构紧凑，在相同的空间内可容纳的刀具数量较多，但选刀和取刀动作复杂，已经很少用于单机加工中心，多用于 FMS 的集中供刀系统。

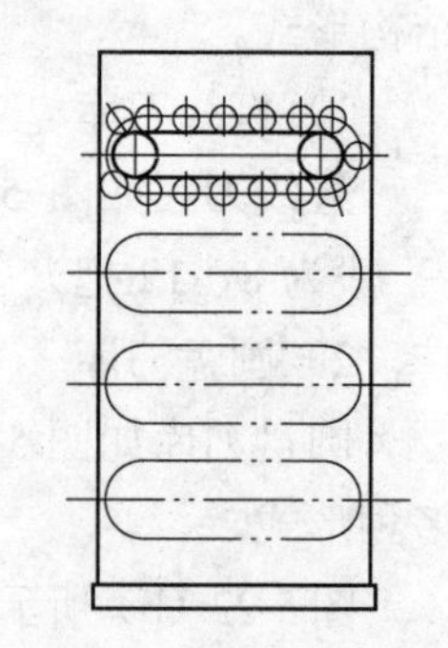

图 5-23　多排链式刀库

2. 刀库的容量

刀库的容量并不是越大越好，太大反而会增加刀库的尺寸和占地面积，使选刀时间增长。应根据广泛的工业统计，依照该机床大多数工件加工时需要的刀具数量来确定刀库容量。据资料分析，对于钻削加工，用 10 把刀具就能完成 80%的工件加工，用 20 把刀具就能完成 90%的工件加工；对于铣削加工，只需 4 把铣刀就可以完成 90%的铣削工艺；对于车削加工，只需 10 把刀具即可完成 90%的工艺加工。若是从完成被加工工件的全部工序考虑进行统计，得到的结果是大部分（超过 80%）的工件完成其全部加工只需 40 把左右刀具就足够了。因此从使用角度出发，刀库的容量一般为 10～40 把，盲目地加大刀库容量，会使刀库的利用率降低，结构过于复杂，造成很大的浪费。

3. 刀库的选刀方式

常用的刀具选择方法有顺序选刀和任意选刀两种。顺序选刀是在加工之前，将加工零件所需刀具按照工艺要求依次插入刀库的刀套中，顺序不能搞错，加工是按顺序调刀。加工不同的工件时必须重新调整刀库中的刀具顺序，不仅操作烦琐，而且由于刀具的尺寸误差也容易造成加工精度不稳定。其优点是刀库的驱动和控制都比较简单。因此，这种方式适合于加工批量较大，工件品种数量较少的中、小型自动换刀机床。

三、机械手

1. 机械手的形式与种类

在自动换刀数控机床中，机械手的形式也是多种多样的，常见的有图 5-24 所示的几种形式。

（1）单臂单爪回转式机械手［图 5-24（a）]。这种机械手的手臂可以回转不同的角度进行自动换刀，手臂上只有一个夹爪，不论在刀库上或在主轴上，均靠这一个夹爪来装刀及卸刀，因此换刀时间较长。

（2）单臂双爪摆动式机械手［图 5-24（b）]。这种机械手的手臂上有两个夹爪，两个夹爪有所分工，一个夹爪只执行从主轴上取下“旧刀”送回刀库的任务，另一个夹爪则执行由刀库取出“新刀”送到主轴的任务，其换刀时间较上述单臂单爪回转式机械手要短。

（3）单臂双爪回转式机械手［图 5-24（c）]。这种机械手的手臂两端各有一个夹爪，两个夹爪可同时抓取刀库及主轴上的刀具，回转 180° 后又同时将刀具放回刀库及装入主轴。换刀时间较以上两种单臂机械手均短，是最常用的一种形式。图 5-24（c）右边的一种机械手在爪取刀具或将刀具送入刀库及主轴时，两臂可伸缩。

（4）双机械手［图 5-24（d）]。这种机械手相当于两个单臂单爪机械手，相互配合起来进行自动换刀。其中一个机械手从主轴上取下“旧刀”送回刀库；另一个机械手由刀库中取出“新刀”装入机床主轴。

（5）双臂往复交叉式机械手［图 5-24（e）]。这种机械手的两手臂可以往复运动，并交叉成一定的角度。一个手臂从主轴上取下“旧刀”送回刀库，另一个机械手由刀库中取出“新刀”装入主轴。整个机械手可沿某导轨直线移动或绕某个转轴回转，以实现刀库与主轴间的换刀运动。

（6）双臂端面夹紧式机械手［图 5-24（f）]。这种机械手只是在夹紧部位上与前几种不同。前几种机械手均靠夹紧刀柄的外圆表面以抓取刀具，这种机械手则夹紧刀柄的两个端面。

2. 常用换刀机械手

1）单臂双爪式机械手

单臂双爪式机械手也称为扁担式机械手，如图 5-25 所示，它是目前加工中心上使用较多的一种。这种机械手的拔刀、插刀动作，大都由液压缸来完成。根据结构要求，可以采取液压缸动、活塞固定或活塞动、液压缸固定的结构形式。机械手臂的回转动作通过活塞的运动带动齿条齿轮传动来实现。

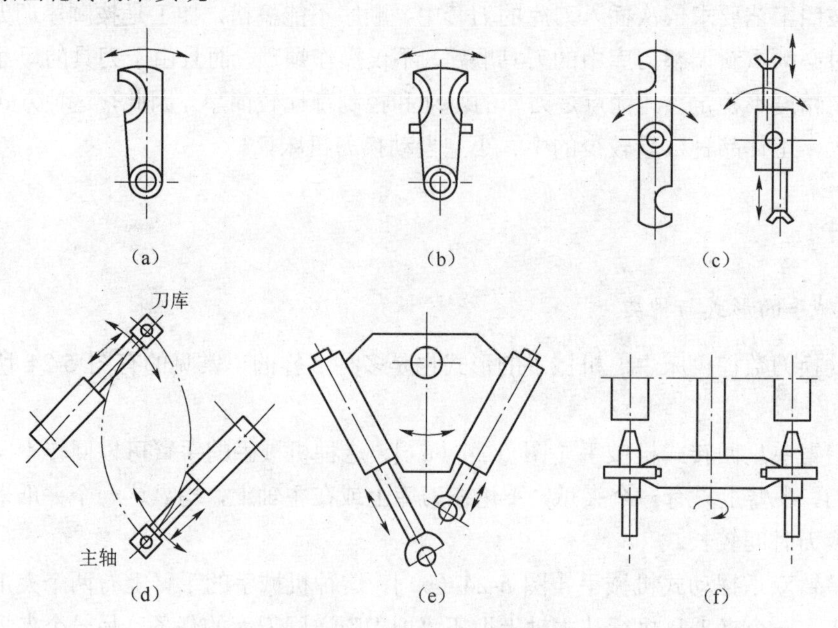

图 5-24　常见的机械手形式

(a) 单臂单爪回转式机械手；(b) 单臂双爪摆动式机械手；(c) 单臂双爪回转式机械手；(d) 双机械手；(e) 双臂往复交叉式机械手；(f) 双臂端面夹紧式机械手

图 5-25　单臂双爪式机械手

在刀库中存放刀具的轴线与主轴轴线相垂直。机械手有三个自由度，即沿主轴轴线方向移动 M，实现从主轴拔刀动作；绕竖直轴 90° 摆动 S_1，实现刀库与主轴之间刀具的传送；绕水平轴 180° 摆动 S_2，实现刀库与主轴刀具的交换。机械手的抓刀原理如图 5-26 所示。

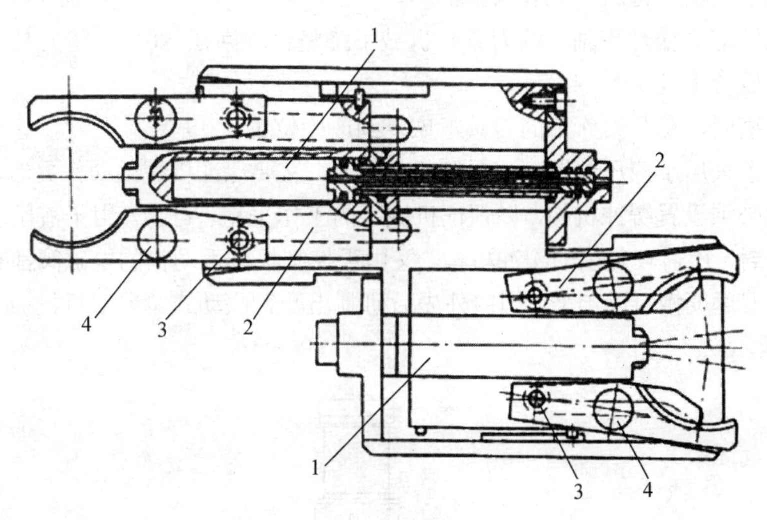

图 5-26 机械手的抓刀原理

1—液压缸；2—导向槽；3—销子；4—销轴

其换刀过程的分解动作如图 5-27 所示。

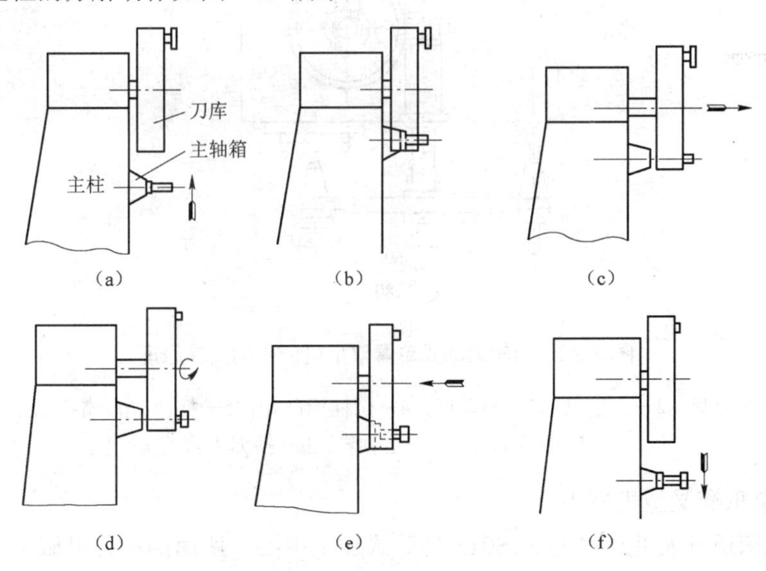

图 5-27 换刀过程的分解动作

（1）抓爪伸出，抓住刀库上的刀具。刀库刀座上的锁板拉开。

（2）机械手带着刀库上的刀具绕竖直轴逆时针方向摆动 90°，另一个抓爪伸出抓住主轴上的刀具。

（3）机械手前移，将刀具从主轴上取下。

（4）机械手绕自身水平轴转动 180°，将两把刀具交换位置。

（5）机械手后退，将新刀具装入主轴。

（6）抓爪回缩，松开主轴上的刀具。机械手绕竖直轴回摆 90°，将刀具放回刀库，刀库刀座上的锁板合上。

（7）抓爪缩回，松开刀库上的刀具，恢复到原始位置。

这种机械手采用了液压装置，既要保证不漏油，又要保证机械手动作灵活，而且每个动作结束之前均必须设置缓冲机构，以保证机械手的工作平稳、可靠。由于液压驱动的机械手需要严格地密封，还需较复杂的缓冲机构，又由于控制机械手动作的电磁阀都有一定的时间常数，因此换刀速度慢。近年来，国内外先后研制出凸轮联动式单臂双爪机械手，其工作原理如图 5-28 所示。

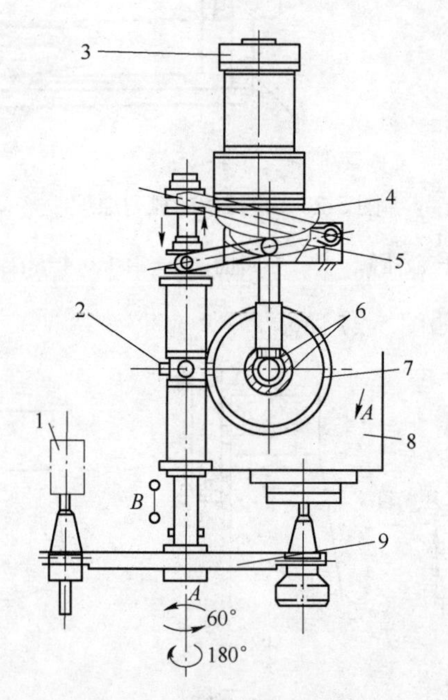

图 5-28　凸轮联动式单臂双爪机械手的工作原理

1—刀套；2—十字轴；3—电动机；4—圆柱槽凸轮；5—杠杆；6—锥齿轮；7—凸轮滚子；8—主轴箱；9—换刀手臂

2）双臂单爪交叉型机械手

由北京机床所开发并生产的 JCS013 型卧式加工中心，所用的换刀机械手就是双臂单爪交叉型机械手，如图 5-29 所示。

3）单臂双爪且手臂回转轴与主轴成 45°的机械手

单臂双爪且手臂回转轴与主轴成 45°的机械手的优点是换刀动作可靠，换刀时间短；缺点是刀柄精度要求高，结构复杂，联机调整的相关精度要求高，机械手离加工区较近。

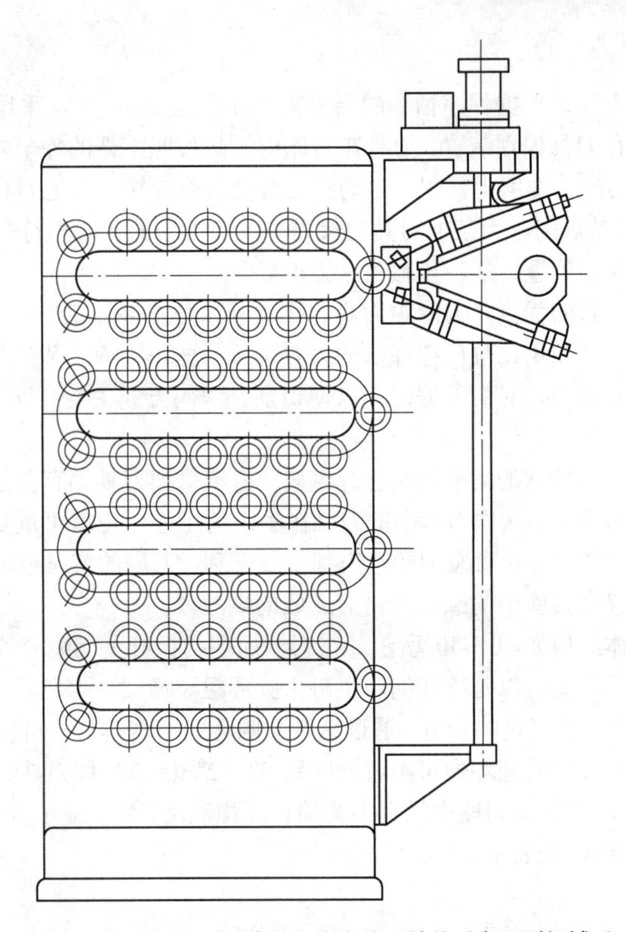

图 5-29 JCS013 型卧式加工中心的双臂单爪交叉型机械手

四、刀具的选择方式

根据数控装置发出的换刀指令，刀具交换装置从刀库中将所需的刀具转换到取刀位置，称为自动选刀。自动选刀通常又有顺序选择和任意选择两种方式。

1. 顺序选择刀具

刀具的顺序选择方式是将刀具按加工工序的顺序，依次放入刀库的每一个刀座内。每次换刀时，刀库按顺序转动一个刀座的位置，并取出所需要的刀具。已经使用过的刀具可以放回到原来的刀座内，也可以按顺序放入下一个刀座内。采用这种方式的刀库，不需要刀具识别装置，驱动控制也比较简单，可以直接由刀库的分度机构来实现。因此刀具的顺序选择方式具有结构简单、工作可靠等优点。由于刀库中刀具在不同的工序中不能重复使用，因此必须相应地增加刀具的数量和刀库的容量，这样就降低了刀具和刀库的利用率。此外，人工装刀操作必须十分谨慎，如果刀具在刀库中的顺序发生差错，将造成设备或质量事故。

2. 任意选择刀具

任意选择刀具方式是根据程序指令的要求来选择所需要的刀具，采用任意选择方式的自动换刀系统中必须有刀具识别装置。刀具在刀库中不必按照工件的加工顺序排列，可任意存放。每把刀具（或刀座）都编上代码，自动换刀时，刀库旋转，每把刀具（或刀座）都经过“刀具识别装置”接受识别。当某把刀具的代码与数控指令的代码相符合时，该刀具就被选中，并将刀具送到换刀位置，等待机械手来抓取。

任意选择刀具方式的优点是刀库中刀具的排列顺序与工件加工顺序无关，相同的刀具可重复使用。因此，刀具数量比顺序选择法的刀具可少一些，刀库也相应的小一些。

任意选择刀具方式必须对刀具编码，以便识别。编码方式主要有以下三种。

1）刀具编码方式。

刀具编码方式采用特殊的刀柄结构进行编码。由于每把刀具都有自己的代码，因此可以存放于刀库的任一刀座中。这样刀库中的刀具在不同的工序中也就可重复使用，用过的刀具也不一定要放回原刀座中，这对装刀和选刀都十分有利，刀库的容量也可以相应地减少，还可避免由于刀具存放在刀库中的顺序差错而造成的事故。

刀具编码的具体结构如图 5-30 所示。在刀柄后端的拉杆上套装着等间隔的编码环，由锁紧螺母固定。编码环既可以是整体的，也可由圆环组装而成。编码环直径有大、小两种，大直径为二进制的 1，小直径的为 0。通过这两个圆环的不同排列，可以得到一系列代码。例如，由六个大、小直径的圆环便可组成能区别 63（$2^6-1=63$）种刀具的编码。通常全部为 0 的代码不许使用，以避免与刀座中没有刀具的状况相混淆。为了便于操作者的记忆和识别，也可采用二-八进制编码来表示。

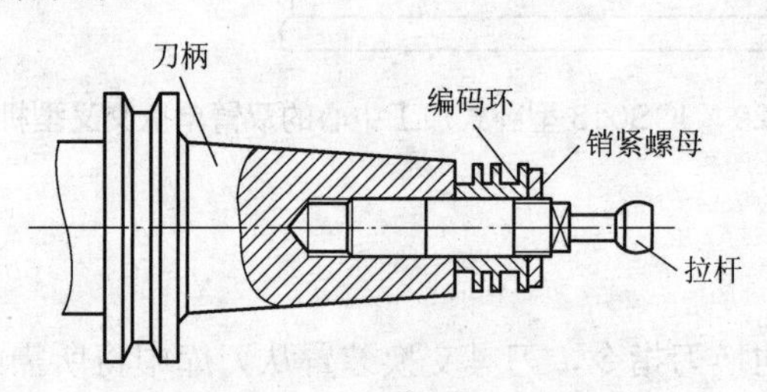

图 5-30　刀具编码的结构

2）刀座编码方式

刀座编码方式对刀库中的每个刀座都进行编码，刀具也编码，并将刀具放到与其号码相符的刀座中。换刀时刀库旋转，使各个刀座依次经过识刀器，直至找到规定的刀座，刀座便停止旋转。由于这种编号方式取消了刀柄中的编码环，使刀柄结构大为简化；因此刀具识别装置的结构不受刀柄尺寸的限制，而且可以放在较适当的位置。另外，在自动换刀过程中，必须将用过的刀具放回原来的刀座中，增加了换刀动作。与顺序选择刀具的方式相比，刀座编码方式的突出特点是刀具在加工过程中可以重复使用。

图 5-31 所示为圆盘刀库的刀座编码装置。图中在圆盘的圆周上均布若干个刀座识别装置。刀座编码的识别原理与上述刀具编码原理完全相同。

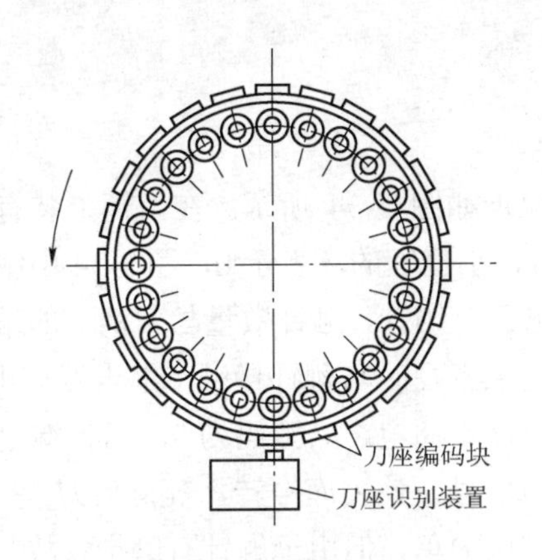

图 5-31　圆盘刀库的刀座编码的结构

3）编码附件方式

编码附件方式可分为编码钥匙、编码卡片、编码杆和编码盘等，其中应用最多的是编码钥匙。这种方式是先给各刀具都附上一把表示该刀具号的编码钥匙，当把各刀具存放到刀库中时，将编码钥匙插进刀座旁边的钥匙孔中，这样就把钥匙的号码转记到刀座中，给刀座编上了号码。识别装置可以通过识别钥匙上的号码来选取该钥匙旁边刀座中的刀具。

编码钥匙的形状如图 5-32 所示，图中钥匙的两边最多可带有 22 个方齿，除导向用的两个方齿外，共有 20 个凸出或凹下的位置，可区别 99999 把刀具。

图 5-33 为编码钥匙孔的剖面图，钥匙沿着水平方向的钥匙缝插入钥匙孔座，再顺时针方向旋转 90°，处于钥匙代码凸起的第一弹簧接触片被撑起，表示代码“1”；处于代码凹处的第二弹簧接触片保持原状，表示代码“0”。由于钥匙上每个凸凹部分的旁边各有相应的电刷，故可将钥匙各个凸凹部分识别出来，即识别出相应的刀具。

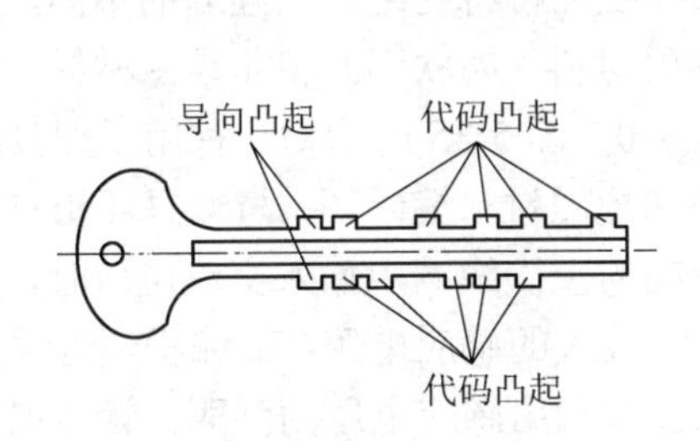

图 5-32　编码钥匙的形状

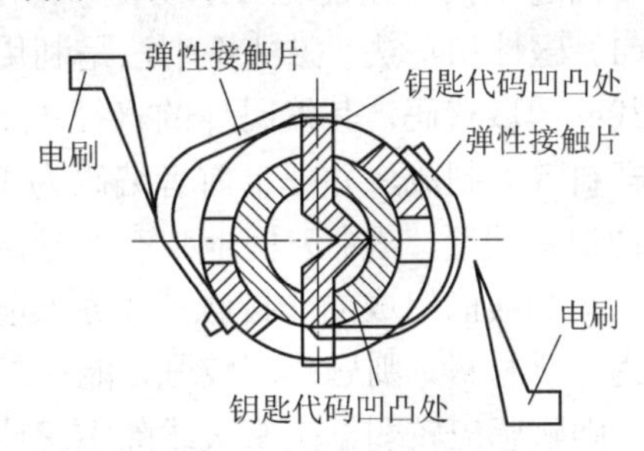

图 5-33　编码钥匙孔的剖面图

这种编码方式又称为临时性编码，因为从刀座中取出刀具时，刀座中的编码钥匙也取出，刀座中原来的编码便随之消失。这种方式具有更大的灵活性。采用这种编码方式用过的刀具必须放回原来的刀座中。

五、刀具识别装置

刀具（刀座）识别装置是可任意选择刀具的自动换刀系统中的重要组成部分，常用的有以下两种。

1. 接触式刀具识别装置

接触式刀具识别装置的原理如图 5-34 所示。在刀柄上装有两种直径不同的编码环，规定大直径的环表示二进制的 1，小直径的环表示 0，图 5-34 中编码环有 5 个，在刀库附近固定一刀具识别装置，从中伸出几个触针，触针数量与刀柄上的编码环个数相等。每个触针与一个继电器相连，当编码环是大直径时与触针接触，继电器通电，其数码为 1。当编码环是小直径时与触针不接触，继电器不通电，其数码为 0。当各继电器得出的数码与所需刀具的编码一致时，由控制装置发出信号，使刀库停转，等待换刀。

接触式刀具识别装置的结构简单，但由于触针有磨损，故其寿命较短，可靠性较差，且难以快速选刀。

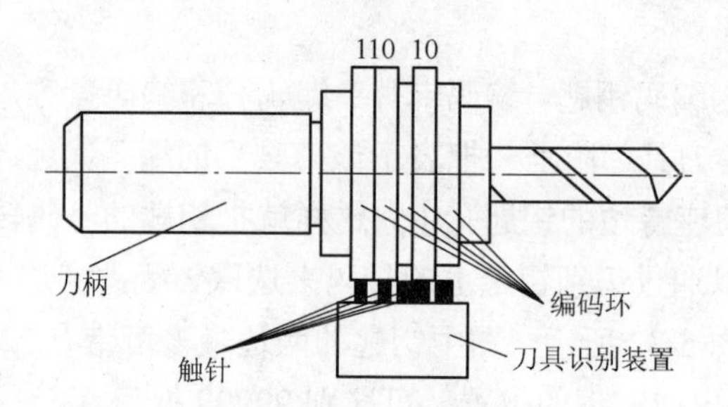

图 5-34　接触式刀具识别装置的原理

2. 非接触式刀具识别装置

非接触式刀具识别装置没有机械直接接触，因而无磨损、无噪声、寿命长、反应速度快，适应于高速、换刀频繁的工作场合。常用的识别装置方法有磁性识别法和光电识别法。

（1）磁性识别法。磁性识别法是利用磁性材料和非磁性材料的磁感应强弱的不同，通过感应线圈读取代码。其编码环的直径相等，分别由导磁材料（如软钢）和非导磁材料（如黄铜、塑料等）制成，并规定前者编码为 1，后者编码为 0。图 5-35 所示为一种用于刀具编码的磁性识别装置，图中刀柄上装有非导磁材料编码环和导磁材料编码环，与编码环相对应的有一组检测线圈组成的非接触式识别装置。在检测线圈的一次线圈中输入交流电压时，如编程环为导磁材料，则磁感应较强，能在二次线圈中产生较大的感应电压；如编程环为非导磁材料，则磁感应较弱，在二次线圈中感应的电压就较弱。利用感应电压的强弱，就能识别刀具的号码。当编码的号码与指令刀号相符时，控制电路便发出信号，使刀库停止运转，等待换刀。

（2）光电识别法。光电识别法是利用光导纤维良好的光传导特性，采用多束光导纤维构成阅读法。用靠近的二束光导纤维来阅读二进制编码的一位时，其中一束将光源投到能反光或不能反光（被涂黑）的金属表面上，另一束光导纤维将反射光送至光电转换元件转换成电信号，以判断正对这二束光导纤维的金属表面有无反射光，有反射光时（表面光亮）为 1，无反射时（表面涂黑）为 0，如图 5-36（a）所示。在刀具的某个磨光部位按二进制规律涂黑或不涂黑，就可给刀具编上号码。正当中的一小块反光部分用来发出同步增长信号。阅读头端面如图 5-36（b）所示，共用的投光射出面为一矩形框，中间嵌进一排共九个圆形的受光入射面。当阅读头端面正对刀具编码部位，沿箭头方向相对运动时，在同步信号的作用下，可将刀具编码读入，并与给定的刀具号进行比较而选刀。

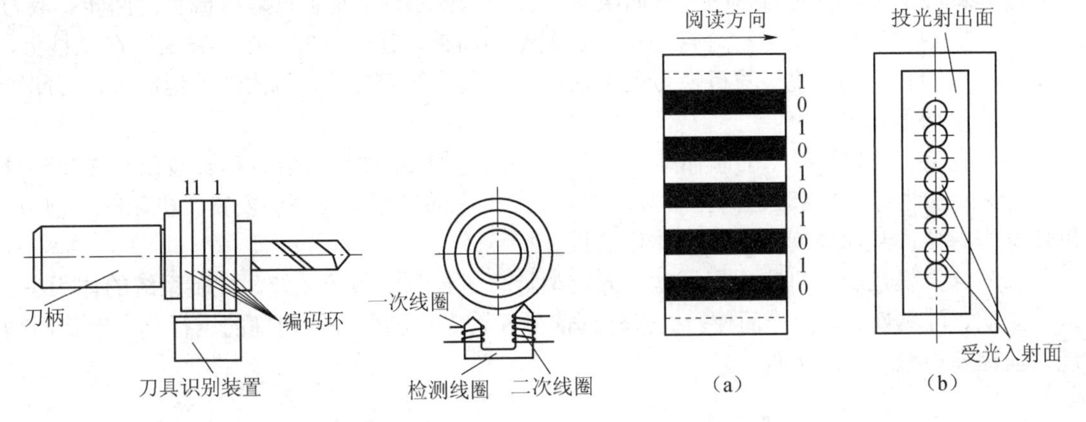

图 5-35 磁性识别法的原理

图 5-36 光电识别法的原理

第五节 JCS-018A 型立式加工中心

一、JCS-018A 型立式加工中心简介

JCS-018A 型立式加工中心是由北京机床研究所研制，工件一次装夹后，可以自动连续地完成镗、铣、钻、铰、扩、锪和攻螺纹等多种工序的加工中心。它适合于小型板类、盘类、壳体类和模具等零件的多品种小批量加工。使用该机床加工中、小批量的复杂零件，一方面可以节省在普通机床上加工所需的大量的工艺装备，缩短了生产准备周期；另一方面能够确保工件的加工质量，提高生产率。

JCS-018A 型立式加工中心主要部件及主要运动（图 5-37)：床身 1、立柱 15 为该机床的基础部件，交流变频调速电动机将运动经主轴箱 5 内的传动件传给主轴，实现旋转主运动。三个宽调速直流（DC）伺服电动机 10、17、13 分别经滚珠丝杠螺母副将运动传给工作台 8、滑座 3，实现 *X*、*Y* 坐标的进给运动，传给主轴箱 5 使其沿立柱导轨做 *Z* 坐标的进给运动。立柱左上侧的圆盘形刀库 6 可容纳 16 把刀，由机械手 7 进行自动换刀。立柱的左后部为数控柜 16，左下侧为润滑油箱 18。

JCS-018A 型立式加工中心具有如下特点：

（1）强力切削。JCS-018A 型立式加工中心采用的是 FANUCAC 主轴电动机。电动机的运动经一对齿形带轮传到主轴。主轴转速的恒功率范围宽，低转速的转矩大，机床的主要构件刚度高，故可以进行强力切削。因为主轴箱内无齿轮传动，所以主轴运转时噪声低、振动小、热变形小。

（2）高速定位。进给直流伺服电动机的运动经联轴节和滚珠丝杠副，使 *X* 轴和 *Y* 轴获得

14m/min，Z 轴获得 10m/min 速度的快速移动。由于机床基础件刚度高，且各导轨的滑动面上贴有一层聚四氟乙烯软带，因此机床在高速移动时振动小，低速移动时无爬行，并有高的精度和稳定性。

（3）随机换刀。驱动刀库的直流伺服电动机经蜗杆副使刀库回转。机械手的回转、取刀和装刀机构均由液压系统驱动。自动换刀装置结构简单，换刀可靠。由于它安装在立柱上，故不影响主轴箱移动精度。随机换刀采用记忆式的任选换刀方式，每次选刀运动时，刀库正转或反转角均不超过 180°。

（4）机电一体化。机床的总体结构，将控制柜、数控柜和润滑装置都安装在立柱和床身上，减少了占地面积，同时也简化了搬运和安装。机床的操作面板集中安置在机床的右前方，以使操作方便，从而体现出机电一体化的设计特点。

（5）计算机控制。机床采用了软件固定型计算机控制的数控系统。控制系统的体积小、故障率低、可靠性高、操作简便。机床外部信号和程序控制器装置内部的运行具有自诊断功能，监控和检查直观、方便。

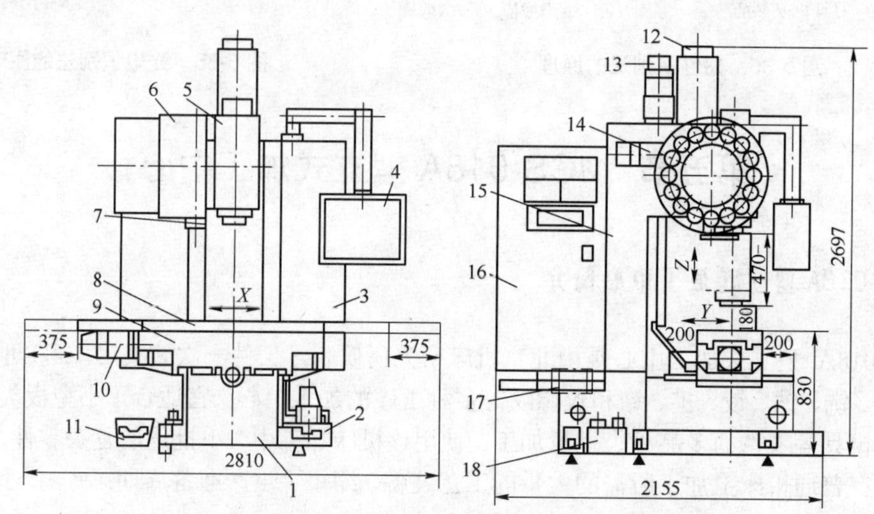

图 5-37　JCS-018A 型立式加工中心的主要构成

1—床身；2—切削液箱；3—驱动电柜；4—操纵面板；5—主轴箱；6—刀库；7—机械手；8—工作台；9—滑座；10—X 轴伺服电动机；11—切屑箱；12—主轴电动机；13—Z 轴伺服电动机；14—刀库电动机；15—立柱；16—数控柜；17—Y 轴伺服电动机；18—润滑油箱

二、主要性能指标

1. 主机

（1）工作台。工作台的外形尺寸（工作面）为 1200mm×450mm（1000mm×320mm）、工作台 T 形槽宽×槽数为 18mm×3。

（2）移动范围。工作台左右行程（X 轴）为 750mm、工作台前后行程（Y 轴）40mm、主轴箱上下行程（Z 轴）为 470mm、主轴端面距工作台距离为 180～650mm。

（3）主轴箱。主轴锥孔为锥度 7∶24、BT45，主轴转速（标准型、高速型）为 2250r/min、

45～4500r/min，主轴驱动电动机功率（额定/30min）为 5.5kW/7.5kW（FANUC 交流主轴电动机 12 型）。

（4）进给速度。快速移动速度 X、Y 轴为 14m/min、（Z 轴）为 10m/min，进给速度（X、Y、Z 轴）为 1～4000mm/mim，进给驱动电动机功率为 1.4kW（FANUC-BESK 直流伺服电动机 15 型）。

（5）自动换刀装置。刀库容量为 16 把、选刀方式为任选、最大刀具尺寸（直径×长度）为 100mm×300mm、最大刀具质量为 10kg、刀库电动机功率为 1.4kW（FANUC-BESK 直流伺服电动机 15 型）。

（6）精度。定位精度为±（0.012mm/300mm）、重复定位精度为±0.006mm。

（7）承载能力。工作台允许负载为 500kg、滚珠丝杠尺寸（X、Y、Z 轴）为 ϕ40mm×10mm、钻孔能力（一次钻出）为 ϕ32mm、攻螺纹能力为 M24mm、铣削能力为 $100cm^3/min$。

（8）其他。气源压强为 49～68.6Pa（250L/min）、机床质量为 4.5t、占地面积为 3500mm×3060mm。

2. 数控装置

（1）规格。控制轴数为 3 轴、同时控制轴数为任意 2 轴或 3 轴、轨迹控制方式为直线/圆弧方式或空间直线/螺旋方式、纸带代码为 EIA/ISO、脉冲当量为 0.001mm 或 0.0001in、最大指令值为 99999.999mm 或±9999.9999in、纸带存储和编辑为 30m 纸带信息（12KB）。

三、JCS-018A 型加工中心的传动系统

JCS-018A 型加工中心的传动系统如图 5-38 所示。它存在五条传动链：主运动传动链，纵向、横向、垂直方向传动链，刀库的旋转运动传动链，分别用来实现刀具的旋转运动，工作台的纵向、横向进给运动，主轴箱的升降运动，以及选择刀具时刀库的旋转运动。

1. 主运动传动系统

主轴电动机通过一对同步带轮将运动传给主轴，使主轴在 22.5～2250r/min 的转速范围内可以实现无级调速。

主轴电动机采用了 FANUCAC12 型交流伺服电动机，该电动机 30min 超载时的最大输出功率为 15kW，连续运转时的最大输出功率为 11kW，计算转速为 1500r/min。JCS-018A 型加工中心在主轴电动机的伺服系统中加了功率限制，使电动机的额定输出功率为 7.5kW（30min 超载）和 5.5kW（连续运转），电动机的计算转速为 750r/min，即加大了恒功率区域。

图 5-39 为该加工中心的功率、转矩特性曲线，实线为电动机的特性，虚线为主轴的特性。其功率特性曲线如图 5-39（a）所示，电动机转速范围为 45～4500r/min，其中在 750～4500r/min 转速范围内为恒功率区域。电动机的运动经过 1/2 齿形带轮传给主轴，主轴的转速范围为 22.5～2250r/min，主轴的计算转速为 375r/min，转速在 375～2250r/min 的范围内为主轴的恒功率区域，在该区域内，主轴传递电动机的全部功率 5.5kW（连续运转）或 7.5kW（30min 超载）。其转矩特性曲线如图 5-39（b）所示，电动机转速在 45～750r/min 范围内为恒转矩区域，其连续运转的最大输出扭矩为 70N·m，电动机 30min 超载时的最大输出转矩为 95.5N·m。主轴恒功率区域的转速范围为 22.5～375r/min，最大输出转矩分别为 140N·m 和 191N·m。

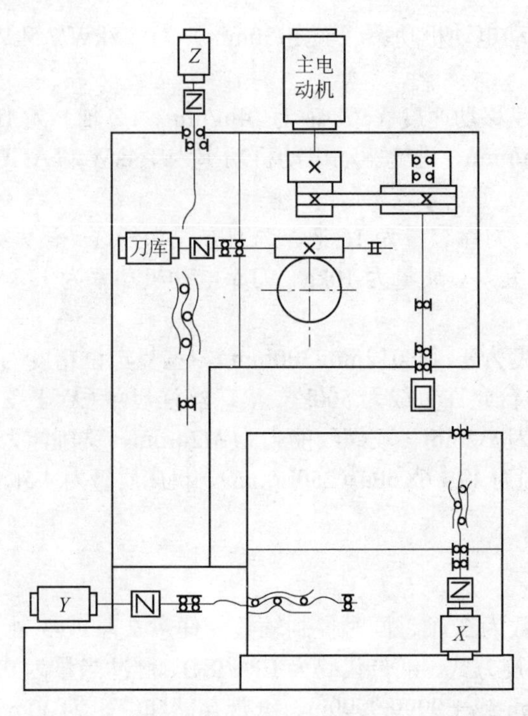

图 5-38　JCS-018A 型立式加工中心的传动系统

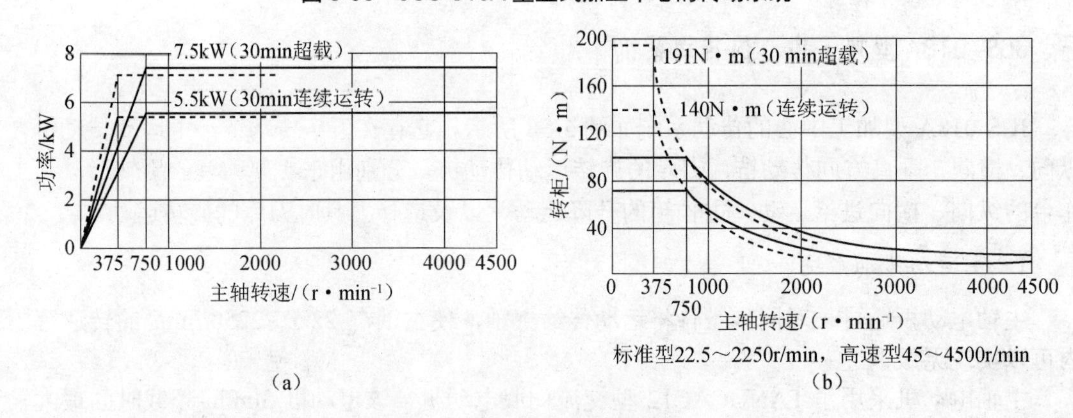

图 5-39　功率、转矩特性曲线

（a）功率特性曲线；（b）转矩特性曲线

2. 进给传动系统

X、*Y*、*Z* 三个轴各有一套基本相同的伺服进给系统。脉宽调速直流伺服电动机直接带动滚珠丝杠，功率都为 1.4kW，无级调速。三个轴的进给速度均为 1～400mm/min。快移速度时 *X*、*Y* 两轴皆为 15m/min，*Z* 轴为 10m/min。三个伺服电动机分别由数控指令通过计算机控制，任意两个轴都可以联动。

3. 刀库驱动系统

圆盘形刀库也用直流伺服电动机经蜗杆蜗轮驱动，装在标准刀柄中的刀具，置于圆盘的周边。当需要换刀时，刀库旋转到指定位置准停，机械手换刀。

四、JCS-018A 型加工中心的典型部件结构

1. 主轴箱

主轴箱的结构主要由四个功能部件组成，分别是主轴部件、刀具自动夹紧机构、切屑清除装置和主轴准停装置。这四个方面的工作原理在前面章节已有详细的介绍，在此不再叙述。

2. 自动换刀装置

自动换刀装置安装在立柱的左侧上部，由刀库和机械手两部分组成。JCS-018A 型立式加工中心刀库的结构如图 5-40 所示，当数控系统发出换刀指令后，直流伺服电动机 1 接通，其运动经过十字联轴器 2、蜗杆 4、蜗轮 3 传到刀盘 14，刀盘带动其上面的 16 个刀套 13 转动，来完成选刀工作。每个刀套尾部有一个滚子 11，当待换刀具转到换刀位置时，滚子 11 进入拨叉 7 的槽内。同时，气缸 5 的下腔通压缩空气，活塞杆 6 带动拨叉 7 上升，放开行程开关 9，用以断开相关的电路，防止刀库、主轴等有误动作。如图 5-40（b）所示，拨叉 7 在上升的过程中，带动刀套绕着销轴 12 逆时针向下翻转 90°，使刀具轴线与主轴轴线平行。

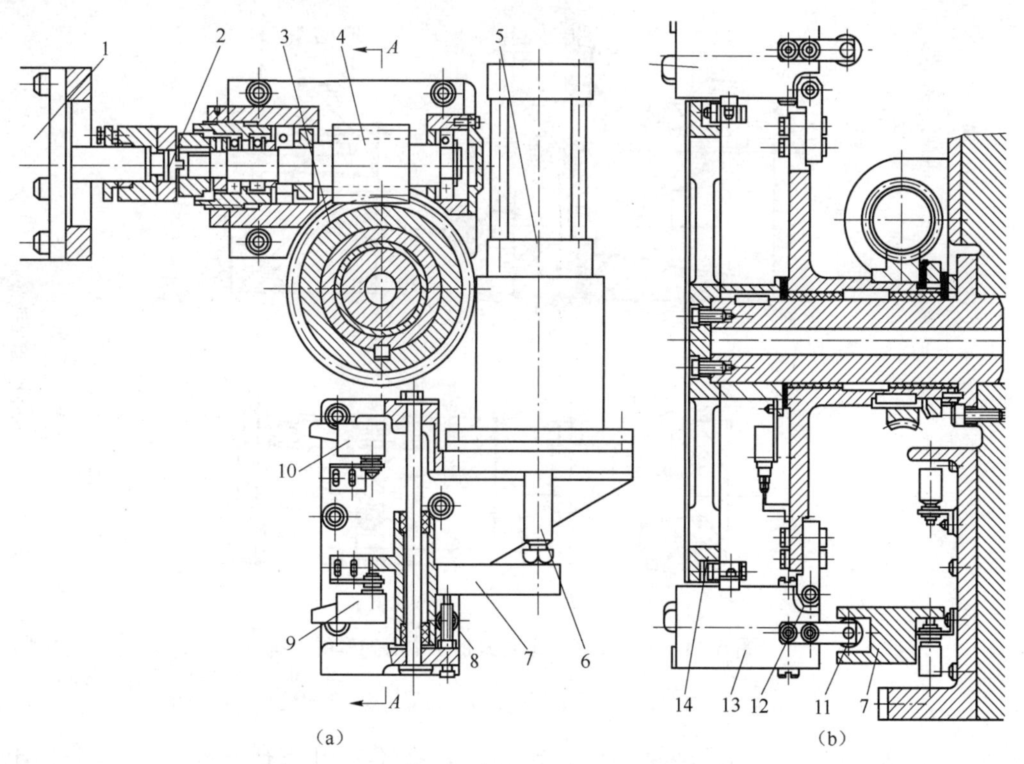

图 5-40 JCS-018A 型立式加工中心刀库的结构

1—直流伺服电动机；2—十字联轴器；3—蜗轮；4—蜗杆；5—气缸；6—活塞杆；7—拨叉；8—螺杆；9、10—行程开关；11—滚子；12—销轴；13—刀套；14—刀盘

刀套下转 90° 后，拨叉 7 上升到终点，压住行程开关 10，发出信号使机械手抓刀。通过螺杆 8，可以调整拨叉的行程。拨叉的行程决定刀具轴线相对主轴轴线的位置。JCS-018A 型立式加工中心刀套的结构如图 5-41 所示，*F*—*F* 剖视图中的件 7 即为图 5-40 中的滚子 11，*E*—*E* 剖视图中的件 6 即为图 5-40 中的销轴 12。刀套 4 的锥孔尾部有两个球头销钉 3。在螺纹套 2 与球头销之间装有弹簧 1，当刀具插入刀套后，由于弹簧力的作用，使刀柄被夹紧。拧动螺纹套，可以调整夹紧力的大小，当刀套在刀库中处于水平位置时，靠刀套上部的滚子 5 来支承。

图 5-42 所示为机械手的传动结构。JCS-018A 型立式加工中心上使用的换刀机械手为回转式单臂双手机械手。刀套下转 90° 后，压下行程开关，发出机械手抓刀信号。此时，机械手 21 正处在图中所示的上面位置，液压缸 18 右腔通压力油，活塞杆推动齿条 17 向左移动，带动齿轮 11 转动。如图 5-43 所示，8 为升降液压缸的活塞杆，齿轮 1、齿条 7 和机械手臂轴 2 分别为图 5-42 中的齿轮 11，齿条 17 和机械手臂轴 16。连接盘 3 与齿轮 1 用螺栓连接，它们空套在机械手臂轴 2 上，传动盘 5 与机械手臂轴 2 用花键连接，它上端的销子 4 插入连接盘 3 的销孔中，故齿轮转动时便带动机械手臂轴转动，使机械手回转 75° 抓刀。

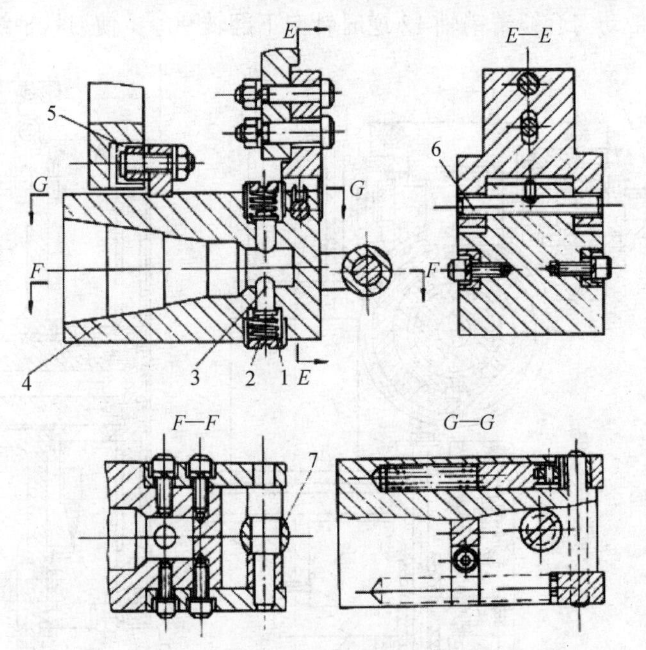

图 5-41　JCS-018A 型立式加工中心刀套的结构

1—弹簧；2—螺纹套；3—球头销钉；4—刀套；5、7—滚子；6—销轴

如图 5-42 所示，抓刀动作结束时，齿条 17 上的挡环 12 压下行下程开关 14，发出拔刀信号，于是液压缸 15 的上腔通压力油，活塞杆推动机械手臂轴 16 下降拔刀。在机械手臂轴 16 下降时，传动盘 10 也随之下降，其下端的销子 8（图 5-43 中的销子 6）插入连接盘 5 的销孔中，连接盘 5 和其下面的齿轮 4 也是用螺栓连接的，它们空套在轴 16 上。当拔刀动作

完成后，机械手臂轴 16 上的挡环 2 压下行程开关 1，发出换刀信号。这时转位液压缸 20 的右腔通压力油，活塞杆推动齿条 19 向左移动，带动齿轮和连接盘 5 转动，通过销子 8 由传动盘带动机械手转动 180°，交换主轴上和刀库上的刀具位置。

换刀动作完成后，齿条 19 上的挡环 6 压下行程开关 9，发出插刀信号，使升降油缸下腔通压力油，活塞杆带着机械手臂轴上升插刀，同时转动下面的销子 8 从连接盘 5 的销孔中移出。插刀动作完成后，机械手臂轴 16 上的挡环压下行程开关 3，使转位液压缸 20 的左腔通压力油，活塞杆带着齿条 19 向右移动复位，齿轮 4 空转，机械手无动作。齿条 19 复位后，其上挡环压下行程开关 7，使液压缸 18 的左腔通压力油，活塞杆带着齿条 17 向右移动，通过齿轮 11 使机械手反转 75° 后复位。机械手复位后，齿条 17 上的挡环压下行程开关 13，发出换刀完成信号，使刀套向上翻转 90°，为下次选刀做好准备，同时机床继续执行后面的操作。换刀过程如图 5-44 所示。

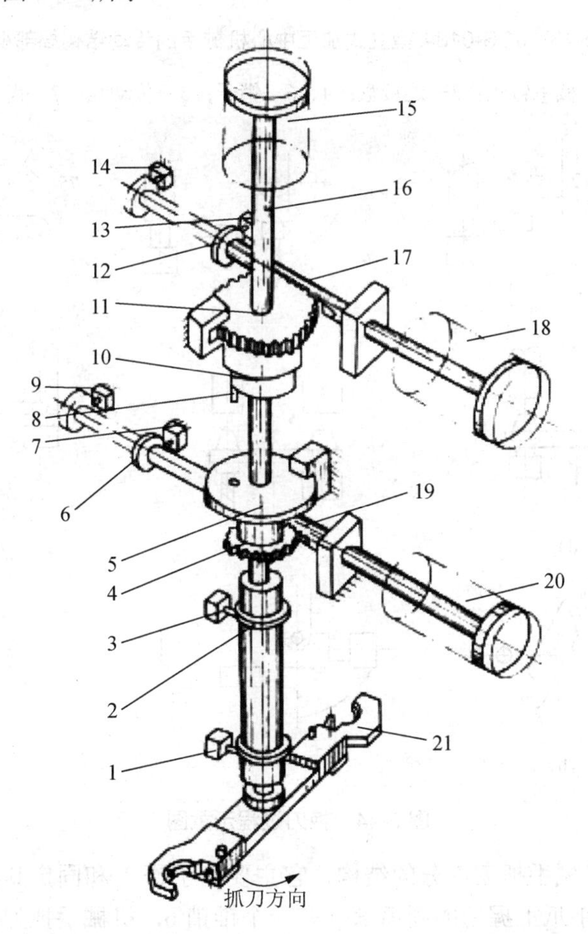

图 5-42　JCS-018A 型立式加工中心机械手的传动结构

1、3、7、9、13、14—行程开关；2、6、12—挡环；4、11—齿轮；5—连接盘；8—销子；10—传动盘；15、18、20—液压缸；16—机械手臂轴；17、19—齿条；21—机械手

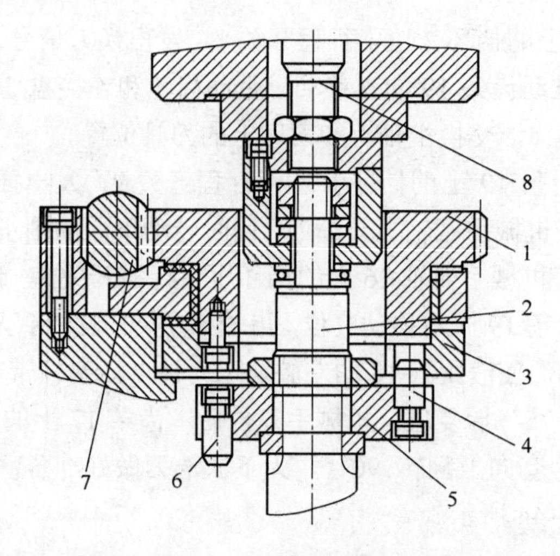

图 5-43　JCS-018A 型立式加工中心机械手的传动结构局部视图

1—齿轮；2—机械手臂轴；3—连接盘；4、6—销子；5—传动盘；7—齿条；8—活塞杆

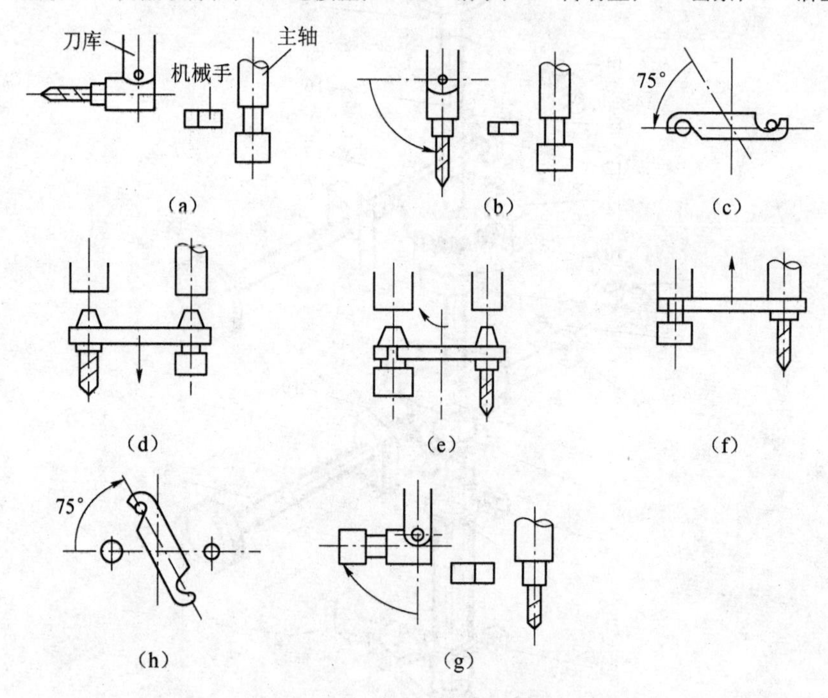

图 5-44　换刀过程示意图

图 5-45 所示为机械手抓刀部分的结构，它主要由手臂 1 和固定其两端的结构完全相同的两个手爪 7 组成。手爪上握刀的圆弧部分有一个锥销 6，机械手抓刀时，该锥销插入刀柄的键槽中。当机械手由原位转 75° 抓住刀具时，两手爪上的长销 8 分别被主轴前端面和刀库上的挡块压下，使轴向开有长槽的活动销 5 在弹簧 2 的作用下右移顶住刀具。机械手拔刀时，长销 8 与挡块脱离接触，锁紧销 3 被弹簧 4 弹起，使活动销顶住刀具不能后返，这样机械手在回转 180° 时，刀具不会被甩出。当机械手上升插刀时，两长销 8 又分别被两挡块压

下，锁紧销从活动销的孔中退出，松开刀具，机械手便可反转 75° 复位。

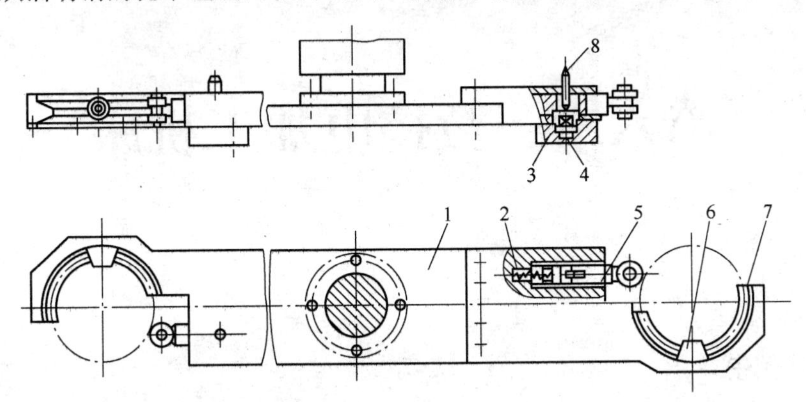

图 5-45 机械手抓刀部分的结构

1—手臂；2、4—弹簧；3—锁紧销；5—活动销；6—锥销；7—手爪；8—长销

第六章　数控电加工机床

学习任务书见表6-1。

表6-1　学习任务书

项目	说明
学习目标	1．能够阐明数控电加工机床的原理和用途； 2．能够描述数控电火花成形机床的组成部分及应用； 3．能够叙述数控电火花线切割机床的分类和基本组成
学习内容	1．数控电加工机床的原理和用途； 2．数控电火花成形机床的组成部分及应用； 3．数控电火花线切割机床的分类和基本组成
重点、难点	数控电加工机床的工作原理、结构组成
教学场所	多媒体教室、实训车间
教学资源	教科书、课程标准、电子课件、数控加工中心

第一节　电火花加工概述

数控电切削加工机床是目前数控加工中的一大类别，应用非常广泛。电切削加工的应用范围包括加工各种类型的型孔、型腔模具、喷油器小孔、喷丝板微细异形孔、标准人工缺陷刻划，切割刀具、精密微细缝槽，磨削平面、内外圆、成形样板，加工内外螺纹、卡规、滚刀、螺纹环规等刃量具及齿轮跑合、电子元器件、阀体、叶轮等。

一、电火花加工的物理本质

电火花加工基于电火花腐蚀原理，是在工具电极与工件电极相互靠近时，极间形成脉冲性火花放电，在电火花通道中产生瞬时高温，使金属局部熔化，甚至汽化，从而将金属蚀除下来。那么两电极表面的金属材料是如何被蚀除下来的呢？这一过程大致分为以下几个阶段（图6-1）。

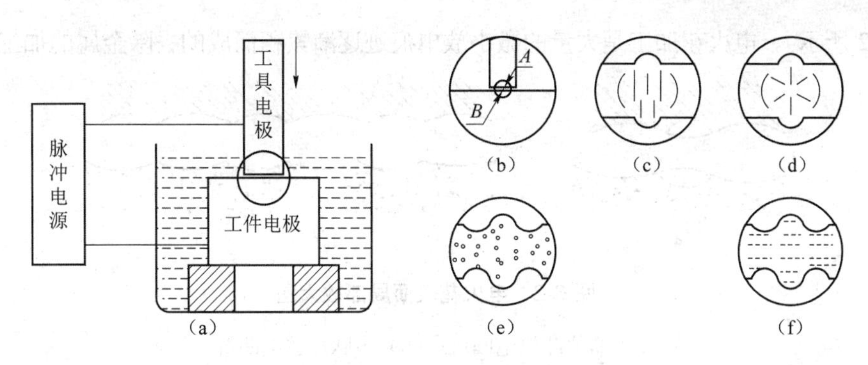

图 6-1　电火花加工原理

（1）极间介质的电离、击穿，形成放电通道，如图 6-1（b）所示。工具电极与工件电极缓缓靠近，极间的电场强度增大，由于两电极的微观表面是凹凸不平的，因此在两极间距离最近的 *A*、*B* 处电场强度最大。

工具电极与工件电极之间充满着液体介质，液体介质中不可避免地含有杂质及自由电子，它们在强大的电场作用下，形成了带负电的粒子和带正电的粒子，电场强度越大，带电粒子就越多，最终导致液体介质电离、击穿，形成放电通道。放电通道是由大量高速运动的带正电和带负电的粒子以及中性粒子组成的。由于通道截面积很小，通道内因高温热膨胀形成的压力高达几万帕，高温、高压的放电通道急速扩展，产生一个强烈的冲击波向四周传播。在放电的同时还伴随着光效应和声效应，这就形成了肉眼所能看到的电火花。

（2）电极材料的熔化、汽化热膨胀，如图 6-1（c）、（d）所示。液体介质被电离、击穿，形成放电通道后，通道间带负电的粒子奔向正极，带正电的粒子奔向负极，粒子间相互撞击，产生大量的热能，使通道瞬间达到很高的温度。通道高温首先使工作液汽化，然后高温向四周扩散，使两电极表面的金属材料开始熔化直至沸腾汽化。汽化后的工作液和金属蒸气瞬间体积猛增，形成了爆炸的特性。在观察电火花加工时，可以看到工件与工具电极间有冒烟现象，并听到轻微的爆炸声。

（3）电极材料的抛出，如图 6-1（e）所示。正负电极间产生的电火花现象，使放电通道产生高温、高压。通道中心的压力最高，工作液和金属汽化后不断向外膨胀，形成内外瞬间压力差，高压力处的熔融金属液体和蒸气被排挤，抛出放电通道，大部分被抛入到工作液中。仔细观察电火花加工，可以看到橘红色的火花四溅，这就是被抛出的高温金属熔滴和碎屑。

（4）极间介质的消电离，如图 6-1（f）所示。加工液流入放电间隙，将电蚀产物及残余的热量带走，并恢复绝缘状态。若电火花放电过程中产生的电蚀产物来不及排除和扩散，产生的热量将不能及时传出，使该处介质局部过热。局部过热的工作液高温分解、积炭，使加工无法继续进行，并烧坏电极。为了保证电火花加工过程的正常进行，在两次放电之间必须有足够的时间间隔让电蚀产物充分排出，恢复放电通道的绝缘性，使工作液介质消电离。

上述步骤 1～4 在一秒内数千次甚至数万次地往复式进行，即单个脉冲放电结束，经过一段时间间隔（即脉冲间隔）使工作液恢复绝缘后，第二个脉冲又作用到工具电极和工件上，又会在当时极间距离相对最近或绝缘强度最弱处击穿放电，蚀出另一个小凹坑。这样以相当高的频率连续不断地放电，工件不断地被蚀除，故工件加工表面将由无数个相互重叠的小凹坑组成（图 6-2 所示）。电火花加工是大量的微小放电痕迹逐渐累积而成的去除金属的加工方式。

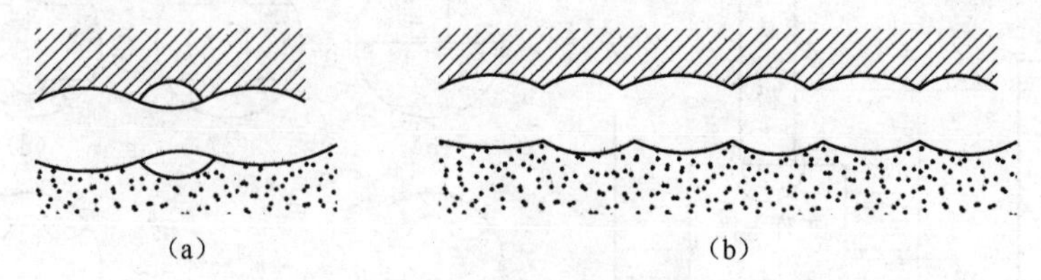

图 6-2　电火花表面局部放大图

（a）单脉冲放电凹坑；（b）多脉冲放电凹坑

二、工作液介质的作用

从上述电切削的物理过程中可知，工作液介质有如下作用。

（1）绝缘作用："电极对"之间必须有绝缘介质（至少应具有一定的绝缘电阻），才能产生火花击穿和脉冲放电，而工作液应容易在较小的电极间隙下击穿。

（2）压缩放电通道的作用：工作液有助于压缩放电通道，使通道能量更加集中，不仅能提高加工精度，而且能提高电蚀能力。

（3）高压作用：在脉冲放电作用下，由于工作液的急剧蒸发和惯性作用，因此产生局部高压，既有利于把熔化的金属微粒从加工区域中排出，并防止两个电极金属相互迁移，还可强迫把溶解在液体金属中的气态电蚀产物重新分解出来，进而使一部分熔融态的金属额外地被抛离出来。

（4）冷却作用：工作液可以冷却受热的电极，防止放电产生的热扩散到不必要的地方去，有助于保证表面质量和提高电蚀能力。

（5）消电离作用：工作液有助于减少放电后所残留的离子和避免因弧光放电而烧蚀工具电极。

三、数控电切削加工设备的组成

数控电切削加工设备与传统的金属切削机床不同，它主要由以下五大部分组成。

（1）脉冲电源：用以产生加在工件电极和工具电极上所需要的重复脉冲，使之产生火花放电。

（2）间隙自动调整装置：用于自动调整工具电极和工件的相对运动，即自动调整工具电极的进给速度，维持一定的放电间隙。一般放电间隙为数微米至数百微米。

（3）机床本体：包括床身、立柱、主轴头、工作台，用以实现工件电极和工具电极的装夹、固定和调整其相对位置等机械系统。

（4）工作液及其循环系统：其作用是压缩火花通道、消电离、冷却及把电蚀产物等从间隙中排除出去，以实现重复放电的正常进行。

（5）数控系统：控制工作台的移动。

四、数控电切削加工设备的类型

1. 数控电火花成形机床

数控电火花成形机床主要采用穿孔加工法加工凹模，如图 6-3（a）所示；采用仿形加工法加工凸模，如图 6-3（b）所示。

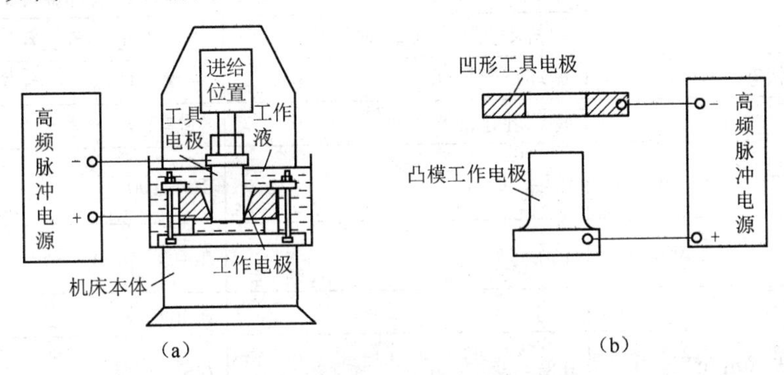

图 6-3　数控电火花成形加工示意图

（a）加工凹模；（b）加工凸模

2. 数控电火花线切割机床

数控电火花线切割机床是冲裁模具加工中应用最广的机床。它是利用一根移动着的金属丝（有钼丝、钨丝或铜丝等）作为工具电极，在金属丝与工件间通以脉冲电流，使之产生脉冲放电而进行切割加工的。电极丝穿过工件上预先钻好的小孔（穿丝孔），经导轮由走丝系统带动进行轴向走丝运动。

数控电火花线切割机床又分为高速（快）走丝线切割机床（图 6-4）、低速（慢）走丝线切割机床两类。其加工特点的比较见表 6-2。

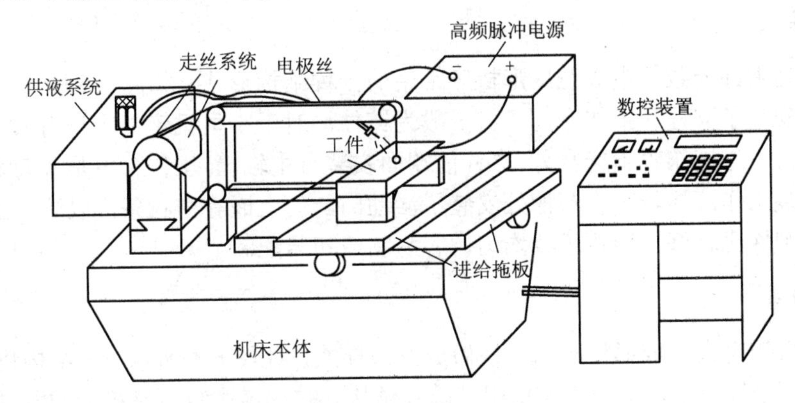

图 6-4　数控高速走丝线切割机床的加工示意图

表 6-2　高速、低速走丝线切割机床加工特点的比较

项目	类型	
	高速走丝	低速走丝
走丝速度	2～12m/s	1～8m/min
电极丝材料	钼丝、钨钼丝	黄铜丝、铜合金及其镀覆材料
精度保持	丝抖动大，精度较难保持	走丝平稳，精度容易保持
电极丝的工作状态	循环重复使用	一次性使用
工作液	特制乳化油水溶液	去离子水
工作液绝缘强度/（kΩ·cm）	0.5～50	10～100
最高切割速度/（$mm^2 \cdot min^{-1}$）	150	300（国外）
最高尺寸精度/mm	0.01	0.002
最低表面粗糙度 *Ra*/μm	0.8	0.5
数控装置	开环、步进电动机形式	闭环、半闭环、伺服电动机
程序形式	3B、4B 程序，5 单位纸带	国际 ISO 代码程序，8 单位纸带

第二节　数控电火花成形机床

一、机床的结构形式

1. 立柱式

立柱式是大部分数控电火花成形机床常用的一种结构形式，如图 6-5 所示。这种结构形式在床身上安装了立柱和工作台。床身一般为铸件，对于小型机床，床身内放置工作液箱；大型机床则将工作液箱置于床身外。立柱前端面安装有主轴箱，工作台下是 *X* 轴和 *Y* 轴拖板，工作台上安装工作液槽，工作液槽处安装了活动门，门上嵌有密封条，以防止工作液外泄。此类机床的刚性比较好，导轨承载均匀，容易制造和装配。

2. 龙门式

龙门式数控电火花成形机床的立柱做成龙门样式，如图 6-6 所示。该结构将主轴安装在 *X* 轴和 *Z* 轴两个导轨上，工作液槽采用升降式结构。它的最大特点是机床的刚性特别好，可做成大型电火花成形机床。

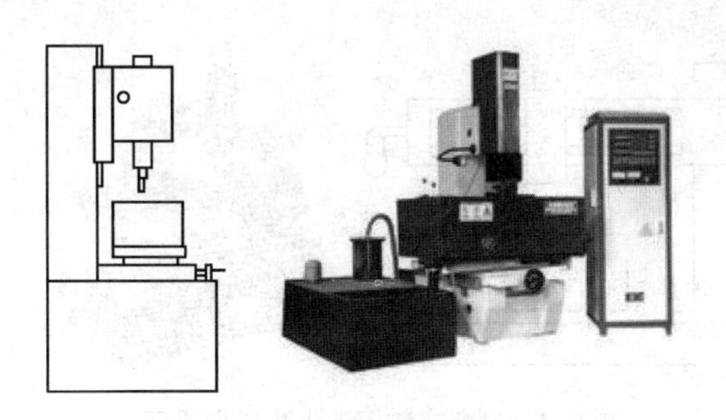

图 6-5　立柱式数控电火花成形机床

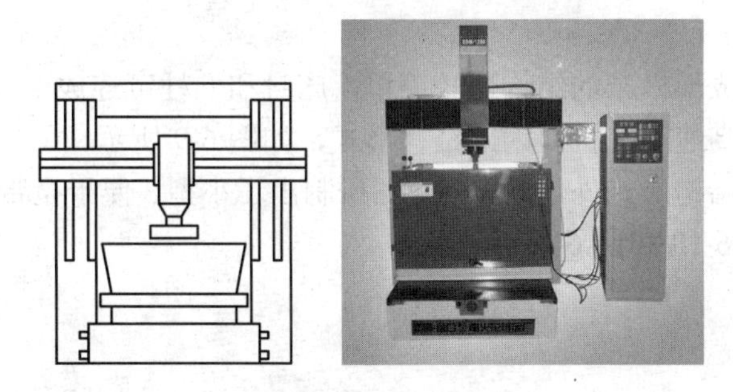

图 6-6　龙门式数控电火花成形机床

3. 滑枕式

滑枕式数控电火花成形机床类似于牛头刨床，如图 6-7 所示。该结构将主轴安装在 X 轴和 Y 轴的滑枕上，工作液槽采用升降式结构。机床工作时，工作台不动。此类机床结构比较简单，容易制造，适合于大、中型的电火花成形机床，不足之处是机床刚度会受主轴行程的影响。

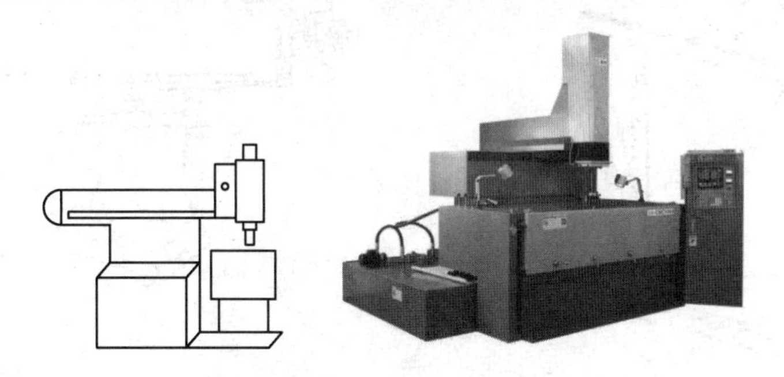

图 6-7　滑枕式数控电火花成形机床

4. 悬臂式

悬臂式数控电火花成形机床类似于摇臂钻床，如图 6-8 所示。该结构将主轴安装于悬臂上，可在悬臂上移动，上、下升降比较方便。它的好处是电极装夹和校准比较容易，机床结构简单，一般应用于精度要求不太高的电火花成形机床上。

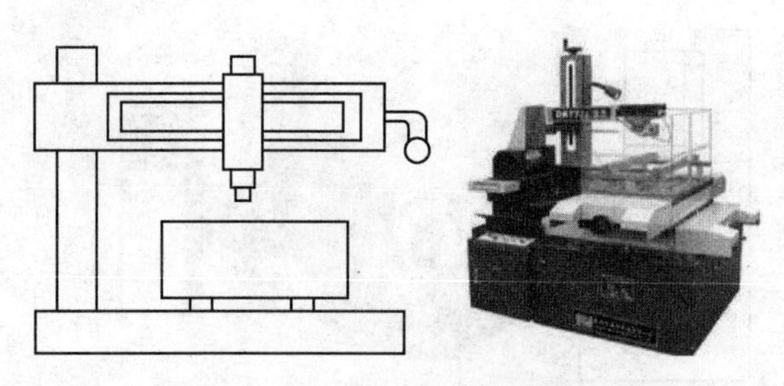

图 6-8　悬臂式数控电火花成形机床

5. 台式

台式数控电火花成形机床的结构比较简单，床身和立柱可连成一体，机床的刚性较好，结构较紧凑。电火花高速小孔机即为此结构形式，如图 6-9 所示。

除了以上的几种结构形式外，近年来，还研制出了小型、便于携带的或移动式的数控电火花成形机床，如图 6-10 和图 6-11 所示。

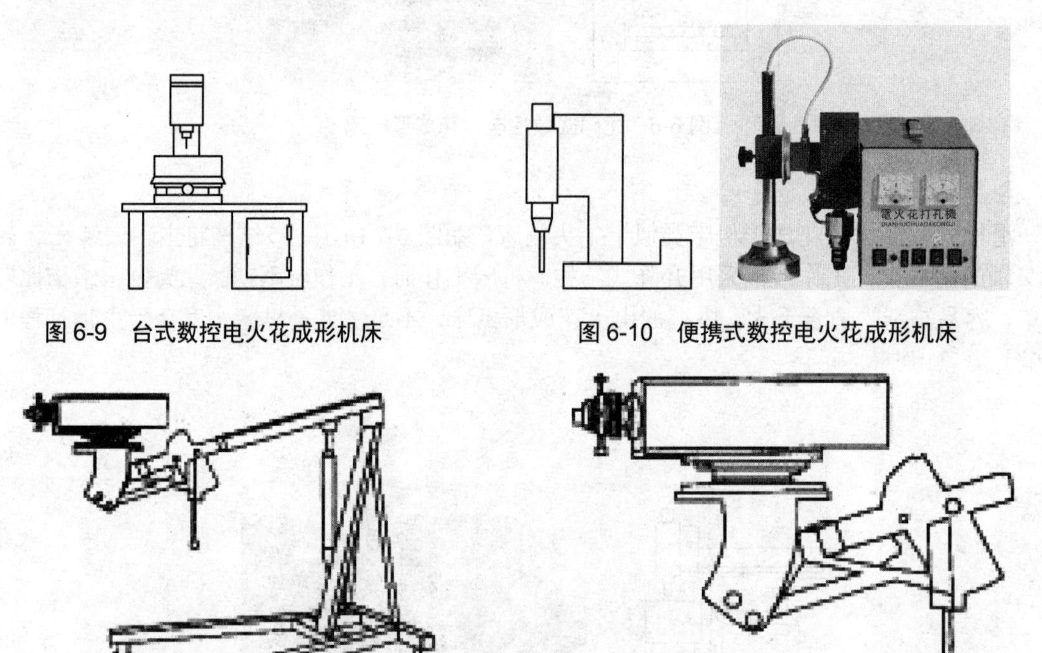

图 6-9　台式数控电火花成形机床

图 6-10　便携式数控电火花成形机床

图 6-11　移动式数控电火花成形机床

二、数控电火花成形机床的组成部分及作用

电火花成形机床主要由机床本体、脉冲电源、自动进给调节系统、工作液过滤和循环系统、数控系统等部分组成，如图 6-12 和图 6-13 所示。

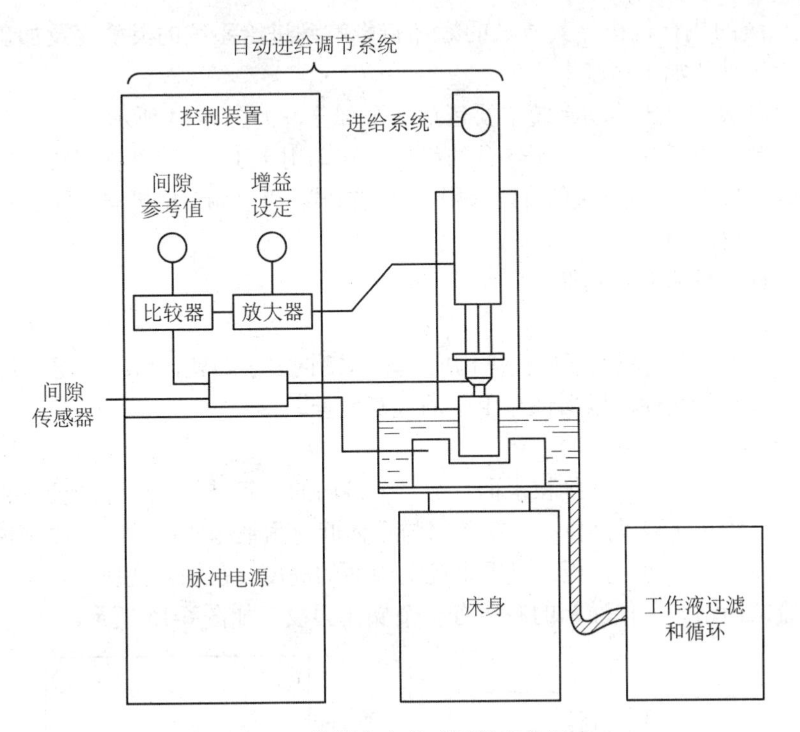

图 6-12　数控电火花成形机床的组成

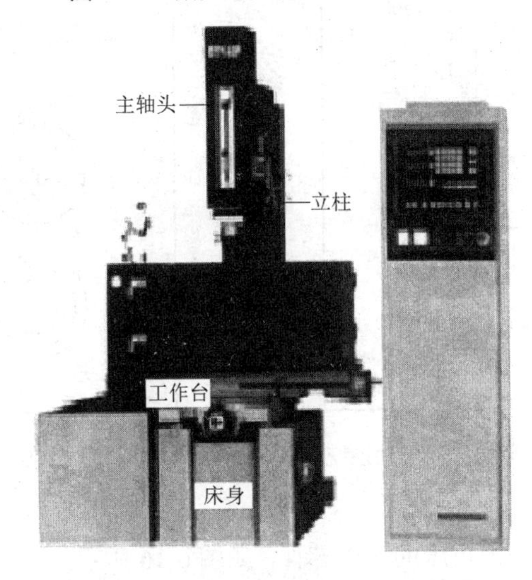

图 6-13　数控电火花成形机床的外观

1. 机床本体

机床本体主要由床身、立柱、工作台、主轴头及附件等部分组成，是用以实现工件和工具电极的装夹固定和运动的机械系统。床身、支柱、工作台是数控电火花成形机床的骨架，起着支承、定位和便于操作的作用。因为电火花加工宏观作用力极小，所以对机械系统的强度无严格要求，但为了避免变形和保证精度，要求具有必要的刚度。主轴头下面装夹的电极是自动调节系统的执行机构，其质量的好坏将影响到进给系统的灵敏度及加工过程的稳定性，进而影响工件的加工精度。

数控电火花成形机床传动系统主要包括两个部分，如图 6-14 所示。

（1）工作台的纵横向移动。工作台的纵横向移动用于工件的安装和调整。

（2）主轴头的升降。主轴头的升降采用机动的方式，可以调节电极与工件之间的上下距离。

1）床身与立柱

床身与立柱为机床的基础件。

2）工作台

工作台由台面、上拖板、下拖板等构成，采用镶钢滚子导轨，运动轻便、灵活、无间隙。工作台与拖板间是绝缘的，以保证加工中的人身安全。

3）工作油箱

工作油箱固定在工作台上拖板上面，是一个带门的空箱结构。松开挡板可将油箱前门打开，以便进行工件的安装等操作。油箱前门与箱体间有耐油橡胶，以防止油箱体与油箱前门间漏油。工作油箱的左面有挡板，可用来控制液面的高度，在加工完成后，可提起挡板，使工作液快速流向油箱。工作油箱的右边有一个操作面板，如图 6-15 所示。

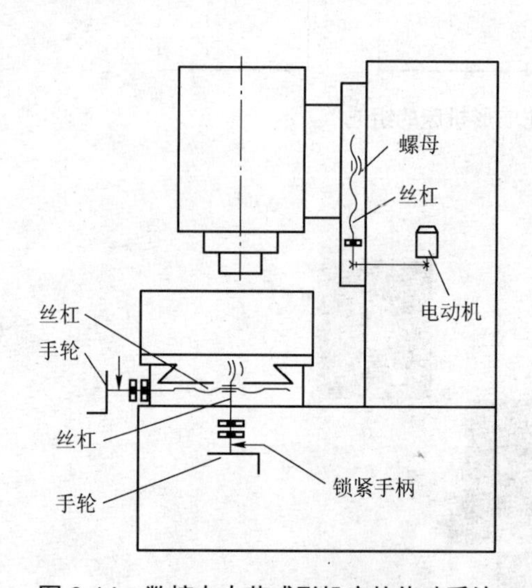

图 6-14　数控电火花成形机床的传动系统

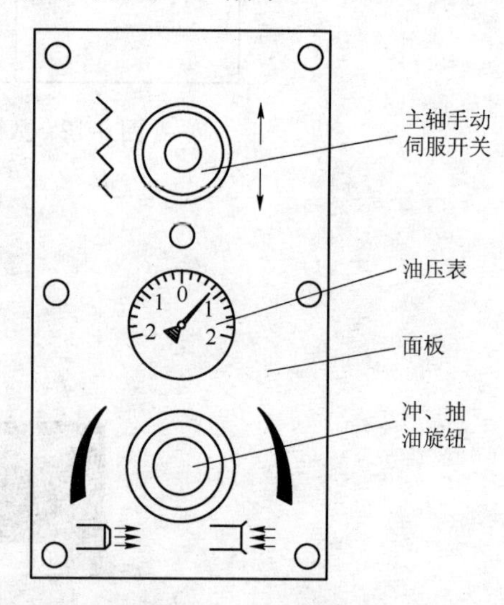

图 6-15　操作面板的结构

4）主轴头

主轴头是数控电火花成形机床的关键部件，如图 6-16 所示。要求主轴头能满足以下几点：

（1）保证稳定加工，维持最佳放电间隙，充分发挥脉冲电源的能力。

（2）放电加工过程中，发生暂时的短路或拉弧时，要求主轴能迅速抬起，使电弧中断。

（3）为满足精密加工的要求，需保证主轴移动的直线性。

（4）主轴应有足够的刚度，使电极上不均匀分布的工作液喷射力所形成的侧面位移最小。

（5）主轴应有均匀的进给而无爬行，在侧向力和偏载力的作用下仍应保持原有的精度和灵敏度。

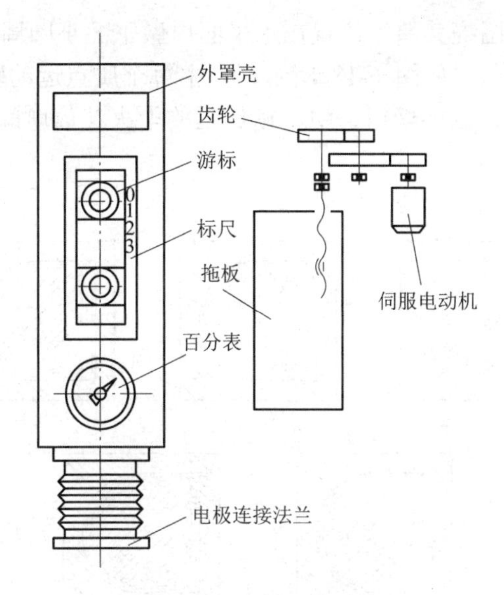

图 6-16　主轴头的结构

机床主轴头和工作台常有一些附件，如可调节工具电极角度的夹头、平动头、油杯等。

（1）夹头。主轴头的夹头如图 6-17 所示。加工前，需要将工具电极调节到与工件基准面垂直，调节过程是靠装在主轴头上的球形铰链来实现的，用紧固螺钉紧固。加工型腔时，还可使主轴头转动一定的角度，确保工具电极的截面形状与工件型腔一致。

图 6-17　主轴头的夹头

（2）平动头。平动头是一个使装在其上的电极能产生向外机械补偿动作的工艺附件。电火花加工时粗加工的电火花放电间隙比中加工的放电间隙要大，中加工的电火花放电间隙比精加工的放电间隙要大一些。当用一个电极进行粗加工时，将工件的大部分余量蚀除掉后，其底面和侧壁四周的表面粗糙度很差，为了将其修光，需要转换规准逐挡进行修整。由于中、精加工规准的放电间隙比粗加工规准的放电间隙小，若不采取措施，则四周侧壁无法修光。

平动头就是为解决修光侧壁和提高其尺寸精度而设计的。当用单电极加工型腔时，使用平动头可以补偿上一个加工规准和下一个加工规准之间的放电间隙差。

平动头的动作原理：利用偏心机构将伺服电动机的旋转运动通过平动轨迹保持机构转化

成电极上每一个质点都能围绕其原始位置在水平面内做平面小圆周运动，许多小圆的外包络线面积就形成加工横截面积，如图 6-18 所示，其中每个质点运动轨迹的半径称为平动量，其大小可以由零逐渐调大，以补偿粗、中、精加工的电火花放电间隙δ之差，达到修光型腔的目的。

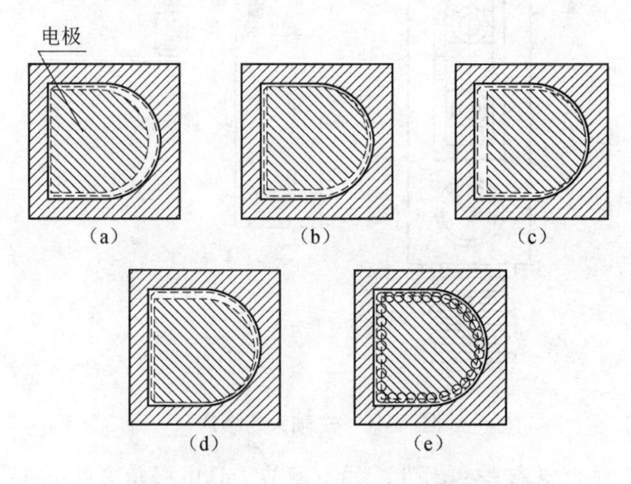

图 6-18　平动头扩大间隙的原理

（a）电极在最左；（b）电极在最上；（c）电极在最右；（d）电极在最下；（e）电极平动后的轨迹

平动头常见的结构形式有机械式平动头和数控平动头，机械式平动头又分为停机手动调偏心量平动头和不停机调偏心量平动头。

平动头的外形如图 6-19 所示。机械式平动头由于有平动轨迹半径的存在，无法加工有清角要求的型腔；数控平动头可以两轴联动，能加工出清棱、清角的型孔和型腔。

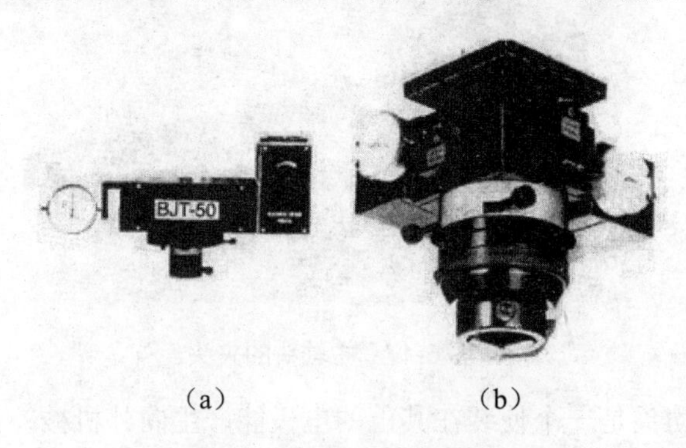

图 6-19　平动头的外形

（a）机械式平动头；（b）数控平动头

一般平动头由两部分构成，即电动机驱动的偏心机构及平动轨迹保持机构。

图 6-20 所示是停机手动调偏心量平动头的结构，整个装置通过壳体 8 用螺钉固定在主轴头上。电极的平面圆周平移动作是由平动头的旋转副和平面圆周平移机构来完成的。当加工间隙的电压信号使伺服电动机 20 转动时，可通过一对蜗杆 10、蜗轮 9 带动偏心套 11 转动，蜗轮与偏心套之间由键连接。螺母 7 将偏心轴 13 与偏心套锁紧在一起共同旋转。支承

板 12 通过深沟球轴承与偏心轴相连，又通过推力轴承支承在与壳体相接的圆盘上，并与其有较大的径向间隙。支承板与链片的轴 23 连接，轴 23 另一端通过链片 19、轴 22 与过渡板 18 连接。轴 Z1 一端与壳体连接，另一端通过链片 19，轴 22 与过渡板连接，构成四连杆机构。当偏心轴旋转时，支承板 12 由于受到四连杆机构的约束而做给定偏心量的平面圆周平移运动。

偏心量的调节机构是由偏心轴 13、偏心套 11、刻度盘 6 及螺母 7 等组成。偏心轴与偏心套的偏心量相等（$\delta_1=\delta_2=1$），调节偏心量时可将螺母 7 松开，脱开轴与套的摩擦力，再旋转刻度盘 6，通过键带动偏心轴使它相对偏心套转过一个角度α，该角度可通过与蜗轮 9 连接的指针将刻度盘上指示的角度值读出。当两个偏心的方向重合（即$\alpha=0$）时，偏心量为零；当两个偏心的方向相反（即$\alpha=180°$），偏心量最大且为两个偏心之和。在调节得到所需的适当偏心量之后，须将螺母锁紧。加工时继续调节偏心量，即可得到所需的旋转轨迹半径，实现工具电极的侧向进给。

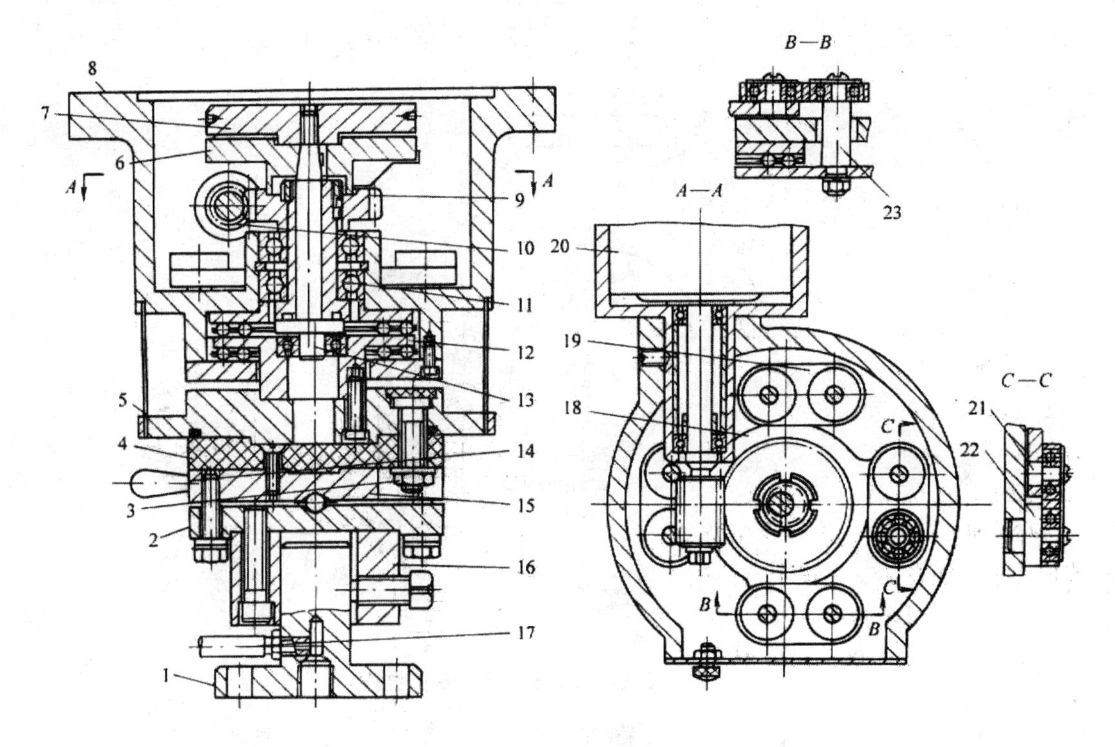

图 6-20　停机调偏心量平动头结构

1—电极柄；2、5、16—法兰；3、7—螺母；4—绝缘板；6—刻度盘；8—壳体；9—蜗轮；10—蜗杆；11—偏心套；12—支承板；13—偏心轴；14—手柄；15—钳口体；17—油管；18—过渡板；19—链片；20—伺服电动机；21、22、23—轴

不停机调偏心量平动头主体部分的结构及工作原理与停机手动调偏心量平动头基本相同，所不同的是偏心量调节部分。如图 6-21 所示，转动手轮 4 由螺纹齿轮 5 带动螺旋蜗轮 17 旋转，使螺杆 19 产生升降，并带动偏心套 15 同时升降。由于在偏心轴上开有螺旋槽，偏心套上的顶丝即插在螺旋槽内。因此，当偏心套升降时，迫使偏心轴 14 产生相对转角，

进行偏心量的调节。

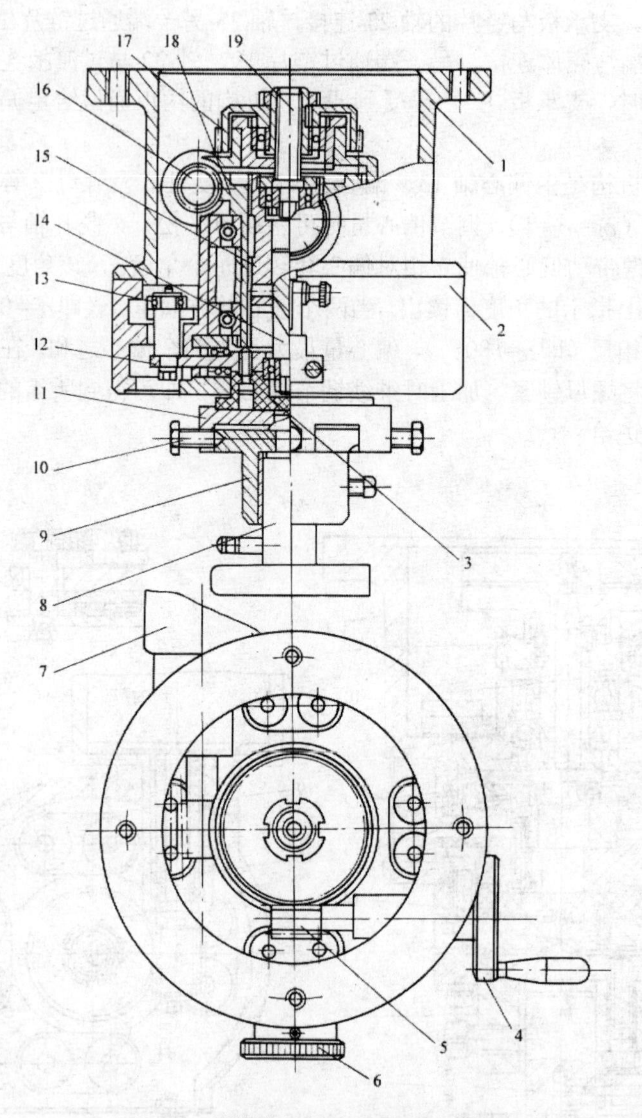

图 6-21　不停机调偏心量平动头的结构

1、2—壳体；3—绝缘垫板；4—手轮；5—螺纹齿轮；6—百分表；7—伺服电动机；
8、9—工具电极夹头；10—螺钉；11—夹盘；12—支承板；13—连接板；14—偏心轴；15—偏心套；
16—蜗杆；17—螺旋蜗轮；18—蜗轮；19—螺杆

数控平动头的结构如图 6-22 所示，由数控装置和平动头两部分组成。当数控装置的工作脉冲送到 *X*、*Y* 两方向的步进电动机时，丝杠和螺母相对移动，使中间溜板和下溜板按结定轨迹做平动。平动时，相对运动由上、下两组圆柱滚珠导轨支承，可保证较高精度和刚度。

与一般电火花加工工艺相比较，采用平动头电火花加工有如下特点：

① 可以通过改变轨迹半径来调整电极的作用尺寸，因此尺寸加工不再受放电间隙的限制。

② 用同一尺寸的工具电极，通过轨迹半径的改变，可以实现转换电规准的修整，即采

用一个电极就能由粗至精直接加工出一副型腔。

③ 在加工过程中，工具电极的轴线与工件的轴线相偏移，除了电极处于放电区域的部分外，工具电极与工件的间隙都大于放电间隙，实际上减小了同时放电的面积，有利于电蚀产物的排除，提高加工稳定性。

④ 工具电极移动方式的改变，可使加工的表面粗糙度大有改善，特别是底平面处。

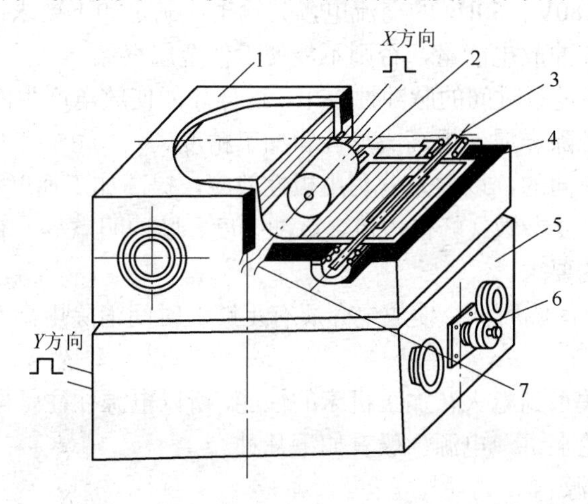

图 6-22　数控平动头的结构

1—上溜板；2—步进电动机；3—圆柱滚珠导轨；4—中间溜板；
5—下溜板；6—刻度端盖；7—丝杆、螺母

（3）油杯。

油杯也是机床附件之一。油杯固定在工作台面上，加工工件装夹在油杯上，可利用油杯对工件进行冲油和抽油。数控电火花成形机床的油杯结构大同小异，一般由外套、内套、面板及管接头等组成。

油杯是实现工作液冲油或抽油强迫循环的一个主要附件。工件置于其上并一起置于工作液槽中。油杯侧壁和底边上开有冲油和抽油孔，如图 6-23 所示。在放电电极间隙冲油或抽油，可使电蚀产物及时排出。油杯的结构的好坏，对加工效果有很大的影响。

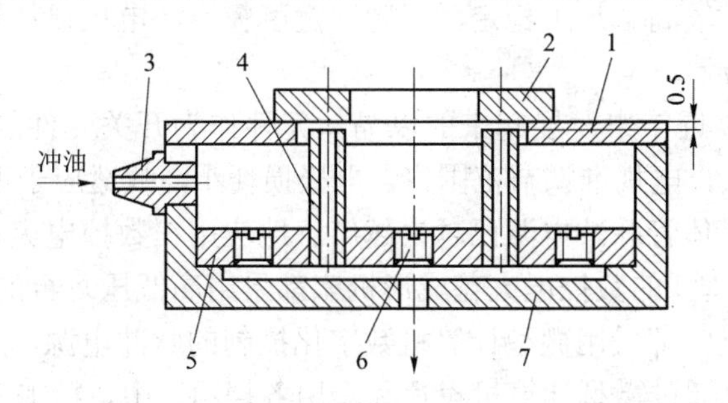

图 6-23　典型的油杯结构

1—工件；2—油杯盖；3—管接头；4—抽油抽气管；5—底板；6—油塞；7—油杯体

2. 脉冲电源

在电火花加工过程中，脉冲电源的作用是把工频正弦交流电流转变成频率较高的单向脉冲电流，向工件和工具电极间的加工间隙提供所需要的放电能量以蚀除金属。脉冲电源的性能直接关系到电火花加工的加工速度、表面质量、加工精度、工具电极损耗等工艺指标。

脉冲电源输入为380V、50Hz的交流电，其输出应满足如下要求：

（1）要有一定的脉冲放电能量，否则不能使工件金属汽化。

（2）火花放电必须是短时间的脉冲性放电，这样才能使放电产生的热量来不及扩散到其他部分，从而有效地蚀除金属，提高成形性和加工精度。

（3）脉冲波形是单向的，以便充分利用极性效应，提高加工速度和降低工具电极损耗。

（4）脉冲波形的主要参数（峰值电流、脉冲宽度、脉冲间歇等）有较宽的调节范围，以满足粗、中、精加工的要求。

（5）有适当的脉冲间隔时间，使放电介质有足够的时间消除电离并冲去金属颗粒，以免引起电弧而烧伤工件。

电源的好坏直接关系到电火花加工机床的性能，所以电源往往是电火花机床制造厂商的核心机密之一。从理论上讲，电源一般有如下几种。

1）弛张式脉冲电源

弛张式脉冲电源是最早使用的脉冲电源，是利用电容器充电储存电能，再瞬时放出，形成火花放电来蚀除金属的。因为电容器时而充电，时而放电，一弛一张，故称弛张式脉冲电源（图6-24）。由于这种电源是靠电极和工件间隙中的工作液的击穿作用来恢复绝缘和切断脉冲电流的，因此间隙大小、电蚀产物的排出情况等都影响脉冲参数，使脉冲参数不稳定，这种电源又称为非独立式电源。

弛张式脉冲电源结构简单、使用维修方便、加工精度较高、表面粗糙度较小，但生产率低，电能利用率低，加工稳定性差，故目前这种电源的应用已逐渐减少。

2）闸流管脉冲电源

闸流管是一种特殊的电子管，当对其栅极通入一脉冲信号时，便可控制管子的导通或截止，输出脉冲电流。由于这种电源的电参数与加工间隙无关，故又称为独立式脉冲电源。闸流管脉冲电源的生产率较高、加工稳定，但脉冲宽度较窄，电极损耗较大。

3）晶体管脉冲电源

晶体管脉冲电源是近年来发展起来的以晶体元件作为开关元件的用途广泛的电火花脉冲电源，其输出功率大，电规准调节范围广，电极损耗小，故适应于型孔、型腔、磨削等各种不同用途的加工。晶体管脉冲电源已越来越广泛地应用在数控电火花成形机床上。

目前普及型（经济型）的数控电火花成形机床都采用高低压复合的晶体管脉冲电源，中、高档数控电火花成形机床都采用微型计算机数字化控制的脉冲电源，而且内部存有电火花加工规准的数据库，可以通过微型计算机设置和调用各挡粗、中、精加工规准参数。例如，汉川机床厂、日本沙迪克公司的电火花加工机床，这些加工规准用C代码（如C320）表示和调用，三菱公司则用E代码表示。

3. 自动进给调节系统

在电火花成形加工设备中，自动进给调节系统占有很重要的位置，它的性能直接影响加工稳定性和加工效果。

电火花成形加工的自动进给调节系统，主要包含伺服进给系统和参数控制系统。伺服进给系统主要用于控制放电间隙的大小，而参数控制系统主要用于控制电火花成形加工中的各种参数（如放电电流、脉冲宽度、脉冲间隔等），以便能够获得最佳的加工工艺指标等。

1）伺服进给系统的作用及要求

在电火花成形加工中，电极与工件必须保持一定的放电间隙。由于工件不断被蚀除，电极也不断地损耗，因此放电间隙将不断扩大。如果电极不及时进给补偿，放电过程会因间隙过大而停止。反之，间隙过小又会引起拉弧烧伤或短路，这时电极必须迅速离开工件，待短路消除后再重新调节到适宜的放电间隙。在实际生产中，放电间隙变化范围很小，且与加工规准、加工面积、工件蚀除速度等因素有关，因此很难靠人工进给，也不能像钻削那样采用“机动”、等速进给，而必须采用伺服进给系统。这种不等速的伺服进给系统也称为自动进给调节系统。

伺服进给系统一般有如下要求：

（1）有较广的速度调节跟踪范围。

（2）有足够的灵敏度和快速性。

（3）有较高的稳定性和抗干扰能力。

伺服进给系统种类较多，下面简单介绍电液压式伺服进给系统的原理，其他的伺服进给系统可参考其他相关资料。

2）电液压式伺服进给系统

在电液自动进给调节系统中，液压缸、活塞是执行机构。由于传动链短及液体的基本不可压缩性，因此传动链中无间隙、刚度大、不灵敏区小；又因为加工时进给速度很低，所以正、反向惯性很小，反应迅速，特别适合于电火花加工的低速进给，故20世纪80年代前得到了广泛的应用，但它有漏油、油泵噪声大、占地面积较大等缺点。

图6-24所示为DYT-2型液压主轴头的喷嘴-挡板式调节系统的工作原理。电动机4驱动叶片液压泵3从油箱中压出压力油，由溢流阀2保持恒定压力P_0，经过滤油器6后分两路，一路进入下油腔，另一路经节流阀7进入上油腔。进入上油腔的压力油从喷嘴8与挡板12的间隙中流回油箱，使上油腔的压力P_1随此间隙的大小而变化。电-机械转换器9主要由动圈（控制线圈）10与静圈（励磁线圈）11等组成。动圈处在励磁线圈的磁路中，与挡板12连成一体。改变输入动圈的电流，可使挡板随动圈动作，从而改变挡板与喷嘴间的间隙。当放电间隙短路时，动圈两端电压为零，此时动圈不受电磁力的作用，挡板受弹簧力处于最高位置Ⅰ，喷嘴与挡板门开口为最大，使工作液流经喷嘴的流量为最大，上油腔的压力下降到最小值，致使上油腔压力小于下油腔压力，故活塞杆带动工具电极上升。当放电间隙开路时，动圈电压最大，挡板被磁力吸引下移到最低位置Ⅲ，喷嘴被封闭，上、下油腔压强相等，但因下油腔工作面积小于上油腔工作面积，活塞上的向下作用力大于向上作用力，活塞杆下降。当放电间隙最佳时，电动力使挡板处于平衡位置Ⅱ，活塞处于静止状态。

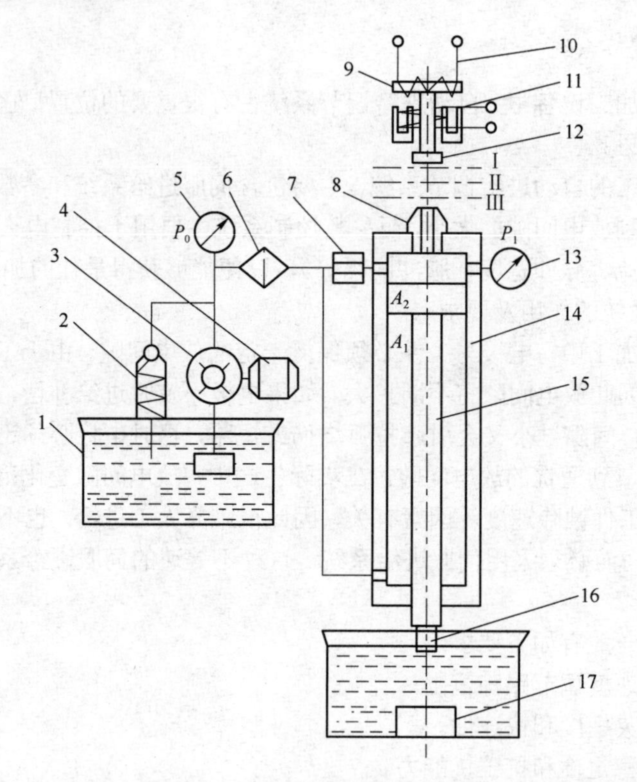

图 6-24　DYT-2 型液压主抽头的喷嘴-挡板式调节系统的工作原理

1—液压箱；2—溢流阀；3—叶片液压泵；4—电动机；5—压力表；6—滤油器；7—节流阀；8—喷嘴；9—电、机械转换器；10—动圈；11—静圈；12—挡板；13—压力表；14—液压缸；15—活赛；16—工具电极；17—工件

4. 工作液过滤和循环系统

电火花加工中的蚀除产物，一部分以气态形式抛出，其余大部分是以球状固体微粒分散地悬浮在工作液中，直径一般为几微米。随着电火花加工的进行，蚀除产物越来越多，充斥在电极和工件之间，或粘连在电极和工件的表面上。蚀除产物的聚集，会与电极或工件形成二次放电。这就破坏了电火花加工的稳定性，降低了加工速度，影响了加工精度和表面粗糙度。为了改善电火花加工的条件，一种办法是使电极振动，以加强排屑作用；另一种办法是对工作液进行强迫循环过滤，以改善间隙状态。

工作液强迫循环过滤是由工作液循环过滤器来完成的。电火花加工用的工作液过滤系统包括工作液泵、容器、过滤器及管道等，使工作液强迫循环。图 6-25 所示是工作液循环系统油路，它既能实现冲油，又能实现抽油。其工作过程是储油箱的工作液首先经过粗过滤器 l，经单向阀 2 吸入油泵 3，这时高压油经过不同形式的精过滤器 7 输入机床工作液槽，溢流安全阀 5 使控制系统的压力不超过 400 kPa，补油阀 11 为快速进油用。待油注满油箱时，可及时调节冲油选择阀 10，由阀 8 来控制工作液循环方式及压力。当冲油选择阀 10 在冲油位置时，补油冲油都不通，这时油杯中油的压力由阀 8 控制；当冲油选择阀 10 在抽油位置时，补油和抽油两路都通，这时压力工作液穿过射流抽吸管 9，利用流体速度产生负压，达到实现抽油的目的。

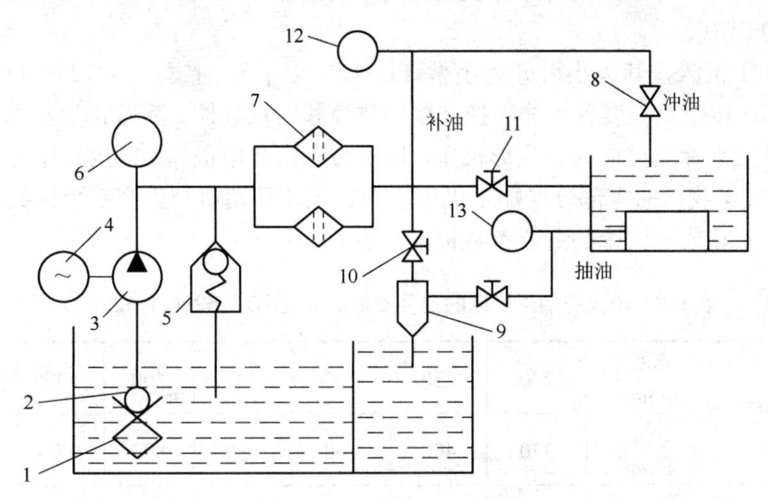

图 6-25　工作液循环系统油路

1—粗过滤器；2—单向阀；3—油泵；4—电动机；5—安全阀；
6、12、13—压力表；7—精过滤器；8—阀；9—抽吸管；10—冲油选择阀；11—补油阀

5. 数控系统

数控系统规定除了直线移动的 *X*、*Y*、*Z* 三个坐标轴系统外，还有三个转动的坐标系统，即绕 *X* 轴转动的 *A* 轴，绕 *Y* 轴转动的 *B* 轴，绕 *Z* 轴转动的 *C* 轴。若机床的 *Z* 轴可以连续转动但不是数控的，如电火花打孔机，则不能称为 *C* 轴，只能称为 *R* 轴。

根据机床的数控坐标轴的数目，目前常见的数控机床有三轴数控电火花成形机床、四轴三联动数控电火花成形机床、四轴联动或五轴联动甚至六轴联动电火花成形机床。三轴数控电火花成形机床的主轴 *Z* 和工作台 *X*、*Y* 都是数控的。从数控插补功能上讲，又将这类型机床细分为三轴两联动机床和三轴三联动机床。

三轴两联动是指 *X*、*Y*、*Z* 三轴中，只有两轴（如 *X*、*Y* 轴）能进行插补运算和联动，电极只能在平面内走斜线和圆弧轨迹（电极在 *Z* 轴方向只能做伺服进给运动，但不是插补运动）。三轴三联动系统的电极可在空间做 *X*、*Y*、*Z* 方向的插补联动（如可以走空间螺旋线）。四轴三联动数控机床增加了 *C* 轴，即主轴可以数控回转和分度。现在部分数控电火花成形机床还带有工具电极库，在加工中可以根据事先编制好的程序，自动更换电极。

三、数控电火花成形机床的型号、规格、分类

我国国家标准规定，电火花成形机床均用 D71 加上机床工作台面宽度的 1/10 表示。例如，D7132 中，D 表示电加工成形机床（若该机床为数控电加工机床，则在 D 后加 K，即 DK）；71 表示电火花成形机床；32 表示机床工作台的宽度为 320 mm。

在中国大陆外，电火花加工机床的型号没有采用统一标准，由各个生产企业自行确定，如日本沙迪克（Sodick）公司生产的 A3R、A10R，瑞士夏米尔（Charmilles）技术公司的

ROBOFORM20/30/35，中国台湾乔懋机电工业股份有限公司的 JM322/430，北京阿奇工业电子有限公司的 SF100 等。

电火花加工机床按其大小可分为小型（D7125 以下）、中型（D7125～D7163）和大型（D7163 以上）；按数控程度分为非数控、单轴数控和三轴数控。随着科学技术的进步，国外已经大批生产三坐标数控电火花成形机床，以及带有工具电极库、能按程序自动更换电极的电火花加工中心，我国的大部分电加工机床厂现在也正开始研制生产三坐标数控电火花成形机床。数控电火花成形机床的主要参数标准见表 6-3。

表 6-3 电火花加工机床的主要参数标准（GB/T 5290.1—2001）

<table>
<tr><td rowspan="9">工作台</td><td rowspan="2">台面</td><td>宽度 B/mm</td><td>200</td><td>250</td><td>320</td><td>400</td><td>500</td><td>630</td><td>800</td><td>1000</td></tr>
<tr><td>长度 A/mm</td><td>320</td><td>400</td><td>500</td><td>630</td><td>800</td><td>1000</td><td>1250</td><td>1600</td></tr>
<tr><td rowspan="2">行程</td><td>纵向 X/mm</td><td colspan="2">160</td><td colspan="2">250</td><td colspan="2">400</td><td colspan="2">630</td></tr>
<tr><td>横向 Y/mm</td><td colspan="2">200</td><td colspan="2">320</td><td colspan="2">500</td><td colspan="2">800</td></tr>
<tr><td colspan="2">最大承载质量/kg</td><td>50</td><td>100</td><td>200</td><td>400</td><td>800</td><td>1500</td><td>3000</td><td>6000</td></tr>
<tr><td rowspan="3">T 形槽</td><td>槽数</td><td colspan="2">3</td><td colspan="4">5</td><td colspan="2">7</td></tr>
<tr><td>槽宽/mm</td><td colspan="2">10</td><td colspan="2">12</td><td colspan="2">14</td><td colspan="2">18</td></tr>
<tr><td>槽间距离/mm</td><td colspan="3">63</td><td>80</td><td>100</td><td colspan="3">125</td></tr>
<tr><td colspan="3">主轴连接板至工作台面最大距离 H/mm</td><td>300</td><td>400</td><td>500</td><td>600</td><td>700</td><td>800</td><td>900</td><td>1000</td></tr>
<tr><td rowspan="2">主轴头</td><td colspan="2">伺服行程 Z/mm</td><td>80</td><td>100</td><td>125</td><td>150</td><td>180</td><td>200</td><td>250</td><td>300</td></tr>
<tr><td colspan="2">滑座行程 W/mm</td><td>150</td><td>200</td><td>250</td><td>300</td><td>350</td><td>400</td><td>450</td><td>500</td></tr>
<tr><td rowspan="2">工具电极</td><td rowspan="2">最大质量/kg</td><td>Ⅰ型</td><td colspan="2">20</td><td colspan="2">50</td><td colspan="2">100</td><td colspan="2">250</td></tr>
<tr><td>Ⅱ型</td><td colspan="2">25</td><td colspan="2">100</td><td colspan="2">200</td><td colspan="2">500</td></tr>
<tr><td colspan="2" rowspan="3">工作液槽内壁</td><td>长度 d/mm</td><td>400</td><td>500</td><td>630</td><td>800</td><td>1000</td><td>1250</td><td>1600</td><td>2000</td></tr>
<tr><td>宽度 c/mm</td><td>300</td><td>400</td><td>500</td><td>630</td><td>800</td><td>1000</td><td>1250</td><td>1600</td></tr>
<tr><td>高度 h/mm</td><td>200</td><td>250</td><td>320</td><td>400</td><td>500</td><td>630</td><td>800</td><td>1000</td></tr>
</table>

四、数控电火花成形机床的维护与保养

1. 机床安全操作规程

（1）电火花机床应设置专用的地线，使机床的床身、电气控制柜的外壳及其他设备可靠接地，防止因电气设备的损坏而发生触电事故。

（2）操作人员必须穿好防护用具，特别是必须穿皮鞋；电火花机床在放电加工中，严禁用手触及电极，以免发生触电危险；操作人员不在现场时，不可将机床放置在放电加工状态（EDM 灯亮）；放电加工过程中，绝对不允许操作人员擅自离开。

（3）经常保持机床电气设备清洁，防止因受潮而降低设备的绝缘强度，从而影响机床的正常工作。

（4）添加工作液时，不得混入某些易燃液体，防止因脉冲火花而引起火灾。油箱中要有足够的油量，控制油温不超过 50℃，若温度过高时，应该加快加工液的循环，用以降低油温。

（5）加工时，可喷油加工，也可浸油加工。喷油加工容易引起火灾的发生，应小心。浸油加工时，加工液应全部浸没工件，工作液的液面一定要高于工件 40mm。如果液面过低或加工电流较大，都极有可能导致火灾的发生。

（6）放电加工过程中，不得将 PVC 喷油管或橡胶管触及电极，同时注意控制好放电电流，避免加工过程中产生拉弧和积炭现象。

（7）机床周围应严禁烟火，并应配备适宜油类的灭火器或灭火砂箱。目前大多机床在主轴上均安装了灭火器和烟气感应报警器，实现自动灭火。一旦火灾发生，应立即切断电源，并使用二氧化碳泡沫灭火器灭火。

（8）加工完成后，必须先切断总电源，然后拉动加工液槽边上的放油拉杆，放掉加工液后，擦拭机床，确保机床的清洁。

2. 机床日常维护及保养

（1）每次加工完毕后，应将工作液槽的煤油泄放回工作液箱内，将工作台面用棉纱擦拭干净。

（2）定期对摩擦部件加注润滑油，防止灰尘和加工液等进入丝杠、螺母和导轨等部件中。

（3）加工过程中，必须对电蚀物进行过滤。若工作液过滤器过滤阻力增大或过滤效果变差，以及工作液浑浊不清，则应及时更换。

（4）应注意避免脉冲电源中的电气元件受潮。特别是在南方的梅雨天气或较长时间不用时，应安排定期人为开机加热。夏天高温季节要防止变压器、限流电阻、大功率晶体管过热，加强通风冷却，并防止通风口过滤网被灰尘堵塞，要定期检查和清扫过滤网。

（5）工作液泵的电动机或主轴电动机部分为立式安装的，电动机端部冷却风扇的进风口朝上，很容易落入螺钉、螺母或其他细小杂物，造成电动机"卡壳""憋车"甚至损坏，因此要在此类立式安装电动机的进风端盖上加装保护网罩。

（6）操作者应注意机床周围的环境，杜绝明火，并对机床的使用情况建立档案，及时反馈机床的运行情况。

第三节 数控电火花线切割机床概述

一、数控电火花线切割机床的组成和工作原理

数控电火花线切割加工设备主要由程序 I/O 设备、数控装置、储丝走丝部件、纵横向进

给机构、工作液循环系统、脉冲电源等部分构成。

电火花线切割机床的工作原理如图 6-26 所示。线切割机床采用钢丝或硬性黄铜丝作为电极丝。被切割的工件为工件电极，连续移动的电极丝为工具电极。工具电极与脉冲电源的负极相接，工件电极与电源的正极相接。脉冲电源发出连续的高频脉冲电压，加到工件电极和工具电极上（电极丝），同时在电极丝与工件之间注有足够的、具有一定绝缘性能的工作液，当电极丝与工件间的距离小到一定程度时（通常认为电极丝与工件之间的放电间隙 δ=0.01mm 左右），工作液介质被击穿，电极丝与工件之间形成瞬时火花放电，产生瞬间高温，产生大量的热，使工件表面的金属局部熔化甚至汽化，再加上工作液体介质的冲洗作用，使得金属被蚀除下来，这就是电火花线切割机床的加工原理。工件放在机床坐标工作台上，按数控装置或微型计算机程序控制下的预定轨迹进行运动，最后得到所需要形状的工件。由于储丝筒带动电极丝做正、反向交替的高速运动，因此电极丝基本上不被蚀除，可以在较长时间内使用。

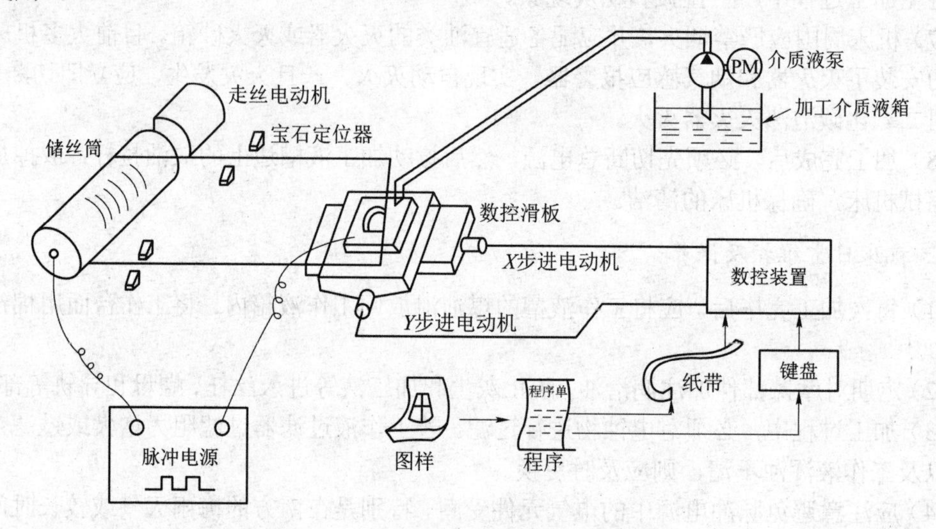

图 6-26　电火花线切割机床的工作原理

电火花线切割具有电火花加工的共性，金属材料的硬度和韧性并不会影响加工速度，常用来加工淬火钢和硬质合金。其工艺特点如下：

（1）没有特定形状的工具电极，采用直径不等的金属丝作为工具电极，因此切割所用刀具简单，降低了生产准备工时。

（2）利用计算机自动编程软件，能方便地加工出复杂形状的直纹表面。

（3）电极丝在加工过程中是移动的，不断更新（低速走丝）或往复使用（高速走丝），基本上可以不考虑电极丝损耗对加工精度的影响。

（4）电极丝比较细，可以加工微细的异形孔、窄缝和复杂形状的工件；利用电火花线切割可以加工出精密细小、形状复杂的工件。例如，通过电火花线切割可加工出 0.05～0.07mm 的窄缝，圆角半径小于 0.03mm 的锐角等。电火花线切割加工零件的精度可达±0.01～±0.005mm，表面粗糙度值可达 Ra0.6～0.4μm。

（5）脉冲电源的加工电流比较小，脉冲宽度比较窄，属于中、精加工范畴，采用正极性加工方式。

（6）工作液多采用水基乳化液，不会引燃起火，容易实现无人操作运行。

（7）当零件无法从周边切入时，工件需要钻穿丝孔。

（8）与一般切削加工相比，线切割加工的效率低，加工成本高，不适合形状简单的大批量零件的加工。

（9）依靠计算机对电极丝轨迹的控制，可方便地调整凹凸模具的配合间隙；依靠锥度切割功能，有可能实现凸凹模一次加工成形。

电火花线切割加工为新产品的研制、精密零件加工及模具制造开辟了新的工艺途径。

二、数控电火花线切割机床的分类、型号和主要技术参数

1. 数控电火花线切割机床的分类

（1）数控电火花线切割机床按控制方式分，可分为靠模仿形控制电火花线切割机床、光电跟踪控制电火花线切割机床、数字程序控制电火花线切割机床等。

（2）数控电火花线切割机床按加工特点分，可分为大型电火花线切割机床、中型电火花线切割机床、小型电火花线切割机床及普通直壁电火花线切割机床与锥度电火化线切割机床。

（3）数控电火花线切割机床按走丝速度分，可分为高速走丝（快走丝，WEDM-HS）电火花线切割机床和低速走丝（慢走丝，WEDM-LS）电火花切割机床。电极丝运动速度为7～10 m/s 的是高速走丝，低于 0.2 m/s 的为低速走丝。

我国机床型号的编制是根据 JB/T 7445.1—2005《特种加工机床 类种划分》和 JB/T 7445.2—2012《特种加工机床 型号编制方法》的规定进行的。

机床型号由汉语拼音字母和阿拉伯数字组成，表示机床的类别、特性和基本参数。例如，数控电火花线切割机床型号 DK7725 的含义如下：D 表示机床类别代号（电加工机床）、K 表示机床特性代号（数控）、第一个 7 表示组别代号（电火花加工机床）、第二个 7 表示型别代号（7 为高速走丝、6 为低速走丝）、25 表示基本参数代号（工作台横向行程 250mm）。

2. 数控电火花线切割机床的主要技术参数

数控电火花线切割机床的主要技术参数包括工作台行程（纵向行程和横向行程）、最大切割厚度、加工表面粗糙度、加工精度、切割速度及数控系统的控制功能等。表 6-4 为 DK77 系列数控电火花线切割机床的主要型号及技术参数。

表 6-4　DK77 系列数控电火花线切割机床的主要型号及技术参数

机床型号	DK7716	DK7720	DK7725	DK7732	DK7740	DK7750	DK7763	DK77120
工作台行程/（mm×mm）	200×160	250×200	320×250	500×320	500×400	800×500	800×630	2000×1200
最大切割厚度/mm	100	200	140	300（可调）	400（可调）	300	150	500（可调）
加工表面粗糙度 Ra/μm	2.5	2.5	2.5	2.5	6.3～3.2	2.5	2.5	

续表

机床型号	DK7716	DK7720	DK7725	DK7732	DK7740	DK7750	DK7763	DK77120
加工精度/mm	0.01	0.015	0.012	0.015	0.025	0.01	0.02	
切割速度/（$mm^2 \cdot min^{-1}$）	70	80	80	100	120	120	120	
加工锥度	3°～60°，依各厂家的型号不同而不同							
控制方式	各种型号均由单板（或单片）机或微型计算机控制							

第四节　高速走丝数控电火花线切割机床

高速走丝数控电火花线切割机床（图 6-27）主要由机床本体、脉冲电源、工作液循环系统、控制系统和机床附件等几部分组成。

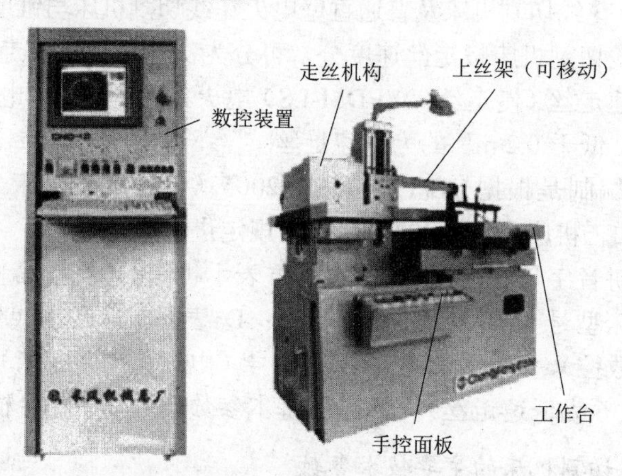

图 6-27　高速走丝数控电火花线切割机床

1．机床本体

机床本体主要由床身、工作台、走丝机构和丝架等组成，具体介绍如下。

1）床身

床身是支承和固定工作台、走丝机构等的基体。因此，要求床身应有一定的刚度和强度，一般采用箱体式结构床身台面用于固定走丝机构、丝架和工作台。床身里面安装有机床电气系统、脉冲电源、工作液循环系统等元器件。为了减少热源，提高精度，有的厂家把机床电气放置在床身之外。床身的面板上安装操作必需的按钮开关、旋钮和电流表等。

2）工作台

电火花线切割机床是通过坐标工作台（*X* 轴和 *Y* 轴）与电极丝的相对运动来完成工件加工的。一般都用由 *X* 轴方向和 *Y* 轴方向组成的“十”字拖板，由步进电动机带动滚动导轨和丝杠将工作台的旋转运动变为直线运动，通过两个坐标方向各自的进给运动，可组合成各种平面图形轨迹。坐标工作台的结构如图6-28所示。

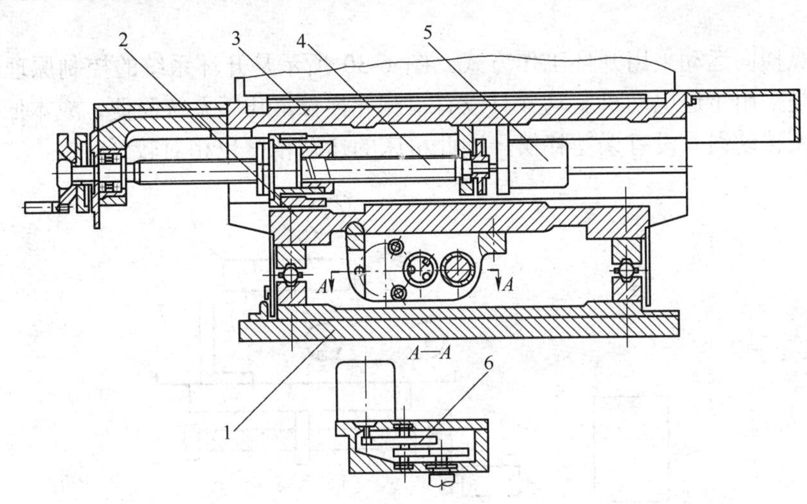

图6-28　坐标工作台的结构

1—下滑板；2—中滑板；3—上滑板（工作台）；4—滚珠丝杠；5—步进电动机；6—齿轮传动机构

横向（X轴）传动路线如图6-29所示，控制系统发出进给脉冲，X轴步进电动机接收到这个进给脉冲信号，其输出轴就转一个步距角，通过一对齿轮变速（齿轮2和齿轮1）带动丝杠转动，通过螺母5沿着丝杠的轴向移动带动滑板（螺母与滑板固定连接），使工件实现X轴向移动。

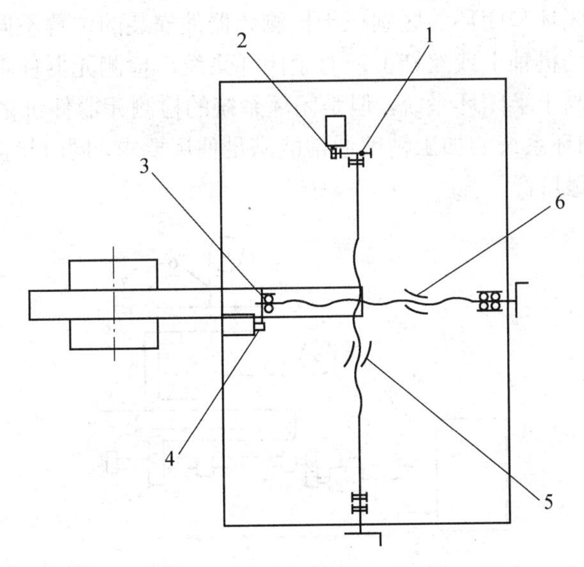

图6-29　机床纵横向运动传动链

1、2、3、4—齿轮；5、6—螺母

纵向（Y轴）传动路线类似上述情况。Y轴步进电动机转动，通过齿轮4和齿轮3啮合变速后带动丝杠，螺母6再带动滑板，使工作台实现Y轴向移动。控制系统每发出一个脉冲，工件就移动 0.001mm。当然也可以通过 *X*、*Y* 轴上的两个手柄使工件实现 *X*、*Y* 方向移动（手动）。

工作台纵横向运动采用开环工作方式。图 6-30 所示是开环系统的控制原理。开环系统的典型特征是采用步进电动机驱动并且没有检测元器件。开环系统简便、成本低，但由于控制系统对机械传动误差没有误差补偿，因此机床的运动精度也相对较低。

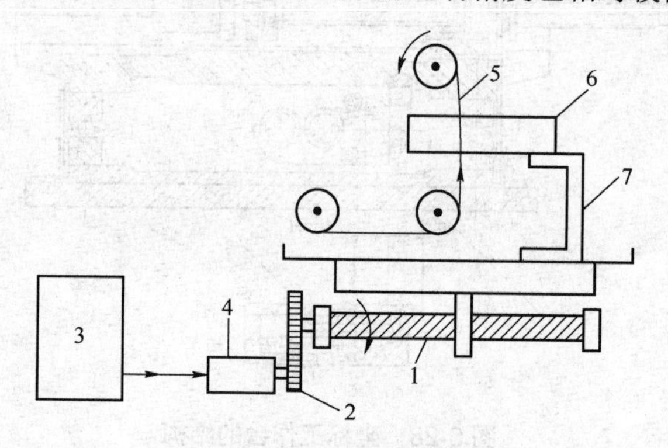

图 6-30　开环系统的控制原理

1—进给丝杠；2—齿轮副；3—CNC 系统；4—步进电动机；5—电极丝；6—工件；7—工作台

精度较高的数控电火花线切割机床常采用闭环（图 6-31）或半闭环（图 6-32）工作方式。这两种工作方式都有检测元器件检测工作台的实际位移，并经过反馈系统与数控指令要求的理论位移进行比较，根据误差大小及正负决定下一步工作台的走向，使工作台始终朝着误差减小的方向移动。半闭环和闭环的区别在于检测元器件安装的位置不同，对于半闭环系统，检测元器件安装在电动机轴上或丝杠上；对于闭环系统，检测元器件直接安装在工作台上。闭环系统的工作精度高于半闭环系统，但是闭环系统的检测元器件价格昂贵，安装调试比较复杂，相对来说，半闭环系统的加工精度通常能满足使用要求，同时检测元器件的价格适中，安装调试方便，应用最广泛。

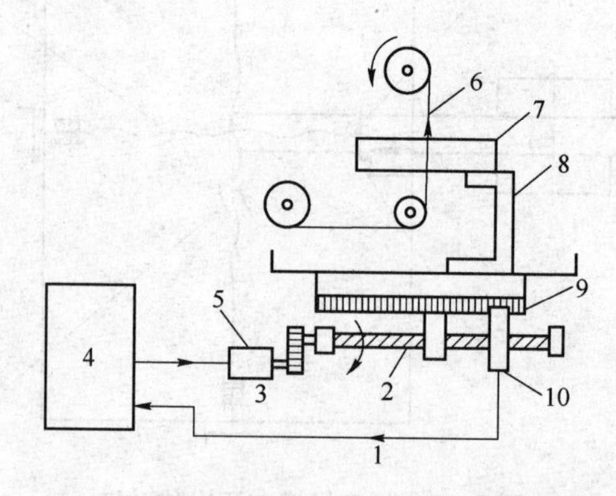

图 6-31　数控电火花线切割机床的闭环方式

1—反馈环节；2—进给丝杠；3—齿轮副；4—CNC 系统；5—伺服电动机；6—电极丝；7—工件；8—工作台；9—检测刻度尺；10—位置传感器

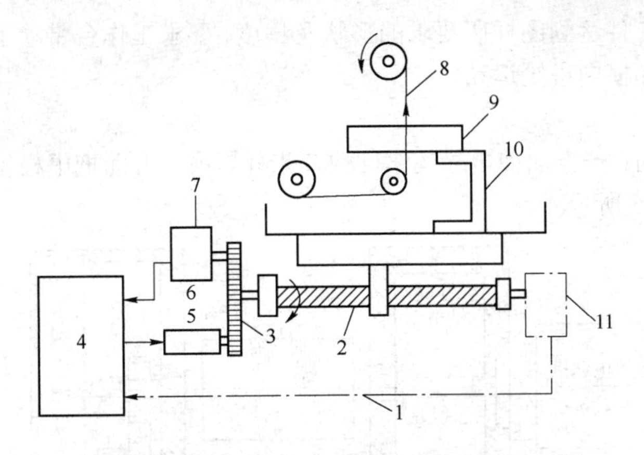

图 6-32 数控电火花线切割机床的半闭环方式

1—反馈环节；2—进给丝杠；3—齿轮副；4—CNC 系统；5—伺服电动机；
6、7、11—回转角检测；8—电极丝；9—工件；10—工作台

坐标工作台不但应具有很高的坐标精度和运动精度，而且要求运动灵敏、轻巧，为了使工作台阻力小、运动灵活，一般都采用滚动导轨结构。因为滚动导轨可以减少导轨副间的摩擦阻力，便于工作台实现精确和微量移动，且润滑方法简单。该方式的缺点是接触面之间不易保持油膜，抗振能力较差。滚动导轨有滚珠导轨、滚柱导轨和滚针导轨等几种形式。在滚珠导轨中，滚珠与导轨是点接触，承载能力不能过大。在滚柱导轨和滚针导轨中，滚动体与导轨是线接触，因此有较大承载能力。为了保证导轨精度，各滚动体的直径误差一般应不大于 0.001mm。滚动导轨形式如图 6-33 所示。

滚珠丝杠副是将回转运动转换为直线运动的传动装置。因其具有传动效率高、摩擦力小、使用寿命长、轴向间隙可调等优点而广泛用于数控机床。使用时通常采用双螺母机构来消除丝杠副正反向传动间隙，具有较高的传动精度。

若因安装或使用中变形等原因，丝杠与螺母的螺纹间有了间隙，则当丝杠的转动方向改变时，螺母不能立即随之改变移动方向，只有当丝杠转过某一角度后，螺母才开始随之移动。这样丝杠便有了一段没有产生传动效果的空行程。此时由于系统依旧在进行转角计数，但实际上并没有产生有效移动，因此直接造成了机床的加工误差，即空程误差。消除空程误差的方法是尽量减小这个间隙，如可采用弹性螺母径向调节法来消除间隙，如图 6-34 所示，将螺母一端的外表面加工成圆锥形，并在其径向开四条窄槽，使螺母在径向收缩时带有弹性。

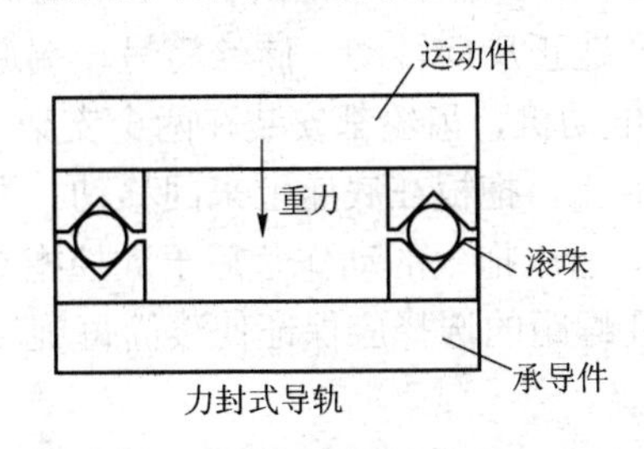

图 6-33 滚动导轨形式

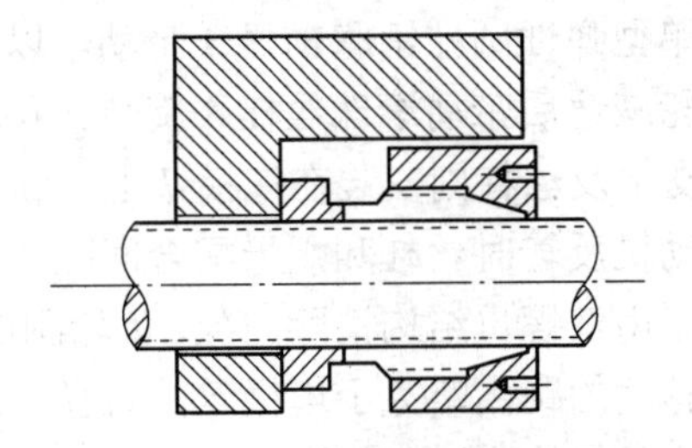

图 6-34 弹性预紧螺母

为了使待加工工件达到图样所要求的形状及精度，要求工作台带动工件按照指令要求相对于电极丝做纵向和横向进给运动。

3）走丝机构

走丝机构的功用：一方面使电极丝来回快速走丝，另一方面把电极丝整齐地来回缠绕在储丝筒上，如图 6-35 所示。

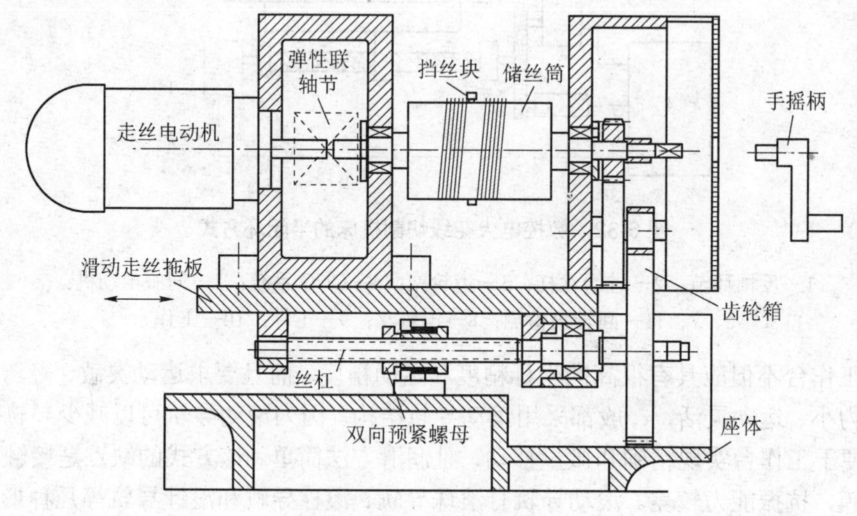

图 6-35　循环走丝机构

（1）走丝机构的特点。

① 储丝筒组合件旋转时，其径向跳动小于 0.02 mm，否则可能引起电极丝抖动，出现断丝现象。

② 为了保证储丝筒上整齐排绕电极丝，不出现叠丝现象，在储丝筒组合件转动时，必须让储丝筒做相应的轴向位移，且轴向位移应平稳和轻便。

③ 储丝筒组合件由三相四极交流电动机通过弹性联轴节直接带动，保证电极丝走丝速度为 8～10 m/s。采用弹性联轴节可以减缓因走丝换向带给储丝筒的冲击。

④ 为了循环使用电极丝，必须要让储丝筒能自动正反转换向。

这种形式的走丝机构的优点是结构简单、维护方便，因而应用广泛。其缺点是绕丝长度小，电动机正反转动频繁，电极丝张力不可调。

（2）储丝筒组合件。储丝筒组合件的主要结构如图 6-36 所示，储丝筒 1 由电动机 2 通过简单型弹性圆柱销联轴器 3 带动，以 1450r/min 的转速正反向转动。储丝筒另一端通过三对齿轮减速后带动滚珠丝杠 4 旋转并移动。储丝筒、电动机、齿轮都安装在两个支架 5 及 6 上。支架及丝杠则安装在拖板 7 上，螺母 9 装在底座 8 上，拖板在底座上来回移动。为了减少电动机反转时丝杠和螺母配合间隙所产生的空行程，造成拖板的动作落后于数控指令，螺母副采用双螺母结构消除间隙，齿轮副的传动比及丝杠螺距的选择应保证使滚筒每旋转一圈拖板移动的距离略大于电极丝的直径，避免电极丝重叠。

走丝机构中运动组合件的电动机轴与储丝筒中心轴，一般采用联轴器将二者联在一起。由于储丝筒运行时频繁换向，联轴器瞬间受到正反剪切力很大，因此多用弹性联轴器和摩擦锥式联轴器。

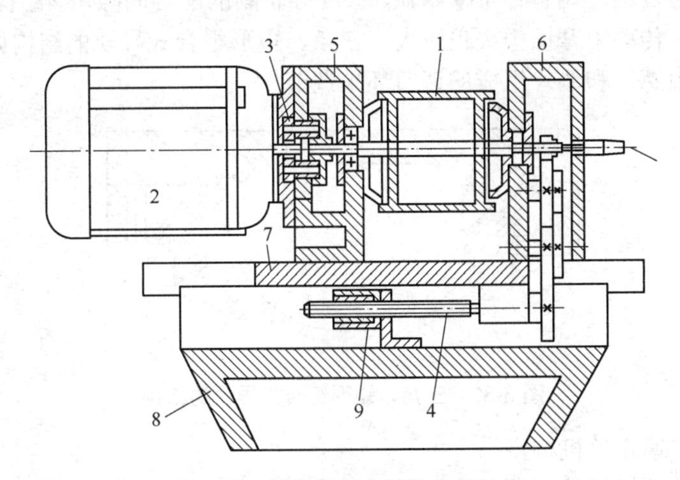

图 6-36　储丝筒组合件的主要结构

1—储丝筒；2—电动机；3—简单型弹性圆柱销联轴器；4—滚珠丝杠；
5、6—支架；7—拖板；8—底座；9—螺母

① 弹性联轴器。弹性联轴器的结构如图 6-37 所示，结构简单、惯性力矩小、换向较平稳、无金属撞击声、可减小对储丝筒中心轴的冲击。其弹性材料采用橡胶、塑料或皮革。这种联轴器的优点是允许电动机轴与储丝筒轴稍有不同心和不平行（如最大不同心允许为 0.2～0.5mm，最大不平行为 1°），缺点是由它连接的两根轴在传递转矩时会有相对转动。

② 摩擦锥式联轴器。摩擦锥式联轴器如图 6-38 所示，可带动转动量较大的大、中型机床储丝筒旋转组合件。此种联轴器可传递较大的转矩，同时在传动超载时，摩擦面之间的滑动还可起到过载保护作用。因为锥形摩擦面会对电动机和储丝筒产生轴向力，所以在电动机主轴的滚动支承中，应选用向心推力轴承和圆锥滚子轴承。另外，还要正确选用弹簧规格；弹力过小，摩擦面打滑，传动转矩小并使传动不稳定或摩擦面过热烧伤；弹力过大，会增大轴向力，影响中心轴的正常转动。

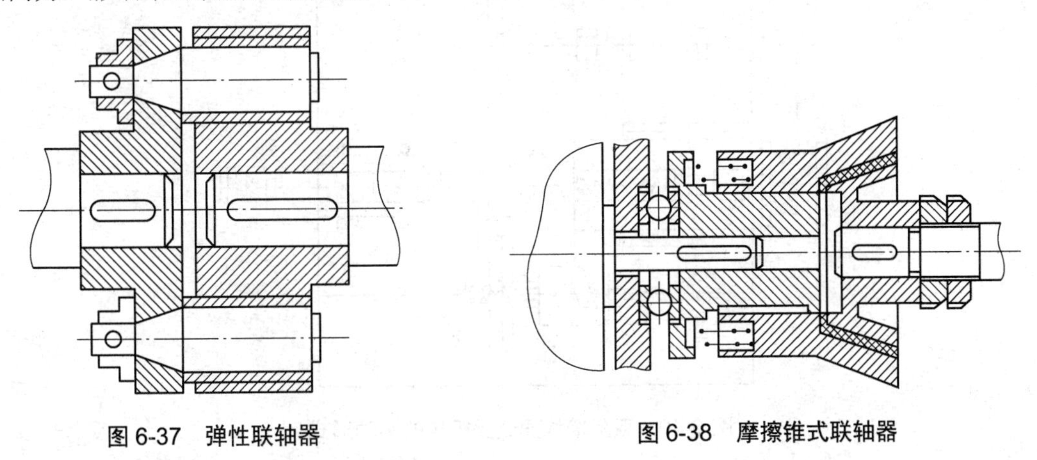

图 6-37　弹性联轴器　　　　图 6-38　摩擦锥式联轴器

③ 导轨。走丝机构的上、下拖板多采用燕尾形导轨或三角、矩形组合式导轨结构。其

中燕尾形导轨可通过旋转调整杆带动塞铁，改变导轨副的配合间隙，该结构制造和检验比较复杂，刚性较差，传动中摩擦损失也较大；三角、矩形组合式导轨的结构如图 6-39 所示。导轨的配合间隙由螺钉和垫片组成的调节环来调节。

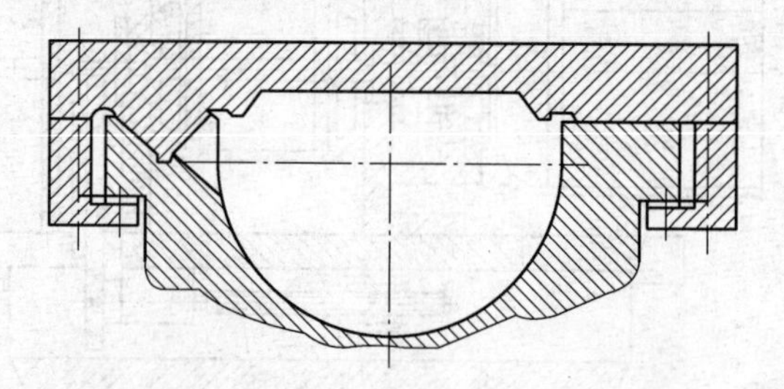

图 6-39　三角、矩形组合式导轨的结构

（3）双丝筒快速走丝机构。

双丝筒快速走丝机构的驱动形式如图 6-40 所示。该驱动形式有两个走丝电动机 M1 和 M2，M1 和 M2 又分别用花键与两个绕线 W1 和 W2 同轴连接，电极丝盘绕在 W1 和 W2 上并张紧相连。当电动机 M1 通电旋转时，使绕线盘 W1 和 W2 旋转并带动电动机 M2 一起被动旋转，此时的 M2 处于电气制动状态，此制动力便对电极丝进行张紧，调节制动力的大小即可改变电极丝的张力。当电动机 M2 通电旋转时，电极丝反向走丝，电动机 M1 处于电气制动状态。两个电动机交替通电，即可实现电极丝的往复运行。

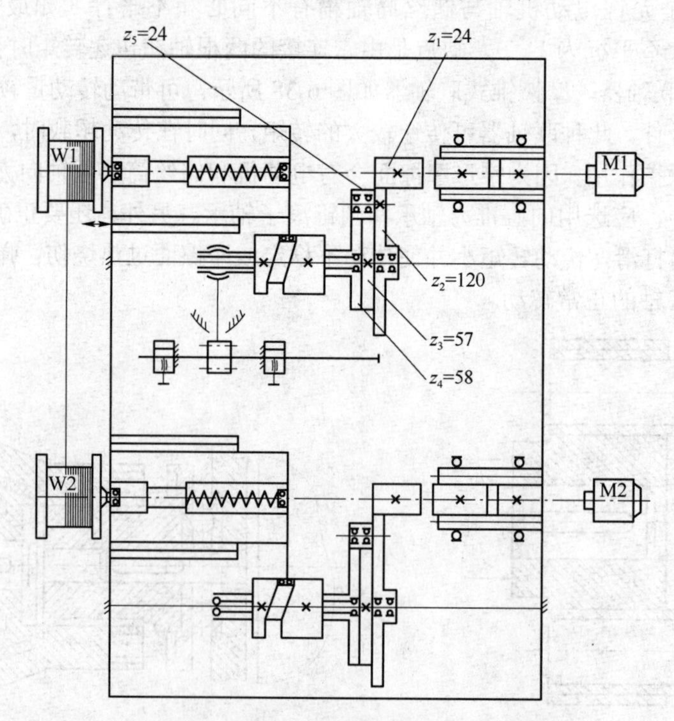

图 6-40　双丝筒快速走丝机构的驱动形式

电极丝在绕线盘上的排丝，是通过两个电动机各自的减速机构（行星齿轮）带动轴向凸

轮旋转，凸轮旋转时拨动在凸轮槽内的滑块，带动滑套使绕线盘在旋转的同时产生轴向移动，实现电极丝在两个绕线盘上的整齐排列。

双丝筒快速走丝机构的结构如图 6-41 所示。相对于单筒走丝机构而言，双丝筒快速走丝机构的结构较复杂，但电极丝的张力稳定可调。

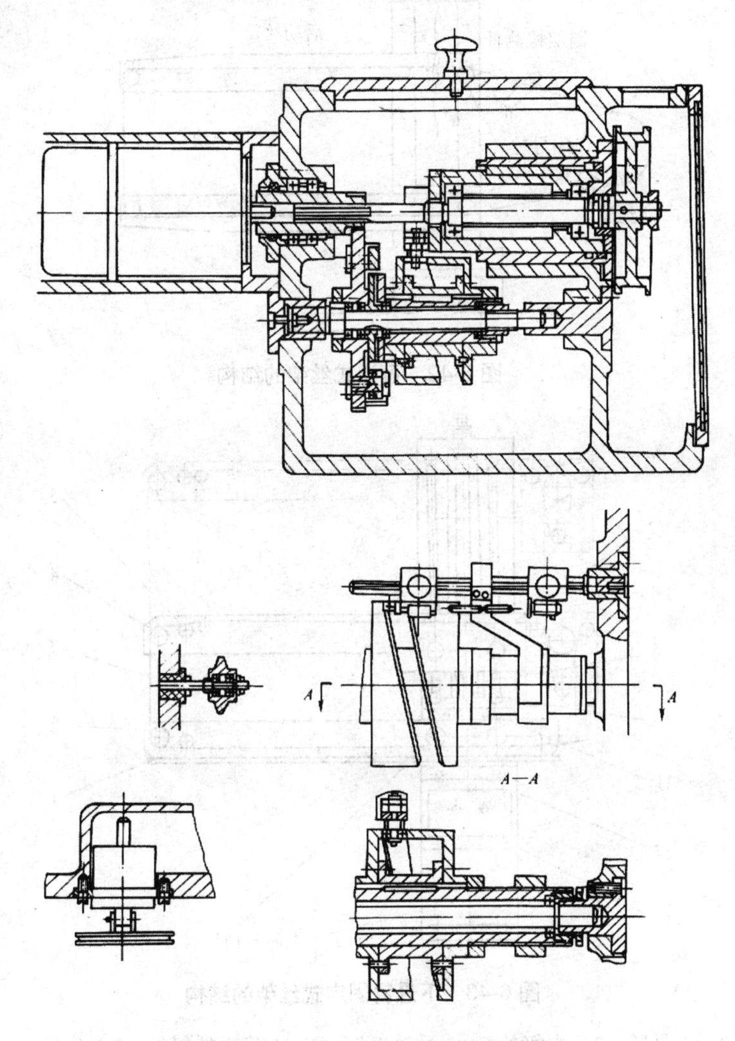

图 6-41　双丝筒快速走丝机构的结构

4）丝架

丝架的作用是通过丝架上的两个导轮来支承电极丝，并使电极丝工作部分与工作台面保持一定的几何角度，如垂直或倾斜一定角度，即切割直壁时，电极丝与工作台面垂直；切割带有锥度的斜壁时，电极丝与工作台面保持一定的倾斜。丝架与走丝机构组成了电极丝的运动系统。可调式丝架的结构如图 6-42 所示。

切割直壁用的丝架多采用固定式结构。丝架安装在储丝筒与工作台之间。为满足不同厚度工件的要求，机床采用可攻变跨距机构的丝架，以确保上、下导轮与工件的最佳距离，减少电极丝的抖动，提高加工精度。图 6-43 所示是下悬臂固定式丝架的结构，当需要调整上、下悬臂之间的距离时，通过丝杠 6 的螺母机构带动上悬臂 7 上下移动即可。导轮置于线架悬臂的前端，采用密封结构组装在悬臂上。为了适应线架张开高度的变化，同时保持电极丝的导向性和张力，在线架上下部分增设有电极丝张紧装置。

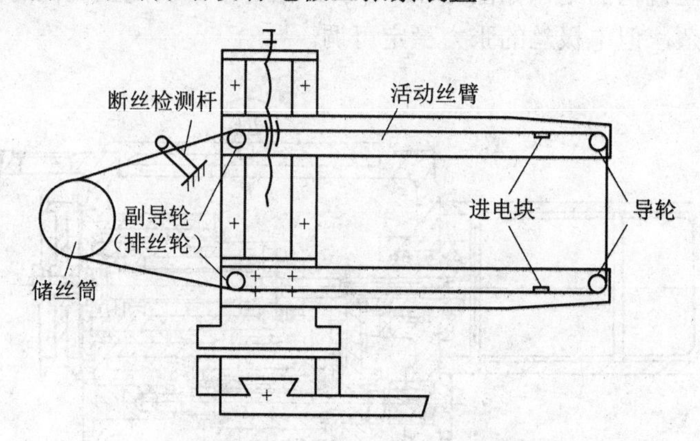

图 6-42　可调式丝架的结构

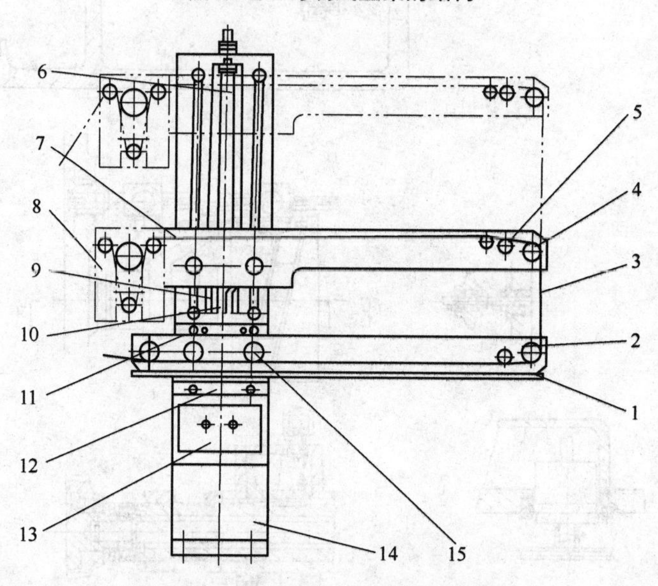

图 6-43　下悬臂固定式丝架的结构

1—水槽；2—下悬臂；3—电极丝；4—导轮组件；5—双导电轮组件；6—丝杠；7—上悬臂；8—电极丝张紧装置；9—电线；10—水管；11—定位块；12—定位座；13—冷却阀面板；14—立柱；15—调整螺钉

在数控电火花线切割机床上用于锥度切割时丝架的运动形式如图 6-44 所示。上、下导轮可沿 X 轴正反方向平动，并使两导轮中心连线通过丝架的圆心，上、下导轮也可在 Y 方向绕圆心 O 摆动。

上、下导轮同时绕圆心平动及摆动丝架的结构如图 6-45 所示。丝架上有两个步进电动机 14 和 1，分别驱动导轮平动和摆动。当步进电动机 14 转动时，通过丝杠 13、螺母 12 使滑块 11 移动，由滑动块 10 和 18 使固定在带有斜槽导向板 9 和 19 的上、下弓架 8、20 沿 X

轴前后移动。导向板上的斜槽使弓架与滑块改变移动方向并保持一定的移动量。由于上、下导轮沿 X 轴前后移动时要保证两导轮中心连线通过 X 轴上的“O”点，当步进电动机 1 转动时，通过齿轮组 2、3 及丝杠 4、螺母 5 使滑块 6 移动，滑块上的拨叉拨动与基体相连的小轴 7 绕回转轴 16 转动，回转轴由两端滚动轴承 15 支承，其回转中心线即为 X 轴（通过 O 点），因此可使上、下弓架及上、下导轮绕轴心 O 点摆动。

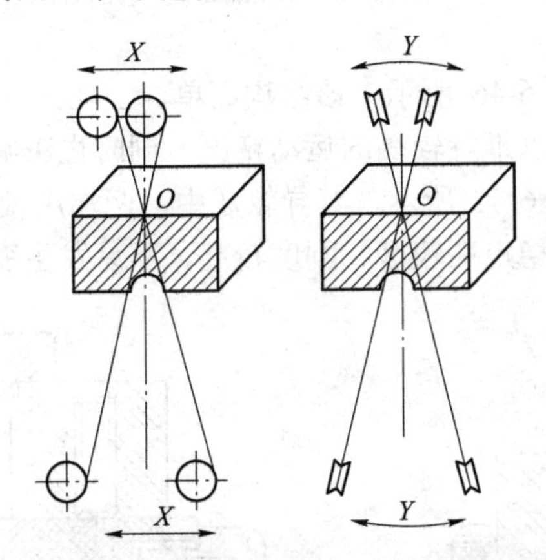

图 6-44　数控电火花线切割机床用于锥度切割时丝架的运动形式

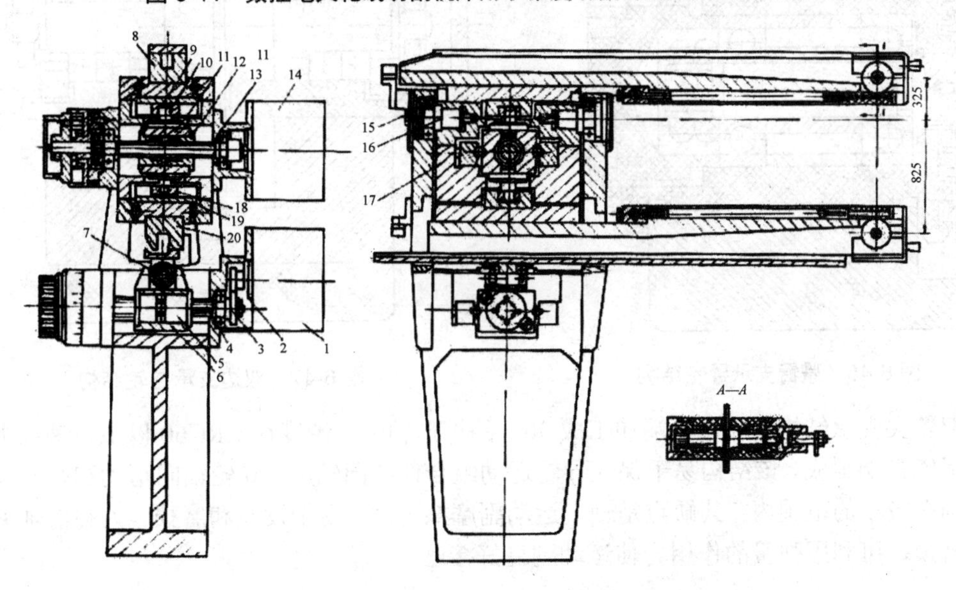

图 6-45　上、下导轮同时绕圆心平动及摆动丝架的结构

1、14—步进电动机；2、3—齿轮组；4、13—丝杠；5、12—螺母；6、11—滑块；7—小轴；8、20—上、下弓架；9、19—导向板；10、18—滑动块；15—滚动轴承；16—回转轴；17—基本体

5）导轮

导轮是电火花线切割机床的关键零件，影响切割质量，对导轮运动组合件的要求如下：

(1) 导轮 V 形槽面应有较高的精度，V 形槽底的圆弧半径必须小于选用的电极丝半径，保证电极丝在导轮槽内运动时不产生轴向移动。

（2）在满足一定强度要求时，应尽量减轻导轮质量，以减少电极丝换向时的电极丝与导轮间的滑动摩擦。导轮槽工作面应有足够的硬度，以提高其耐磨性。

（3）导轮装配后转动应轻便灵活，尽量减小轴向窜动。

（4）进行有效的密封，以保证轴承的正常工作条件。

导轮运动组合件结构主要有三种形式：悬臂支承导轮结构、双边支承导轮结构和双轴尖支承结构。

悬臂支承导轮结构如图 6-46 所示。该结构简单、上丝方便，但因悬臂支承，张紧的电极丝运动的稳定性较差，难以维持较高的运动精度，同时也影响导轮和轴承的使用寿命。

双边支承导轮结构如图 6-47 所示，其导轮居中，两端用轴承支承，结构较复杂，上丝较麻烦。但此种结构的运动稳定性较好、刚度较高、不易发生变形及跳动。

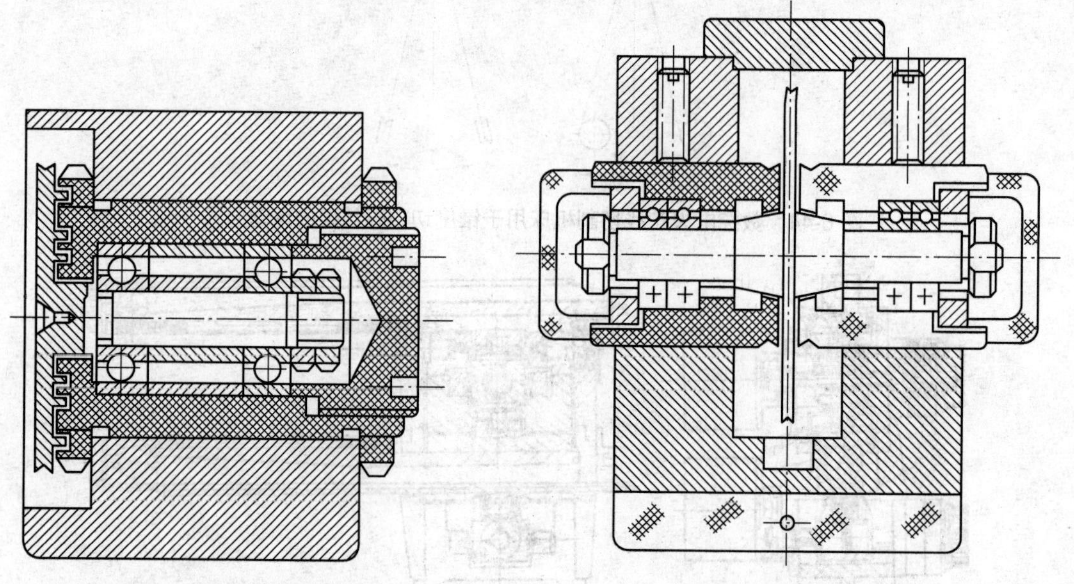

图 6-46　悬臂支承导轮结构

图 6-47　双边支承导轮结构

双轮尖支承结构，导轮两端加工成 30° 的锥形轴尖，硬度在 HRC60 以上。轴承由红宝石或锡磷青铜制成。该结构易于保证导轮运动组合件的同轴度，导轮轴向窜动和径向跳动量可控制在较小的范围内。其缺点是轴尖运动副摩擦力大，易于发热和磨损。为补偿轴尖运动副的磨损，可利用弹簧的作用力使运动副良好接触。

2. 脉冲电源

电火花线切割加工的脉冲电源与电火花成形加工的脉冲电源在原理上相同，不过受加工表面粗糙度和电极丝允许承载电流的限制，电火花线切割加工脉冲电源的脉宽较窄（2～60μs），单个脉冲能量、平均电流（1～5A）一般较小，所以电火花线切割总是采用正极性加工。最为常用的是高频分组脉冲电源。

高频分组脉冲波形如图 6-48 所示。它是由矩形波派生的一种脉冲波形，即把较高频率的小脉宽和小脉间的矩形波脉冲分组成为大脉宽和大脉冲间输出。

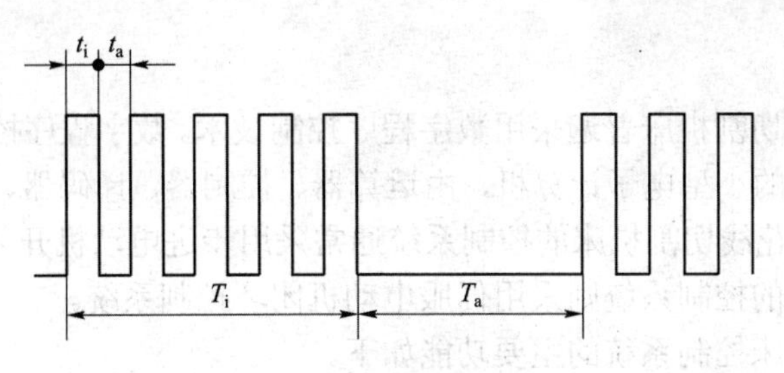

图 6-48　高频分组脉冲波形

3. 工作液循环系统

工作液循环系统主要包括工作液箱、工作液泵、流量控制阀、进液管、回液管和过滤网罩等。工作液循环系统的作用是及时地从加工区域中排出电蚀产物、冷却电极丝和工件，并连续充分供给清洁的工作液，以保证脉冲放电过程稳定而顺利地进行。目前绝大部分高速走丝机床的工作液是专用乳化液，采用浸没式供液方式。乳化液种类繁多，大家可根据相关资料来正确选用。电火花线切割机床工作液循环系统如图 6-49 所示，工作液一般采用从电极丝四周进液的方法流向加工区域，通常是用喷嘴直接冲到工件与电极丝之间，如图 6-50 和图 6-51 所示。

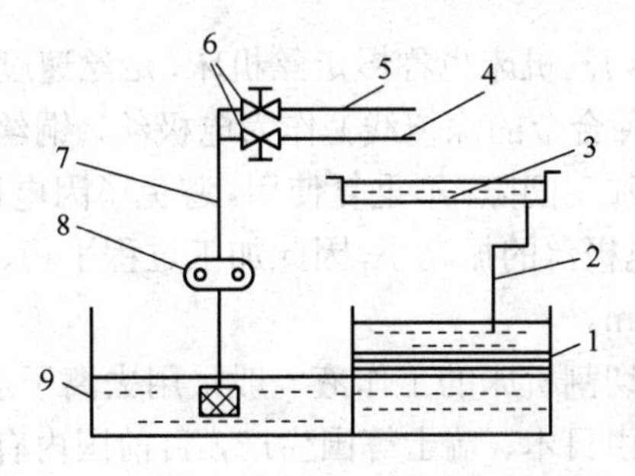

图 6-49　电火花线切割机床工作液循环系统

1—过滤器；2—回液管；3—工作台；4—下丝臂进液管；5—上丝臂进液管；6—流量控制阀；7—进液管；8—工作液泵；9—工作液箱

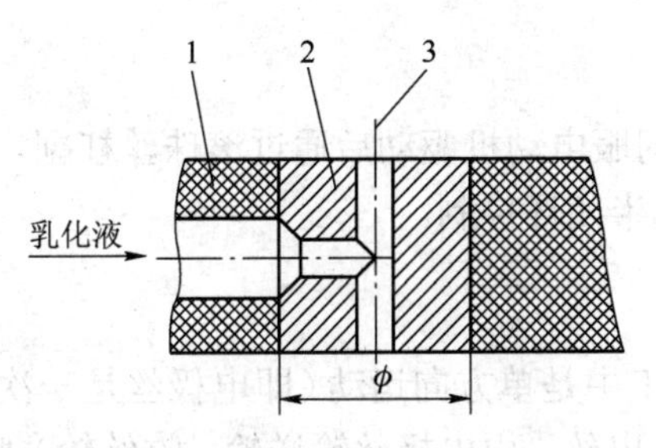

图 6-50　喷嘴

1—配水板；2—喷嘴；3—钼丝

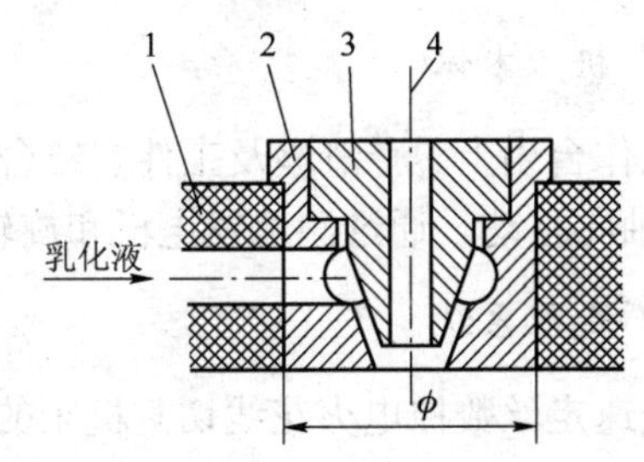

图 6-51　环形喷嘴

1—配水板；2—嘴座；3—导液嘴；4—钼丝

4. 控制系统

目前的电火花线切割机床普遍采用数字程序控制技术。数字程序控制器是该技术的核心部件，它是一台专用的小型电子计算机，由运算器、控制器、译码器、输入回路和输出回路组成。高速走丝电火花线切割机床的控制系统通常采用步进电动机开环控制系统，而低速走丝电火花线切割机床的控制系统则采用伺服电动机闭环控制系统。

电火花线切割机床控制系统的主要功能如下。

（1）轨迹控制：精确地控制电极丝相对于工件的运动轨迹，使零件获得所需的形状和尺寸。

（2）加工控制：用以控制步进电动机的步距角、伺服电动机驱动的进给速度、脉冲电源产生的脉冲能量、运丝机构的钼丝排放、工作液循环系统的工作液流量等。

目前绝大部分机床普遍采用绘图式编程技术，操作者首先在计算机屏幕上画出要加工的零件图形，电火花线切割专用软件（如 YH 软件、北航海尔的 CAXA 线切割软件）会自动将图形转化为ISO 代码或 3B 代码等线切割程序。

第五节　低速走丝数控电火花线切割机床

低速走丝数控电火花线切割机床也称慢走丝机床，走丝速度低于 0.2m/s，常用黄铜丝（有时也采用纯铜、钨、钼和各种合金的涂覆线）作为电极丝，铜丝直径通常为 0.10～0.35 mm。电极丝仅从一个单方向通过加工间隙，不重复使用，避免了因电极丝的损耗而降低加工精度。由于其走丝速度慢，机床及电极丝的振动小，因此加工过程平稳、加工精度高，可达 0.005 mm，表面粗糙度 *Ra* 不大于 0.32μm。

低速走丝数控电火花线切割机床的工作液一般采用去离子水、煤油等，生产率较高。低速走丝数控电火花机床主要由日本、瑞士等国生产，目前国内有少数企业引进国外先进技术与外企合作生产低速走丝数控电火花机床。

DK7625 型低速走丝数据电火花线切割机床的外形如图 6-52 所示。该机床由机床本体、走丝系统、工作液循环系统、纸带读入装置、数控柜、加工电源等组成。

1. 机床本体

工作台由上、下滑座及工件安装台组成。直流伺服电动机驱动后通过滚珠丝杠副，实现 *X*、*Y* 轴向移动。通过测速发电机和旋转变压器实现半闭环控制。

2. 走丝系统

低速走丝数控电火花线切割机床的电极丝在加工中是单方向运动（即电极丝是一次性使用）的。在走丝过程中，电极丝由储丝筒（放丝轮）出丝，由电极丝输送轮（收丝轮）收丝。走丝系统一般由以下几部分组成：储丝筒、导丝机构、导向器、张紧轮、压紧轮、圆柱滚轮、断丝检测器、电极丝输送轮、其他辅助件（如毛毡、毛刷）等。

图 6-53 所示为低速走丝数控电火花线切割机床电极丝走丝系统的结构。走丝系统自上

而下，丝由放丝轮经张力轮到上导向轮、上电极销、上导向器、工件孔、下导向器、下电极销、下导向轮，再到速度轮、排丝轮，最后到达收丝轮。

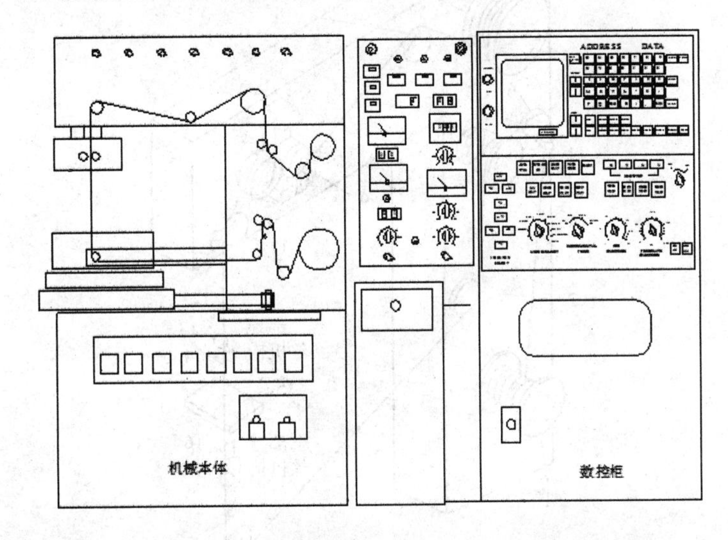

图 6-52　DK7625 型低速走丝数控电火花线切割机床的外形

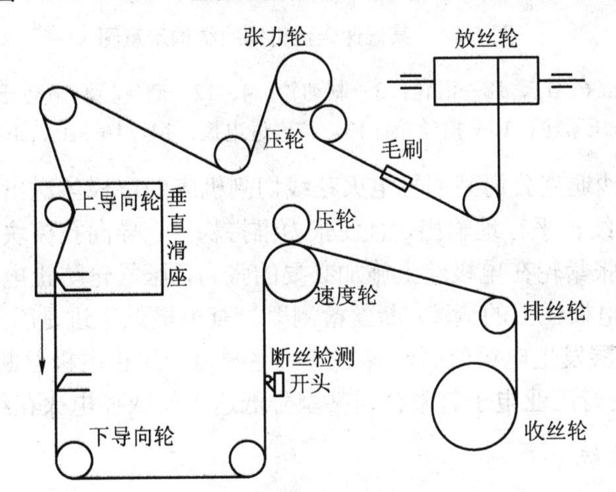

图 6-53　低速走丝数控电火花线切割机床走丝系统的结构

图 6-54 所示为某型低速走丝机构的结构示意图，电极丝从放丝轮 1（通常可以卷 1～3 kg 的丝）出发，通过滑轮 2、制动轮 3、导丝机构（13、14、16、17）工件 15、抬丝轮 10、压紧轮 9、排丝装置 8 到达卷丝轮 7，电极丝绕在卷丝轮 7 上，用压紧轮 9 夹住。卷丝轮回转而使电极丝运行，走丝的速度等于收丝速度，并且制动轮 3 使电极丝产生一定的张力。电极丝与工件之间的放电使电极丝不断地做复杂振动，为了维持加工精度，在电极丝经过工件的两侧，装有上、下导向器 14、16 来保持电极丝与工件的相对位置，导向器大多采用金刚石模。模的孔径比电极丝的直径仅大 1～2μm，对任何方向的制约都是相同的。断丝检测微动开关 4 和 12 可以自动检测是否有断丝的情况，当发生断丝时，可使卷丝电动机自动停止并且停止加工。

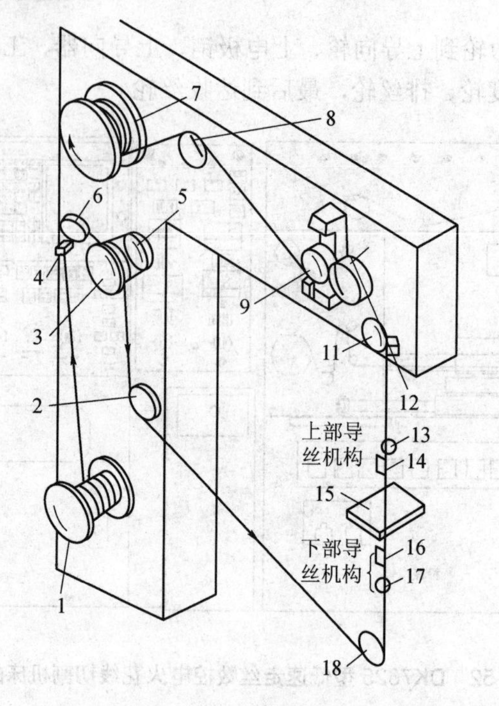

图 6-54　某低速走丝机构的结构示意图

1—放丝轮；2、5、6、11、18—滑轮；3—制动轮；4、12—断丝检测微动开关；7—卷丝轮；8—排丝装置；9—压紧轮；10—抬丝轮；13、17—进电板；14、16—上、下导向器；15—工件

图 6-55 为日本沙迪克公司某型号电火花线切割机床的电极丝送出部分的结构，其中圆柱滚轮可使线电极从线轴平行地输出，且使张力维持稳定；导向孔模块可使电极丝在张紧轮上正确地进行导向；张紧轮在电极丝上施加必要的张力，压紧轮防止电极丝张力变动的辅助轮；毛毡去除附着在电极丝上的渣滓；断丝检测器检查电极丝送进是否正常，若不正常送进，则发出报警信号，提醒发生电极丝断丝等故障；毛刷用于防止电极丝断丝时从轮子上脱出。

图 6-56 为北京阿奇工业电子有限公司某型号低速走丝数控电火花线切割机床的送丝。

3. 工作液循环系统

图 6-57 所示为工作液循环系统，加工区流出的脏工作液由水泵经纸质过滤器进入第二液箱，第二液箱中的工作液电导率若符合要求，即其电阻率为 10×104 Ω/cm，则工作液由水泵直接送入上、下喷嘴。

低速走丝数控电火花线切割机床大多数采用去离子水作为工作液，所以有的机床（如北京阿奇工业电子有限公司生产的机床）带有去离子系统（图 6-58）。在较精密加工时，低速走丝数控电火花线切割机床采用绝缘性能较好的煤油作为工作液。

4. 纸带读入装置

纸带读入装置是用于读入数控程序纸带的。无卷轴光电纸带读入装置读取速度达 250 文字/s。其基本结构如图 6-59 所示。

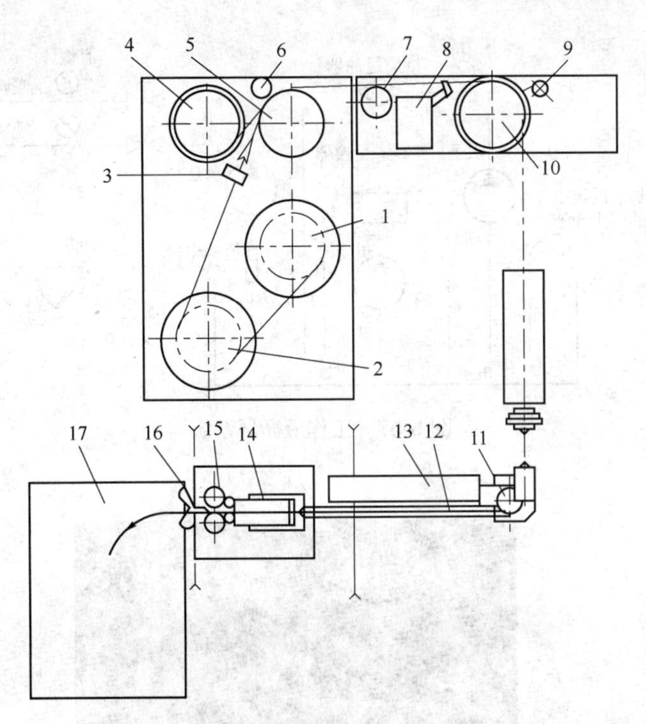

图 6-55　某型号电火花线切割机床的电极丝送出部分的结构

1—储丝筒；2—圆柱导轮；3—导向孔模块；4、10、11—滚轮；5—张紧轮；6—压紧轮；7—毛毡；8—断丝检测器；9—毛刷；12—导丝管；13—下臂；14—接丝装置；15—电极丝输送轮；16—废丝孔模块；17—废丝箱

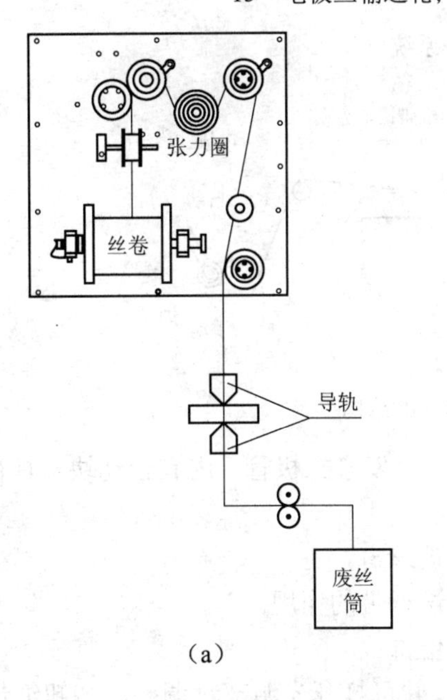

（a）

（b）

图 6-56　某型号低速走丝数控电火花线切割机床的送丝

（a）电极丝送丝示意图；（b）电极丝送丝结构图

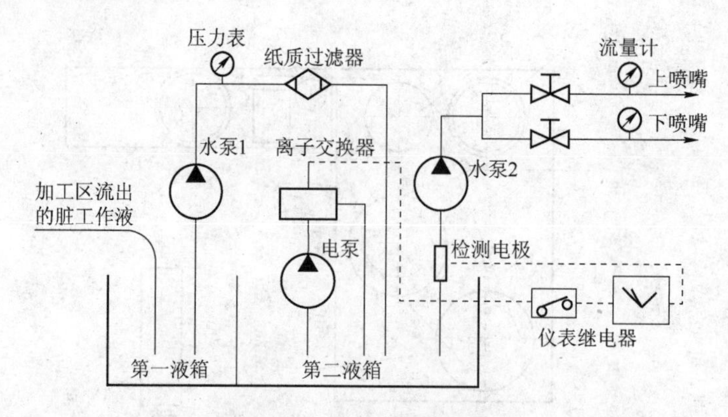

图 6-57　工作液循环系统

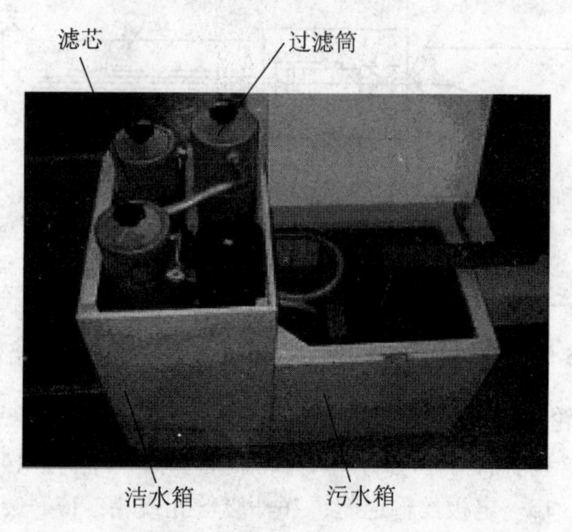

图 6-58　去离子系统

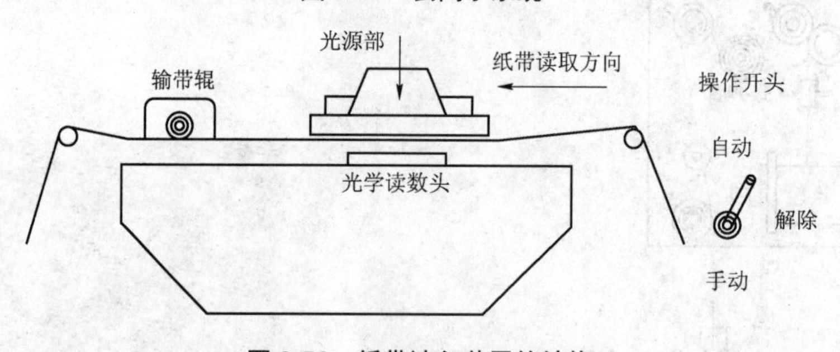

图 6-59　纸带读入装置的结构

（1）光源部：这个部分在各通道及进给孔装有九个发光二极管，内有止动块，具有纸带停止功能。

（2）光学读数头：读取纸带的穿孔数据，它有玻璃窗。

（3）输带辊：根据控制部分来的指令，起到输送纸带的作用。

（4）纸带读入机操作开关：该开关有如下三个位置。

① 解除：开关置于此位时，纸带可自由动作，并可打开光源部。调整、装卸纸带时置于此位。

② 自动：开关置于此位时，纸带由止动块定住，纸带运动由指令控制，应先关上光源部，再置于此位。

③ 手动：开关置于此位时，纸带往读取方向进给。若选择其他位置时，纸带停止。

（5）纸带箱：在纸带读入装置的下方为纸带箱，纸带箱内装有易于取出纸带的辅助带。

参 考 文 献

[1] 吴祖育，秦鹏飞．数控机床[M]．上海：上海科技出版社，2007.
[2] 魏杰．数控机床结构[M]．北京：化学工业出版社，2011.
[3] 黄美发，李雪梅．机床数控技术及应用[M]．西安：西安电子科技大学出版社，2014.
[4] 刘瑞已．现代数控机床[M]．2 版．西安：西安电子科技大学出版社，2011.
[5] 严峻．数控机床入门技术基础[M]．北京：机械工业出版社，2011.
[6] 王爱玲，王俊元，马维金，等．现代数控机床伺服及检测技术[M]．3 版．北京：国防工业出版社，2011.
[7] 毕毓杰．机床数控技术[M]．2 版．北京：机械工业出版社，2013.